世界军用枪图鉴

[日]坂本明 著　　陈晓茗 译

机械工业出版社
CHINA MACHINE PRESS

本书精心选取世界多国军队装备的数十种经典军用枪型，从每种枪型的研发历史、综合性能和武器特点等方面进行介绍，使读者可以全面了解军用枪的发展历程与不同枪型结构的区别。书中还配有超过350幅由作者精心绘制的枪械结构图和局部特写图，让读者可以直观地了解枪械外形、细节设计和枪械运作模式，更有助于了解不同枪械之间的差异。本书内容严谨翔实，图片精美丰富，适合广大军事爱好者阅读和收藏，也适合作为青少年学生的课外科普读物。

图书在版编目（CIP）数据

世界军用枪图鉴 /（日）坂本明著；陈晓茗译. —北京：机械工业出版社，2021.10（2025.5重印）
ISBN 978-7-111-69026-9

Ⅰ.①世…　Ⅱ.①坂…　②陈…　Ⅲ.①枪械-世界-图集　Ⅳ.①E922.1-64

中国版本图书馆CIP数据核字（2021）第176062号

机械工业出版社（北京市百万庄大街22号　邮政编码100037）
策划编辑：苏　洋　　责任编辑：苏　洋
责任校对：李　伟　　责任印制：张　博
北京华联印刷有限公司印刷

2025年5月第1版·第8次印刷
145mm×210mm·6.75印张·2插页·173千字
标准书号：ISBN 978-7-111-69026-9
定价：68.00元

电话服务　　网络服务
客服电话：010-88361066　　机　工　官　网：www.cmpbook.com
010-88379833　　机　工　官　博：weibo.com/cmp1952
010-68326294　　金　书　网：www.golden-book.com
封底无防伪标均为盗版　　机工教育服务网：www.cmpedu.com

前言

作为狩猎和竞技的道具，枪被人类使用已经有很长一段时间，甚至形成了一种文化，但它的演变和发展，是与战争密不可分的。换言之，枪的历史就是它被当作武器使用的历史。其中的“军用枪”，正是军队为了赢得战争而配备的枪，它甚至背负着国家的命运。在这样严肃的大前提下，配备什么样的枪，又如何使用，都十分鲜明地反映出国家或军队所处的环境和时代背景，以及他们的作战思想和战略。

步兵的主要武器步枪，就从手动的拉栓式向自动化演变，出现了半自动步枪，最终诞生了以第二次世界大战时德军装备的 StG44 为原型的突击步枪。如今，无论哪支军队，突击步枪都是他们的标准装备。因诞生了划时代的枪，使得军队装备更新换代的绝好例子莫过于此。此外，能够连续发射大量子弹的机枪的出现，则从根本上改变了陆上战争的战术。还有因为突击步枪的普及而被冷落的冲锋枪（短机枪），也因为时代的变迁被重新审视，在提高了命中精度后发展为新型冲锋枪。更有作为军官的权力象征和护身武器的手枪，也作为近战武器被重新定义。总而言之，与军用枪有关的小插曲总是这么使人兴趣盎然。

军用枪至今仍被广泛使用，并且仍在不断演变。我想，虽然世界上存在着各种各样的武器，但枪才是最贴近人类的。

在本书中，笔者做了万全的准备，以军用枪为主题，采取的视角与以往大多数类似题材的书籍有所不同，通过透视图解的方式，对各种枪的内部构造以及功能进行解析。然而，即使花费了大量的时间和精力，也还有许多没能描绘出、没能说明透彻的东西，且受篇幅所限，还有很多不得不舍弃的内容。总的来说，与军用枪有关的信息量十分庞大，要想将它们全部网罗，再深入挖掘是一件十分困难的事情。

即使如此，我还是很高兴能够奉上这样一本书。如果它能够为读者们提供些许帮助，也会让笔者感到万分荣幸。

坂本明

目 录 CONTENTS

第 3 章 手枪 CHAPTER 3 Hand guns

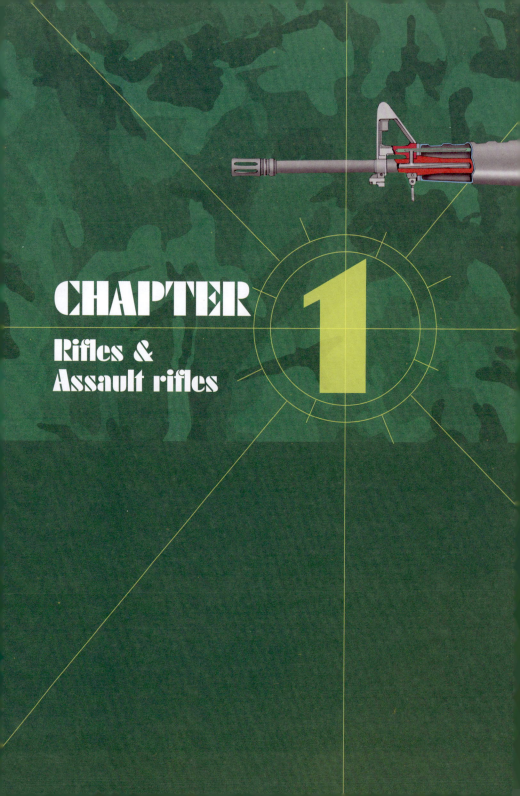

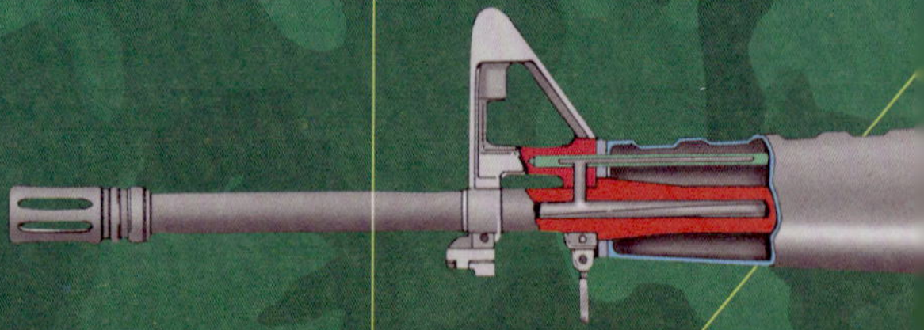

CHAPTER 1

Rifles & Assault rifles

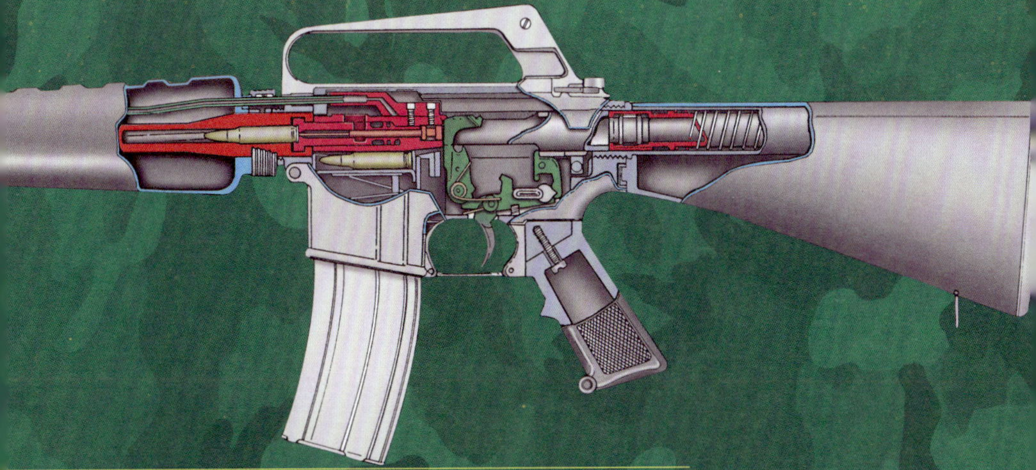

第 1 章

步枪 / 突击步枪

步枪既是步兵的主要武器，也是最常见的军用枪。可以说步枪的演变史，就是军用枪的演变史。

在本章中，笔者将尝试通过对拉栓式步枪、半自动步枪、突击步枪、狙击枪、反器材步枪等多种步枪的结构进行解析，来展示它们的魅力。

01 李 – 恩菲尔德步枪

长期活跃于英军中的制式步枪

它自 1895 年被英军采用以来，长期被作为英军和英联邦各国的制式步枪使用，现在服役的一部分拉栓式步枪中还存在着李 – 恩菲尔德[㊀]步枪。

这种步枪存在众多枪型，其中

▼ No.1 SMLE Mk. Ⅲ步枪

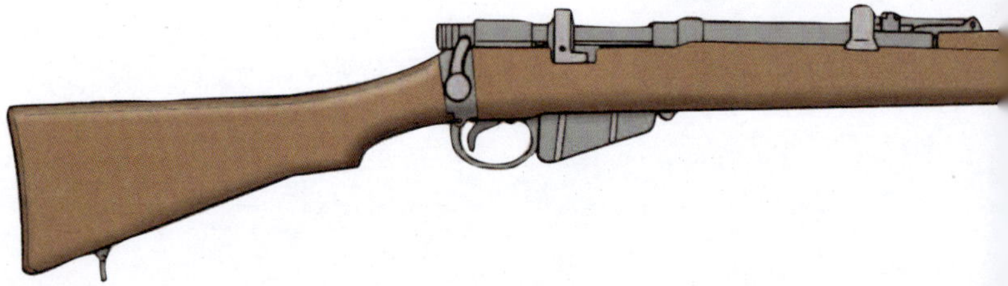

▼ No.4 Mk. Ⅰ步枪

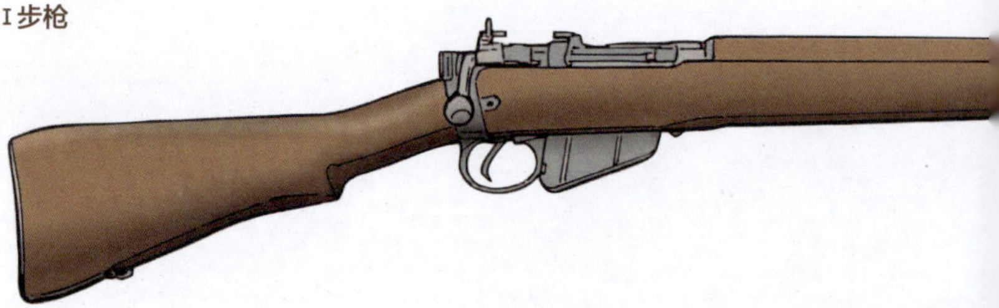

▼ No.5 Mk.1 步枪

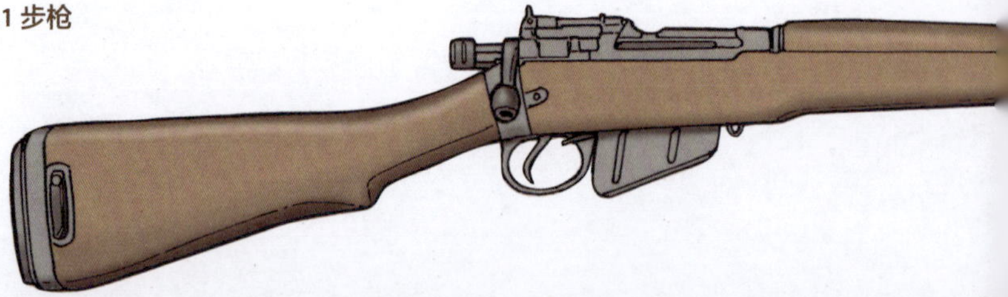

㊀ 李 – 恩菲尔德：这个名字取自设计者詹姆斯 · 李与恩菲尔德皇家兵工厂。

最有名的莫过于 No.1 SMLE[㊀]步枪，它是将 1895 年被采用的首版 MLE[㊁]缩短枪身、减轻重量后的枪型。后来更是在 SMLE 步枪的基础上更新换代，开发出了 No.4 Mk. Ⅰ步枪。改造后的版本并不算优秀，但却适合大量生产。此外还有 No.5 Mk. Ⅰ步枪。

使用战时简易型 No.4 Mk. Ⅰ步枪进行射击的加拿大士兵。这种简易型由加拿大和美国在第二次世界大战中制造，在刚果战争中也仍有使用。

于 1904 年被英国陆军采用的 7.7 毫米口径的拉栓式步枪。有 Mk. Ⅰ至 Mk. Ⅳ四种枪型，图为于 1907 年被采用的 Mk. Ⅲ。虽然在第二次世界大战初期，它已经是老式枪了，由于还有大量库存，且接替它的下一代步枪 No.4 Mk. Ⅰ的生产与配备有所延迟，因此当时的英军仍将其作为现役步枪中的主力来使用。

弹药：0.303 英寸步枪弹[㊂]　全长：1132 毫米　重量：3700 克　装弹量：10 发

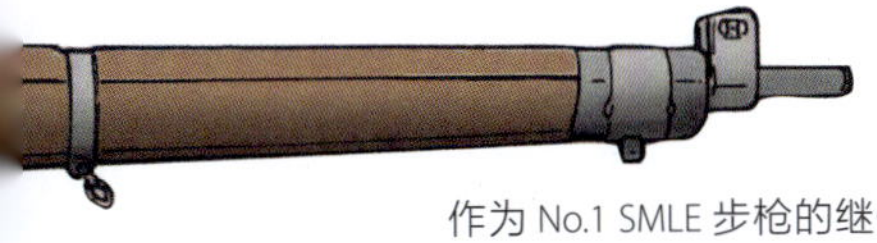

作为 No.1 SMLE 步枪的继任者，于 1939 年被采用，自 1941 年开始量产。图为稍稍加重了枪管重量，对照门的位置和枪口部位做了改动的 SMLE Mk. Ⅲ步枪的改良版。此外还有从 No.4 步枪中选出高精度枪，加以改造，加装瞄准镜的狙击枪 No.4 Mk. Ⅰ（T），它使用的瞄准镜是 3.5 倍的 No.32 瞄准镜。

全长：1097 毫米　重量：3940 克　装弹量：5 发

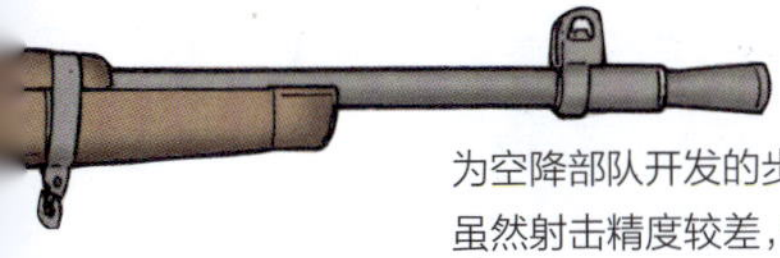

为空降部队开发的步枪，缩短了枪身长度，尽量简化零件以达到减轻重量的目的。虽然射击精度较差，但在第二次世界大战后多于东南亚地区使用，因此也被称为“丛林卡宾枪”。它是英军所使用的步枪中最早配备消焰器的枪。

全长：1003 毫米　重量：3200 克　装弹量：10 发

㊀ SMLE：Short Magazine Lee-Enfield 的首字母缩写。

㊁ MLE：Magazine Lee-Enfield 的首字母缩写。

㊂ 0.303 英寸步枪弹：这种子弹在 1888 年英军使用李 – 梅特福德步枪时装填的是黑色火药，到了使用李 – 恩菲尔德步枪时就改成了无烟火药。直到 20 世纪 50 年代末，它都是英联邦的标准军用弹药。

02 拉栓式枪机（1）

朴素而值得信赖的拉栓式步枪

拉栓式枪机的运作步骤是这样的：①将子弹装入膛室；②闭锁膛室；③射击时由燃气所产生的压力会推动子弹前进；④抛壳；⑤装填下一发子弹。而支撑着这一系列动作完成的是一种叫作枪机的部件。枪机不但内置用于发射子弹的击针，还带有能够牢牢闭锁膛室的装置。

这种扳动枪机的方法，除了利用射击时的反作用力和燃气压力以外，还需要通过人手来发动，因此被称为拉栓式。

拉栓式枪机不需要复杂的构造，所以在 19 世纪末，它发展成了一种使用金属弹壳，并且能够连续射击的后膛装填式步枪。由于它能以简单的构造射出强有力的子弹，现在的狙击枪仍在使用拉栓式枪机。

●拉栓式枪机的构造（图为毛瑟式步枪的枪机部分）

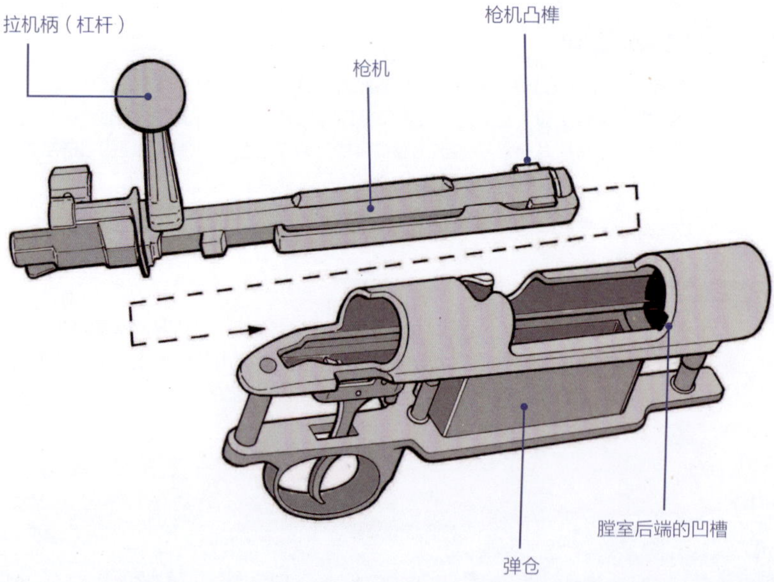

●拉栓式步枪（李 – 恩菲尔德步枪）的运作系统

（1）抛壳

下图为李 - 恩菲尔德步枪，它采用后端闭锁式，使用位于枪机后方的凸起来闭锁枪机。图为拉动拉机柄，解开枪机，排出膛室中的弹壳的场景。

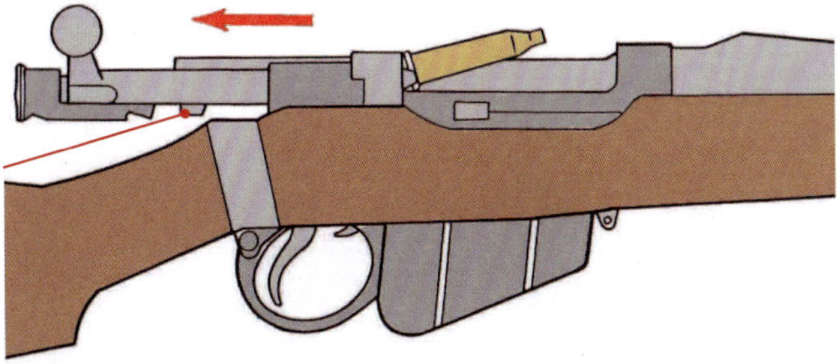

枪机后部的凸起部分。将拉机柄向上抬起，再向后拉就可以解锁，从而开放膛室。

（2）装填

将拉机柄再次向前推，就能够在压缩击针簧的同时，利用枪机前部把弹仓内的下一发子弹推入膛室，封锁枪管后端，至此射击准备完毕。用于击发子弹的击针藏于枪机内部。

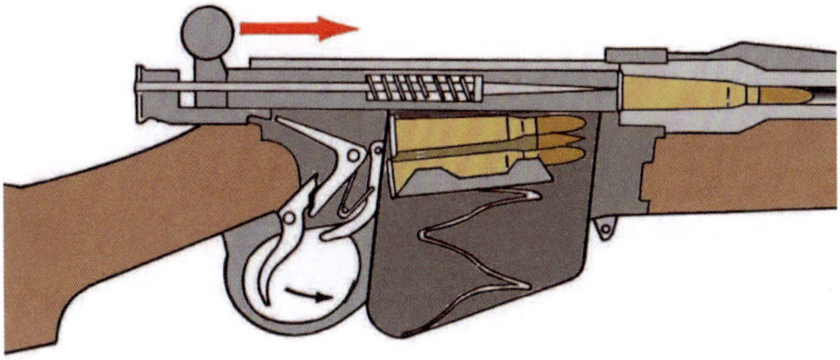

（3）射击

扣动扳机，释放被压缩的击针簧，击针刺向子弹的雷管，将子弹发射出去。然后重复抛壳等一系列操作。拉栓式步枪中最重要的就是枪机，必须使枪机能够耐受射击时的燃气压力，并完全闭锁枪管后部。在这方面，李 – 恩菲尔德步枪与毛瑟式步枪的枪机堪称典范。

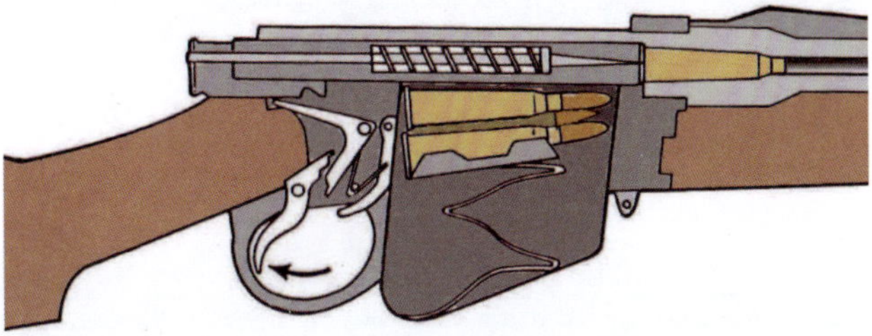

03 拉栓式枪机（2）

出色的毛瑟式步枪

●毛瑟式步枪的运作

①待击发状态

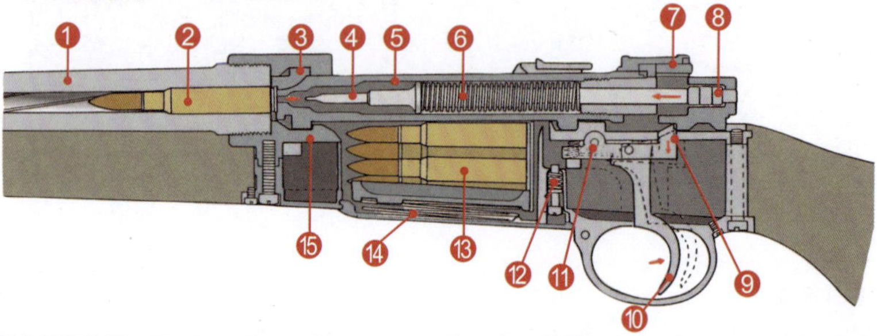

图中展示的是毛瑟 Kar98K 的运作系统。与李 - 恩菲尔德步枪相同，毛瑟式步枪也是通过活动附在枪机上的手柄来控制枪机的旋转与前进后退，从而完成抛壳和装填的步骤。它最大的特征是枪机的闭锁结构，虽然是以嵌合装在枪机上的凸榫和枪管座内的凹槽来实现闭锁，但同时，膛室和枪机会通过枪机头部的凸榫与枪管的延长部分互相吻合，再经过旋转，保证射击时能够完全闭锁，提高了子弹中火药的利用率。这个部位也被称为闭锁凸榫㊀。

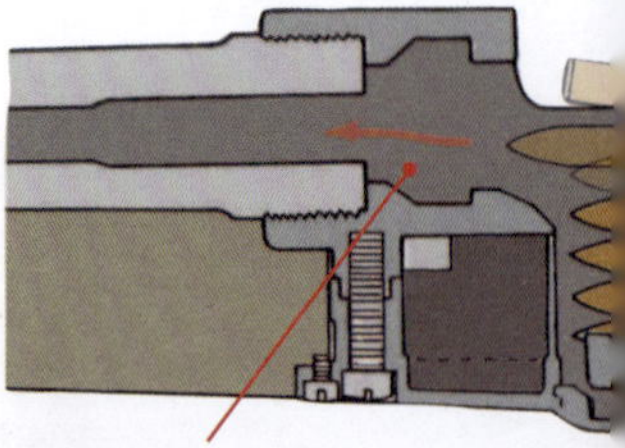

❶枪管 ❷膛室 ❸闭锁凸榫 ❹击针 ❺枪机 ❻复进簧 ❼保险 ❽击针后部 ❾阻铁（用阻铁来防止活塞向前）❿扳机 ⓫扳机连杆 ⓬护圈前固定螺 ⓭弹仓 ⓮托弹簧 ⓯枪机框的卡榫

②射击

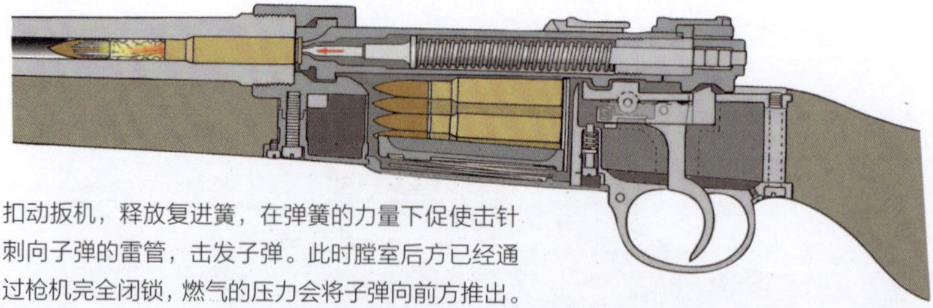

扣动扳机，释放复进簧，在弹簧的力量下促使击针刺向子弹的雷管，击发子弹。此时膛室后方已经通过枪机完全闭锁，燃气的压力会将子弹向前方推出。

㊀ 闭锁凸榫：毛瑟式也被称为前端闭锁式。这种闭锁方式虽然有着抛壳、装填时移动距离较长的缺点，但同样有着射击时的后坐力不会直接作用于枪机、射击精度较高等优点。

毛瑟式的拉栓式枪机（运用于Kar98K）的运作系统十分优秀。拉栓式步枪的典范、衍生出M24狙击武器系统[㊀]的雷明顿M700也采用了毛瑟式的闭锁结构。

▼毛瑟 Kar98K

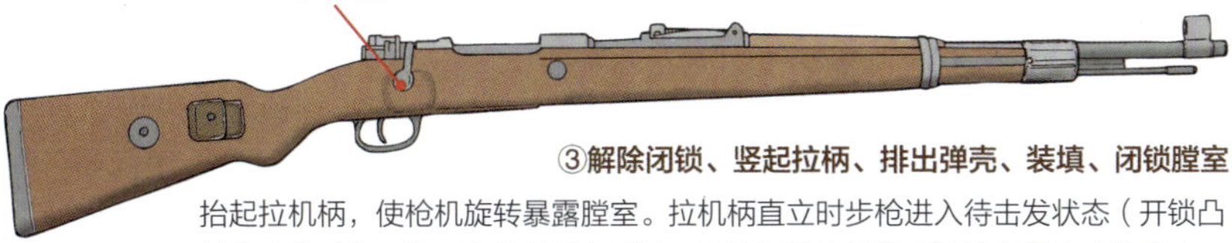
拉机柄

③解除闭锁、竖起拉柄、排出弹壳、装填、闭锁膛室

抬起拉机柄，使枪机旋转暴露膛室。拉机柄直立时步枪进入待击发状态（开锁凸轮待击发式）。接下来将枪机向后拉，用枪机前端的抽壳钩抽出膛室内的弹壳。然后将拉机柄向前压，带动枪机前进，把下一发子弹装填进膛室。最后放平拉机柄，封闭膛室，就做好了射击准备。

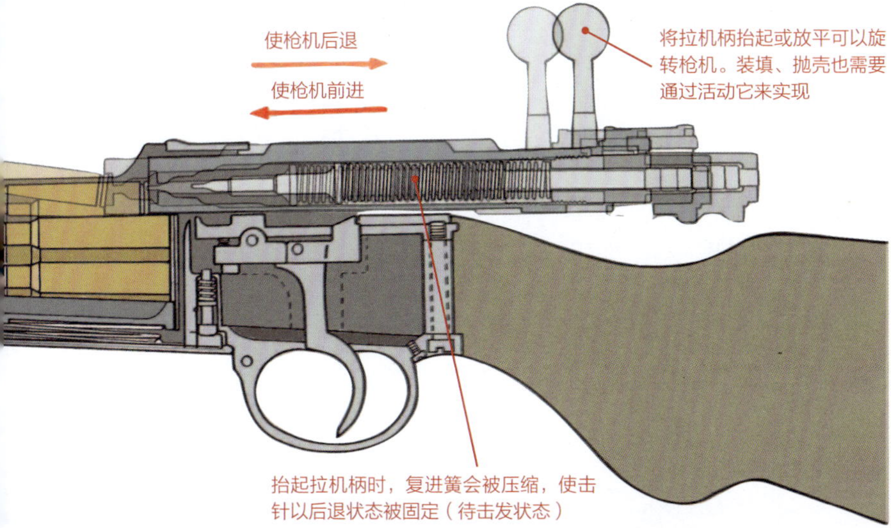
使枪机后退
使枪机前进
将拉机柄抬起或放平可以旋转枪机。装填、抛壳也需要通过活动它来实现
抬起拉机柄时，复进簧会被压缩，使击针以后退状态被固定（待击发状态）

④再次呈现待击发状态

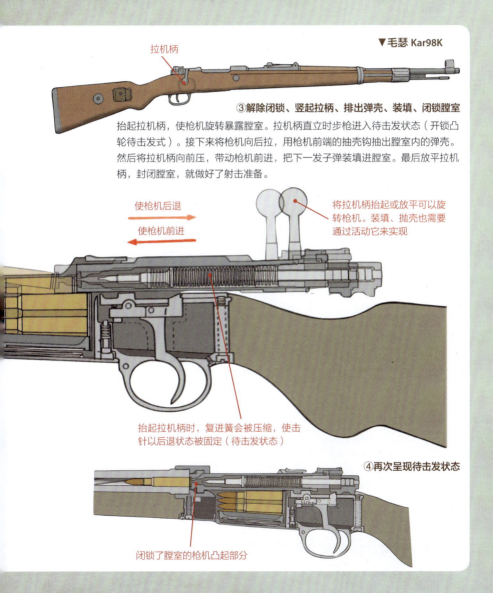

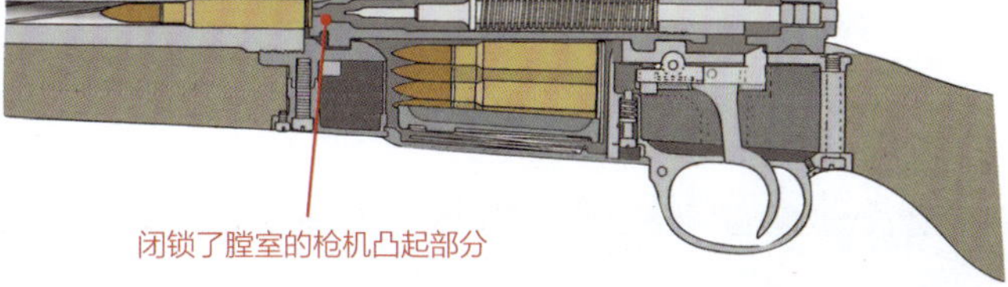
闭锁了膛室的枪机凸起部分

㊀ M24狙击武器系统：参照P.96。

04 步枪发展史（1）

来复并不是枪的种类

来复本意是指刻在枪管内的螺旋状的沟槽。现在，这种沟槽被称为来复线（膛线），穿过枪管的子弹被沟槽的突出部分引导，沿着沟槽方向加速旋转。这种构造能使弹道更加稳定，从而提高精准度，延长射程，加强贯穿力。

以前还未附加膛线的枪，枪管为滑膛式，所以被称为滑膛枪，枪管内壁光滑，所用子弹也是球形弹。因此在子弹与枪管之间留有较大缝隙，弹道不稳定，威力不足。为了解决这个问题而被设计出来的膛线诞生于 18 世纪，是一个使枪更具实战意义的划时代的设计。

此外，在枪的发展过程中必不可少的就是击发装置，它是以发射弹丸为目的，用于点燃填充在子弹中的火药的装置。从枪被发明到 14 世纪开发出火绳枪为止，射击的时机一直难以掌握。火绳枪的出现，使掌握射击时机成为可能。然而，这种方式很容易受到风雨的影响，补充和管理用于支撑燃烧过程的火绳也很烦琐。

此时，使用燧石的燧发枪诞生了，燧发枪也从欧洲扩散到了世界各国的军队中。19 世纪 20 年代初，出现了以装有雷汞的铜质火帽点火的撞击式点火击发装置。在撞击式点火击发装置出现以前，击发装置的开口较多，枪的使用受到天气情况的制约，有了这种点火击发装置，枪的使用再也不会受到天气的影响。此后，撞击式点火击发装置得到普及推广，到了 19 世纪 40 年代，世界上已有大半军队使用采取撞击式点火击发装置的枪。

▼棕贝丝

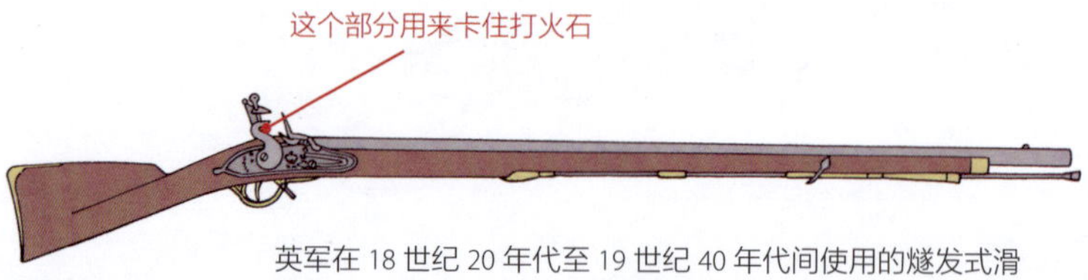

英军在 18 世纪 20 年代至 19 世纪 40 年代间使用的燧发式滑膛枪。口径 0.75 英寸（19.05 毫米）。

燧发式步枪射击的瞬间。图中的枪为 US M1795 滑膛枪（法国产 0.69 英寸口径的 M1763 步兵用滑膛枪的复制品）。

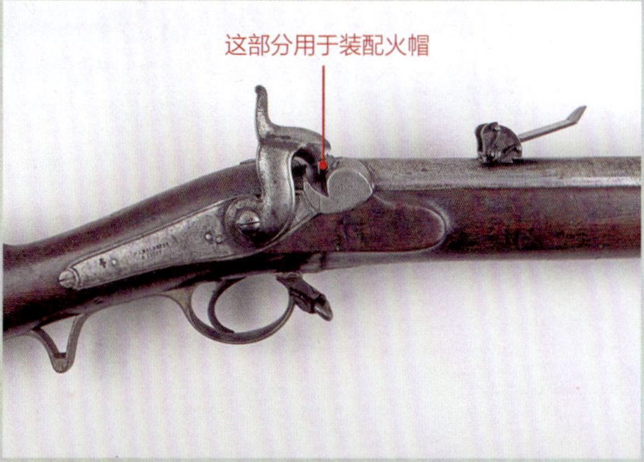

俄国军队在克里米亚战争中使用的撞击式步枪（0.704 英寸口径）的击发装置。

05 步枪发展史（2）

划时代的拉栓式步枪的发明

虽然提高步枪威力的方法有许多种，但防止射击时的燃气泄漏，将燃气冲力更高效地转换为子弹在空中行进的动能是其中最重要的课题。特别是后部装填的枪，因为子弹的装填方式，要攻下这个课题就更加艰难，在发明金属弹壳和拉栓式结构之前，问题都没能彻底解决。

1841 年普鲁士军队使用的单发后膛枪㊀德莱赛，就是一支解决了这个问题的步枪。它在 1836 年加入了约翰·尼古劳斯·冯·德莱塞发明的枪机后，成为世界上第一支具有实用性的拉栓式步枪。同时，又被称为针发枪的德莱赛，在枪机内部设有使用长针状击针的击发装置，并且可以通过手动操作枪机完成弹药的再装填、抛壳等行为（拉栓式）。由于它使用的是以纸制弹壳装填黑火药的德莱赛枪弹，所以这种枪具

●米涅弹和李 - 恩菲尔德步枪

1849 年由法国陆军上尉克劳德·爱迪尔内·米涅开发的米涅枪，是一种在滑膛枪上刻制膛线的改造型步兵用步枪，它使用一种被称作米涅弹的独特枪弹。使用米涅弹的米涅枪拥有超过普通滑膛枪 3 倍的射程，且具有较高精准度，后来也有大量使用米涅弹的军用枪被开发出来。

其中最具有代表性的正是图中的 0.577 英寸口径的 P1853 李 - 恩菲尔德步枪，它使用的枪弹是米涅弹中的一种——普利切特弹。P1853 于 1853 年成为英军的制式枪，在克里米亚等战争中的使用也证明了它性能之优越。除此之外，它在美国的南北战争中也曾被大量使用。相较于此前英军使用的，有效射程仅有 91 米的棕贝丝滑膛枪，恩菲尔德步枪的有效射程达到了 900 米，压倒性的长射程也成为从根本上改变步兵战术的契机。

李 - 恩菲尔德步枪采用撞击式点火击发装置。装填时需要先咬破纸制火药包的一端，将火药顺着枪口倒入，然后直接放入用空火药包包裹着的弹丸，用推弹杆将其推入枪管底部。19 世纪 60 年代，它被改装成了能够射出采用中央式底火的雷管和金属弹壳的一体式博克塞式枪弹的后填式步枪（后膛枪），并作为史奈德步枪被英军采用为制式枪。

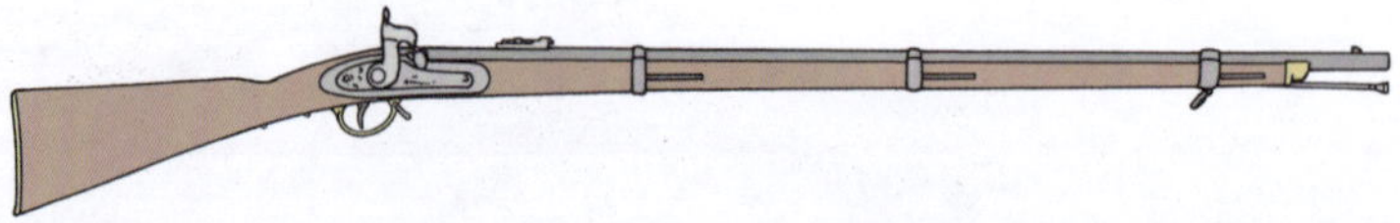

㊀ 后膛枪：从枪管尾部装填弹药的枪，也被称为后填式步枪。与之相对的，从枪口装填弹药的枪则被称为前膛枪（前填式步枪）。

有连续射击后枪机前端会附着碳化物，导致枪机无法完全闭锁，从而泄露燃气等问题，但它仍具有划时代意义。

进入 19 世纪 90 年代后，德意志帝国使用的 Gew98 中采用的“毛瑟式”、1895 年英国陆军使用的 MLE 中采用的“李 – 恩菲尔德式”、1891 年俄罗斯帝国使用的 M1891 中首次采用的“莫辛 – 纳甘式”，这三大拉栓式枪机一个接一个地诞生。

到了 19 世纪末，拉栓式结构已基本完善。即使在第二次世界大战中，其构造也并未改变。若从技术角度看待步枪，那么可以说步枪技术从 19 世纪末到第二次世界大战结束都没有太大的进步。

●德莱赛枪机

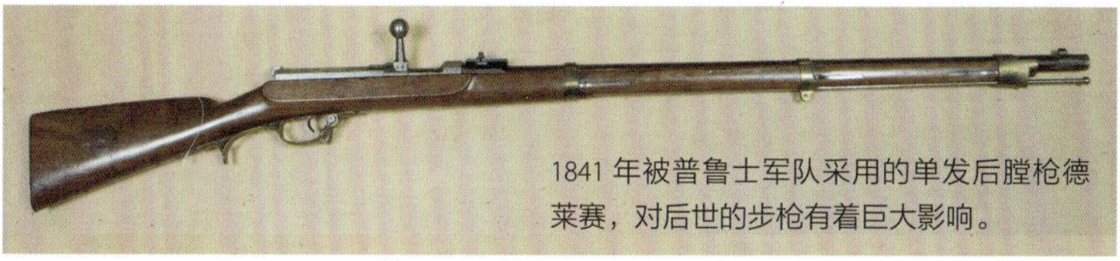

1841 年被普鲁士军队采用的单发后膛枪德莱赛，对后世的步枪有着巨大影响。

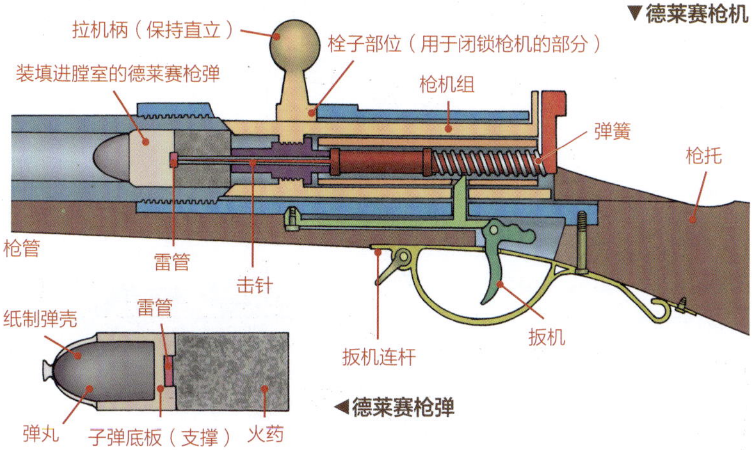

▼德莱赛枪机

◀德莱赛枪弹

图为德莱赛步枪的内部结构。首先将拉机柄压倒至左侧，释放枪机解除闭锁，随后向后拉动拉机柄开放膛室并装填弹药。与此同时，枪机内部的击针会被弹簧和扳机连杆扣住。装填完毕后，以相反顺序向前推拉机柄，将膛室闭锁，射击准备就完成了。此时扣动扳机，拉下扳机连杆，就能够释放击针，使其刺向子弹内部的雷管，通过燃烧火药，把携带着子弹底板的弹丸发射出去。而纸制弹壳会在这个过程中燃烧殆尽。

06 M1 加兰德步枪

最成功的半自动步枪

●M1 加兰德步枪的构造

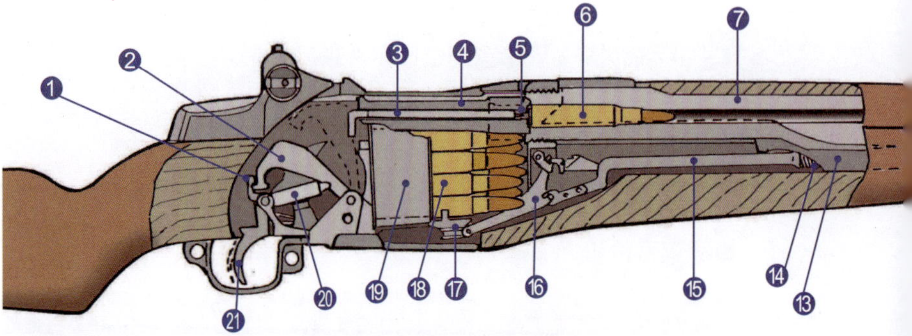

▶M1 加兰德枪机部位

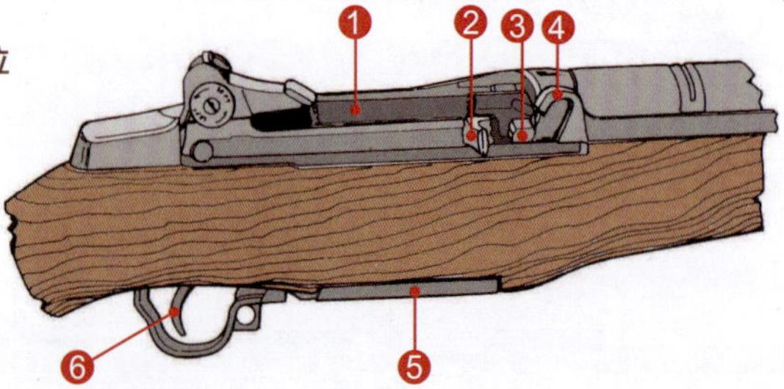

❶ 枪机
❷ 活塞连杆
❸ 凸榫
❹ 闭锁凸榫
❺ 扳机座
❻ 扳机

加兰德在 1936 年被美军采用为制式枪（一直服役到 1957 年为止）。到第二次世界大战结束时，共生产了 420 万支。由斯普林菲尔德兵工厂、温彻斯特公司、哈林顿 & 理查德森公司等生产商制造。

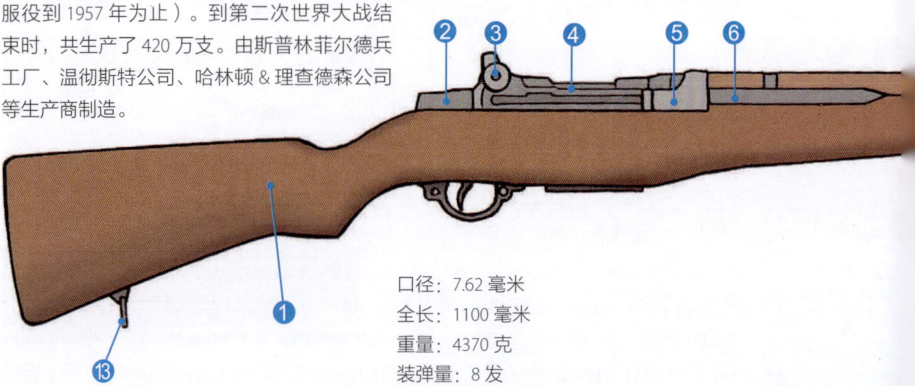

口径：7.62 毫米
全长：1100 毫米
重量：4370 克
装弹量：8 发
有效射程：600 米

活塞连杆与枪机的关系

为了在下图中展示枪机与活塞连杆之间的关系，有一部分活塞连杆未能表现出来。完整的活塞连杆和枪托之间的连接方式见右图。

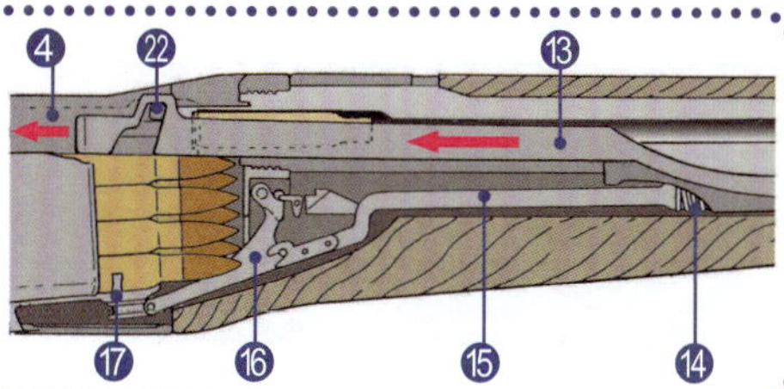

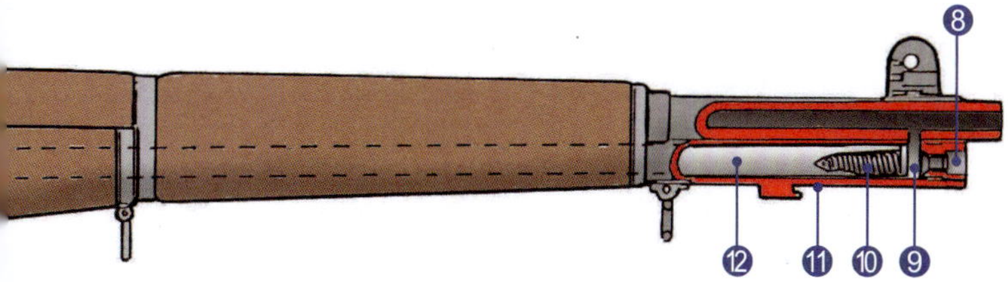

击锤被拉起时的射击准备状态

❶阻铁固定击锤 ❷击锤（待击状态） ❸击针 ❹枪机（图中所示为枪机向前装填弹药，闭锁膛室的状态） ❺抽壳钩 ❻装填进膛室的子弹 ❼枪管 ❽气栓 ❾导气孔 ❿活塞连杆弹簧 ⓫导气室 ⓬⓭活塞连杆 ⓮活塞连杆弹簧 ⓯随动杆 ⓰随动臂 ⓱随动滑块 ⓲子弹 ⓳弹夹 ⓴击锤簧 ㉑扳机 ㉒凸笋

M1 加兰德步枪是能够利用射击时的燃气压力，让子弹的装填和抛壳自动进行的半自动步枪。子弹发射时产生的燃气推动活塞连杆，带动连接着的枪机，实现膛室的闭锁和开放。在手动装填第一发子弹之后，只需扣动扳机就可以连发(无法像机关枪那样完全自动射击)。M1 加兰德的弹夹可装 8 发子弹，装填时需将整个弹夹放进弹仓，优点是打完全部子弹后，弹夹即可自动排出。运作方式独特，但缺点是不打完弹夹内的全部子弹就无法进行补充。

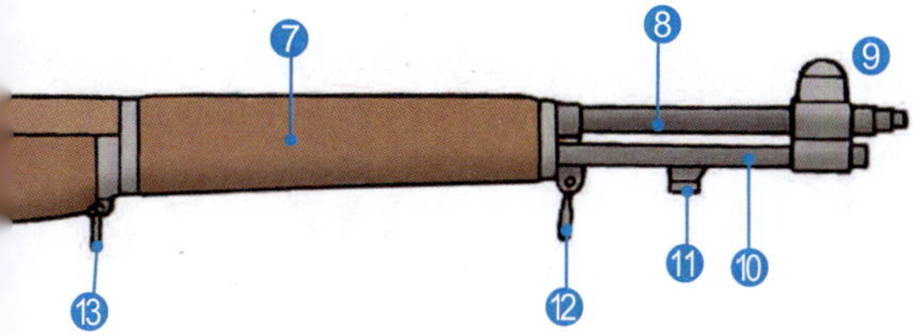

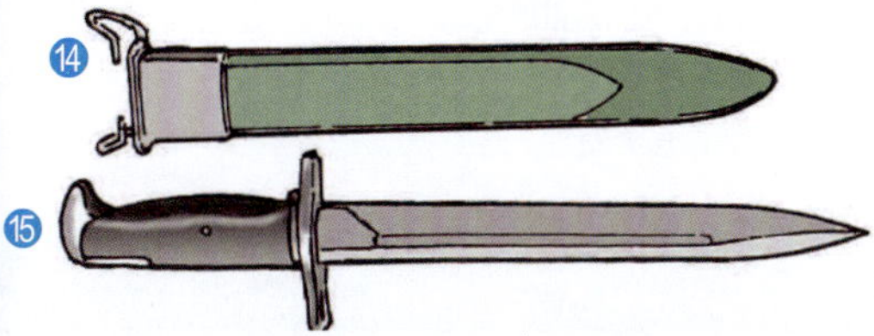

◀M1 加兰德各部件名称

1 枪托　2 机匣
3 照门　4 枪机
5 拉机柄　6 活塞连杆
7 护木　8 枪管
9 准星　10 导气室
11 刺刀座　12 支枪扣
13 背带扣　14 M7 刺刀鞘
15 M1 刺刀

07 M1 卡宾枪

被多个兵种广泛运用的卡宾枪

▼U.S.M1 卡宾枪

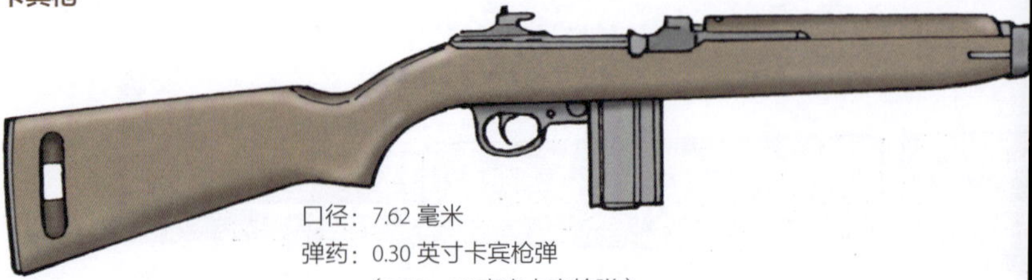

口径：7.62 毫米
弹药：0.30 英寸卡宾枪弹
（7.62×33 毫米卡宾枪弹）
全长：904 毫米

▼U.S.M2 卡宾枪

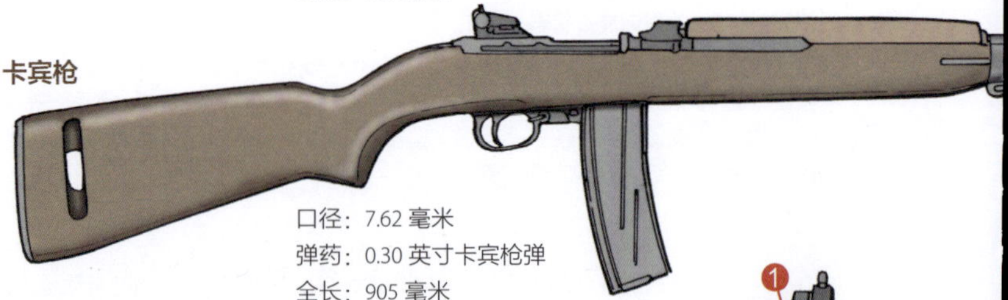

口径：7.62 毫米
弹药：0.30 英寸卡宾枪弹
全长：905 毫米
重量：2500 克
装弹量：30 发

▼配有红外夜视装置的 M3 卡宾枪

M3 卡宾枪是在第二次世界大战末期被开发出来的带有红外夜视装置的自动步枪。这个夜视装置被称为 M2 狙击瞄准镜㊀。为了避免配备有夜视装置的卡宾枪在执行夜间狙击任务时，因枪口喷射出的火焰而被敌人发现，需配备消焰器，并且必须携带十分沉重的蓄电池箱行动。

㊀ M2 狙击瞄准镜：由发射红外线的灯，和接收从对象物体反射回来的红外线，并增幅使其成为可视光的夜视望远镜组成。是第一代使用红外线光源的夜视装置。德国也开发出了类似的夜视装置。

M1 卡宾枪虽然是美国陆军在第二次世界大战中所用的步兵主力步枪，但在军官和步兵以外，它也被其他包括海军在内的兵种广泛使用。卡宾枪的性能相当于小型步枪。

由温彻斯特公司设计[一]并制造的 M1 卡宾枪是一款小型半自动式步枪，1942 年，它作为后方支援武器即下级士官自卫用武器被美军所采用。它的运作方式为短冲程活塞式。射击时的燃气进入位于枪管下方的导气孔，利用燃气产生的压力推动活塞后退，以活塞连杆带动枪机，实现膛室的闭锁和开放。设计之初，本来计划采用半自动 / 全自动射击模式，但受到欧洲战局的影响，不得不加紧开发，于是设计成了半自动式步枪。

重量：2490 克
射速：850~900 发 / 分钟
有效射程：300 米
装弹量：15/30 发

它是在半自动式步枪 M1 卡宾枪的基础上，追加了全自动射击模式的枪型。由于是 M1 的变种，所以外形颇为相似，但在枪托等细节处有所不同。是与突击步枪有着不同风格的枪，曾在第二次世界大战、朝鲜战争、越南战争初期与 M1 一起被美军使用。M16 被美军采用为制式枪后，它被提供给了与美国交好的国家。

❶ 红外线灯 ❷ 消焰器 ❸ 带开关的握把
❹ 弹匣 ❺ 蓄电池箱 ❻ 夜视望远镜

▼美国海军海岸大队军官

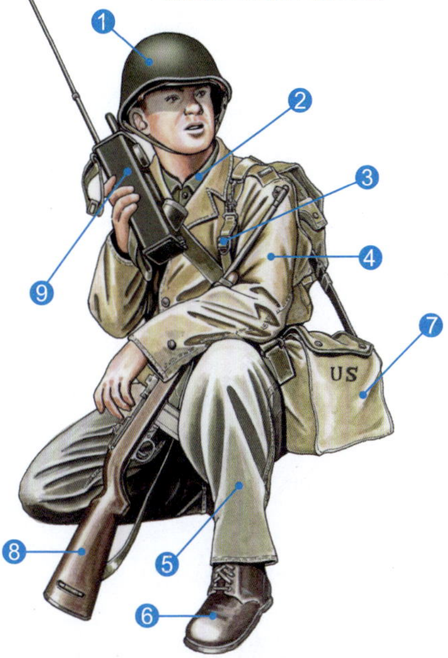

❶ M1 钢盔 ❷ 斜纹布夹克 ❸ M1936 背带 ❹ M1941 野战夹克 ❺ 斜纹布裤 ❻ 伞兵靴 ❼ M5 陆军防毒面具包 ❽ M1 卡宾枪 ❾ SCR-536 步话机（手提式对讲机）

图为第二次世界大战时，美国海军中一支被称为“海岸大队”的部队的军官。海岸大队的任务是在登陆作战时抢先上岸，依靠莫尔斯电码或步话机引导后续的舰艇靠近海岸。

㊀ 温彻斯特公司设计：开发负责人大卫 · M. 威廉姆斯曾因涉嫌杀人而入狱，他在狱中获得许可，设计并尝试制作自动卡宾枪，再审无罪释放后，他加入了温彻斯特公司。这个故事后来还被改编成了电影。

自动步枪的特征

与突击步枪有何不同?

在第二次世界大战期间，拉栓式步枪是各国军队的主流步兵武器，但是也有使用自动步枪的国家。原本在 20 世纪 30 年代，为了提升步兵火力，各国军队纷纷尝试开发自动式步枪。这里所说的自动，是指在拉栓式步枪的基础上，使弹药装填、膛室的闭锁和开放、抛壳这一系列动作脱离手动，改为利用燃气压力自动运行，同时也可以进行半自动射击。

顺便说一下，在现代的定义中，自动步枪指的是具有半自动式射击（每扣动 1 次扳机，射出 1 发子弹）、全自动射击（扣住扳机期间可以连续射击）、半自动 / 全自动射击（可以切换为任意一种射击方式）、点射（每扣动 1 次扳机，可以连续发射 2~3 枚子弹的有限点射）中的某一种射击模式，使用 7.62 毫米中间型威力弹㊀的步枪（突击步枪的射击模式虽然与自动步枪相同，但使用的子弹型号介于手枪弹和中间型威力弹之间）。

虽然在第二次世界大战以前，包括在二战中，都有许多国家在进行自动步枪（半自动步枪）的开发，但开发完成后是否能投入实战就是另一回事了。要提供给军队，必须有一定的品质和能够大量生产的工业力量，以及在装备后足以维持它们运转的后勤力量。不管枪的性能多么优越，那些只能通过匠人手工打造、少量生产的产品是无法发挥作用的。在二战这种消耗型的战争中，这一点尤为重要，当时能够让自动步枪覆盖全军的只有资源储备和工业力量都十分雄厚的美国。

各国开发的自动步枪

在经历了第一次世界大战后，美国意识到了自动步枪在战场上的有效性，并于1919年着手开发。但是，军事预算的大幅缩减和所用枪弹口径缩小等问题，使开发进度大幅延迟，最后美军终于在1936年将M1加兰德步枪采用为制式枪。约翰 · C.加兰德开发的M1加兰德，是通过导气室来利用燃气压力的半自动步枪，在构造方面采用了与约翰 · 勃朗宁开发的BAR（勃朗宁自动步枪）相同的结构。

可以被称为成功作品的 M1 加兰

㊀ 中间型威力弹：类似于 7.62 毫米 ×51 毫米 NATO 弹的大威力枪弹。

德步枪，在第二次世界大战后追加了全自动射击模式，使用的枪弹也替换成了 7.62 毫米 ×51 毫米 NATO 弹，发展成能够装备 20 发盒型弹匣的改良版——M14 步枪。

除了 M1 加兰德步枪以外，美国作为制式枪采用，并投入实战的自动步枪还有 M1 卡宾枪。它使用的是比 M1 加兰德更小的 0.30 英寸卡宾枪弹（7.62 毫米 ×33 毫米子弹，虽然口径相同，但子弹本身更短），枪身也更短，全长仅有 457 毫米。这款卡宾枪的生产量在 100 万支以上。

除了美国之外，德国开发了 Gew43（口径 7.92 毫米），苏联开发了 AVT-40（口径 7.92 毫米）等自动步枪，并且投入了实战，可是它们都没有 M1 成功。第二次世界大战中，日本人也在开发自动步枪，并制作了一款改造型佩德森步枪，但没能投入实战。

第二次世界大战后，突击步枪这种步兵用新型步枪逐渐普遍化，然而，使用中间型威力弹的自动步枪也随即诞生。法军使用的 MAS49 和苏联开发的 SKS，以及瑞典的 AG42 杨曼步枪都很有名。其中的 SKS 在波兰、越南等地被复制生产。

M1941 式约翰逊半自动步枪是由梅尔文 · 约翰逊开发的半自动步枪。在美国陆军决定是否采用它时，曾将它与 M1 卡宾枪作过对比测试，最终未能获得通过，只在海军部队中的一部分士兵之中有所使用。它的优点是只需一次操作即可更换枪管，但在性能上没能超越 M1 卡宾枪。

口径：7.62毫米　弹药：斯普林菲尔德0.30英寸-06步枪弹（7.62毫米×63毫米子弹）　全长：1165毫米　重量：4310克　装弹量：10发（旋转式弹匣）

08 步兵战术（1）

第二次世界大战中步兵的基础战术

步兵的任务是“攻击目标敌人，歼灭或迫使敌人撤退，占领目标地点”。为达成这一任务而产生的战术中，美军的“射击与机动（Fire and Movement）”正是其中的基础。“射击”指的是以强火力压制敌人，使其无法发起反击，“机动”指的是在火力压制期间，派遣别动队接近敌人。具体来说，就是划分执行射击任务的分队和执行机动任务的分

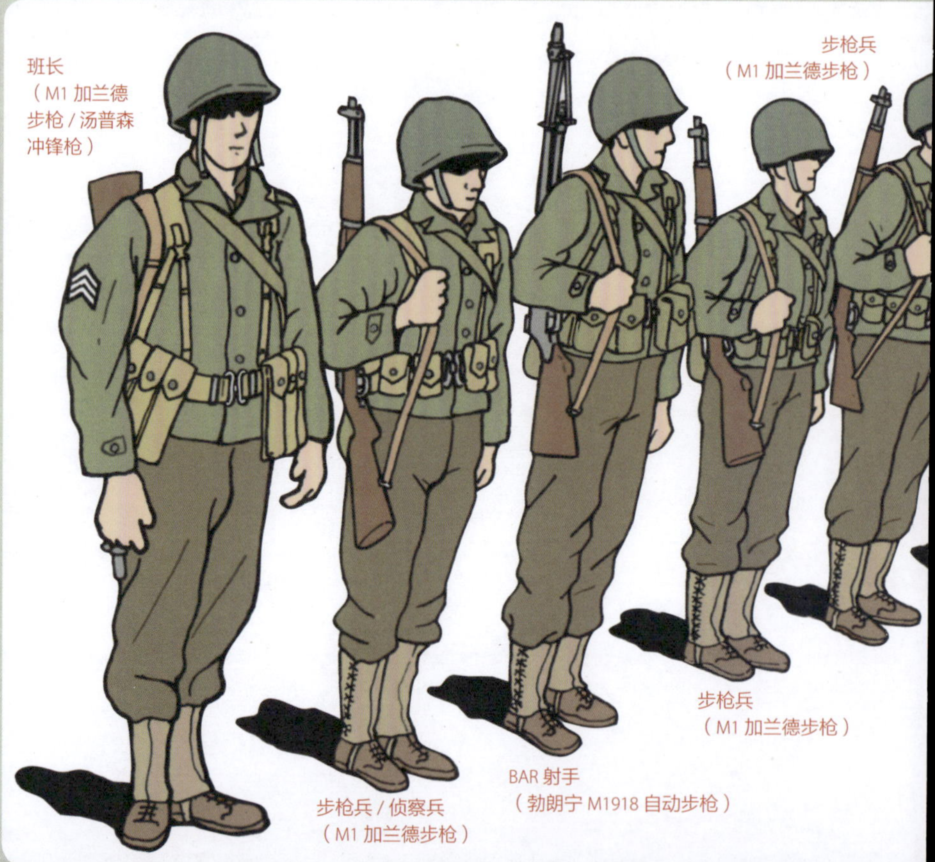

队，射击分队以火力封锁敌人行动，在此期间，机动分队移动到有利攻击位置。随后由机动分队执行射击任务，在他们的火力掩护下，射击分队进行移动。如此反复接近敌人，最后突击歼灭。步兵部队根据这种基本战术编成班和排，即使在连和营这些拥有更强兵力和火力的作战单位中，这种基本战术也不会改变。

步兵战斗的最小基本单位是班（这一点不管在哪个国家都是相同的），每个班配备一挺轻机关枪，分为射击分队（由轻机关枪和它的射手，以及供弹手组成）和机动分队（装备步枪和冲锋枪）。在美国陆军中，步兵班可能会通过配备两挺 BAR㊀，士兵全员装备自动化武器来加强火力。

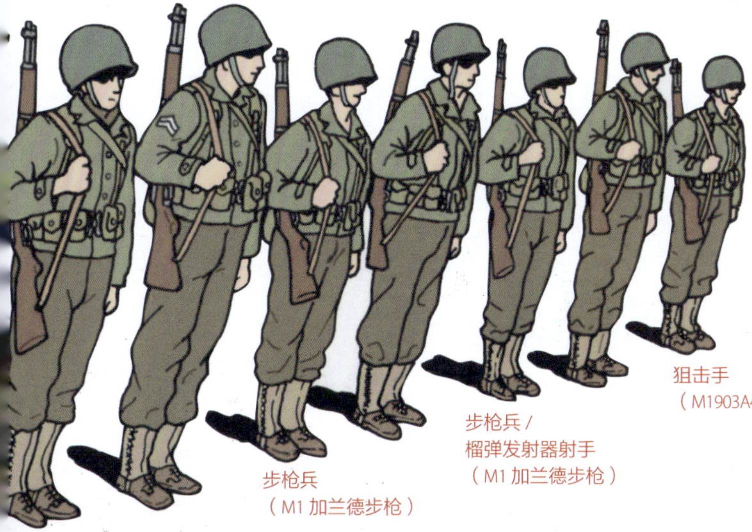

●美国陆军步兵班（第二次世界大战中）

在不断推进轻武器自动化的美国陆军中，步兵班几乎全员配备了 M1 加兰德半自动步枪。由 12 名士兵组成的步兵班中，配有一名狙击手，装备有与斯普林菲尔德 M1903A4 类似的狙击步枪，可执行狙击任务，以辅助步兵班的作战行动（与现在的班组支援射手职能类似）。但这只是资料中的内容，实际上狙击手持有的一般是可以加装狙击镜的改造版 M1 加兰德步枪，也会承担使用榴弹发射器等武器的支援任务。

㊀ BAR：Browning Automatic Rifle（布朗宁自动步枪）的首字母缩写。BAR 与 MG34 等轻机关枪相比火力较弱，但从结果来看，在全班组成员都装备了自动化武器的情况下，反而能增强火力输出。

09 步兵战术（2）

美国陆军步兵基础战术的实践

“射击与机动（Fire and Movement）”是一种由射击分队和机动分队交互压制和移动，从而接近敌人将其歼灭的战术，但这样的战术

●步兵班的战斗阵型（美国陆军）

美国陆军的作战行动计划是以连为单位的。1 个步枪连由上尉连长和 3 个步枪排以及 1 个重武器排组成。执行作战任务的最小单位是班，1 个班通常有 12 人，由班长指挥。班以最大火力覆盖敌人，同时尽可能地减少己方的损失，这种战斗队形作为战斗规范已经定下来了。虽然有多种形式，但常用的移动方式正如下图，被称为纵列移动（战斗）队形或并列纵队队形。这种队形在可能与敌人发生遭遇战的区域也可以使用（战斗区域中一般采用并列纵队队形，在无法采用并列纵队队形的狭窄地形当中则采用纵列队形）。在这种队形中最重要的是，每个士兵都警戒着事先定好的方向，保持应战姿势，不可懈怠，而班长需要一直位于能够指挥下属的位置。

纵列移动队形（纵列战斗队形）▶

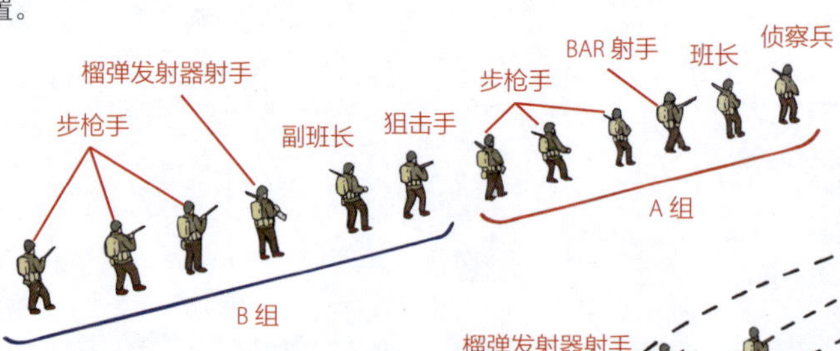

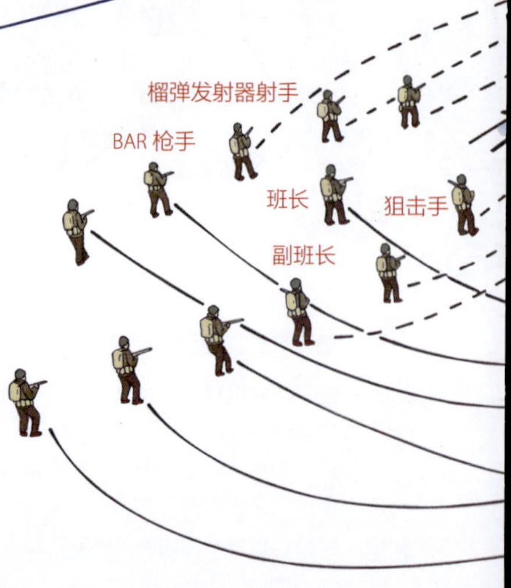

由并列纵队队形进行班组作战 ▶

上图的纵列移动（战斗）队形，或者称为并列纵队队形的要点是，尽可能拉开每个士兵之间的距离，将伤害降到最低限度（人员聚集会导致他们在敌人集中火力时全军覆没）。但过度分散又会使部队有被阻断的危险，适当距离大概在 5 米左右。并列纵队队形能够使班组的火力向周围平均分布，是一种可以应对来自各个方向的攻击的有效队形。图中展示了班组从并列纵队队形分成两队，射击分队火力压制，机动分队迂回前进，突击敌方弱点的战术。

打法放在排[一]中也不会变。排可由班这一级别的射击分队和机动分队组成，将各个班划分职能执行任务。

如美国陆军，由 3 个班组成 1 个排的情况下，要分别分配多少兵力给射击分队和机动分队，全都依靠排长的判断（然而，因为多数排长是新晋少尉，所以会根据排内中士的建议做出判断）。

战斗时，会出现班长根据作战计划将班分为 A 组（班长指挥）和 B 组（副班长指挥）的情况。在 B 组用步枪和榴弹发射器进行火力压制期间，A 组移动接近敌人，用冲锋枪和 BAR 进行火力威慑的同时执行突击作战，这就是“射击与机动”战术的实践。

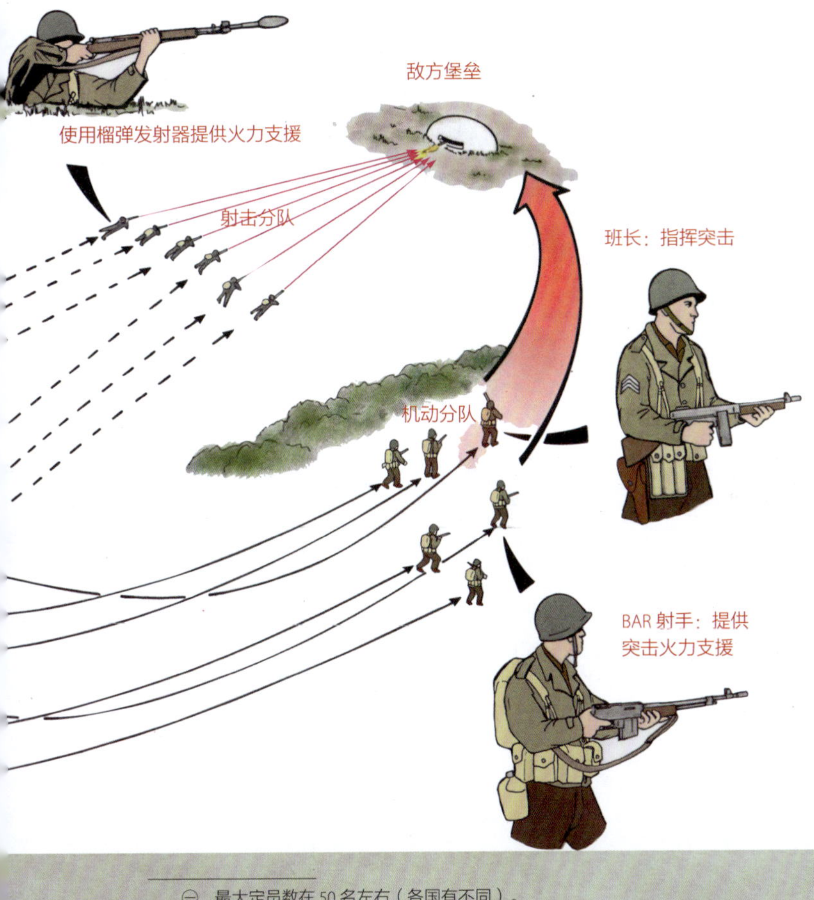

[一] 最大定员数在 50 名左右（各国有不同）。

10 StG44（1）

德国开发的突击步枪

基于步兵战斗只能在 50~300 米距离内进行的现实情况，以及“结合步枪与冲锋枪性能的自动步枪”这一设想，在第二次世界大战期间，德国开发了新型枪——突击步枪。以黑内尔公司和瓦尔特公司分别制造 Mkb42（H）和 Mkb42（W）为开端，直到 1944 年，才最终诞生了世界上第一支突击步枪——StG44㊀（突击步枪 44）。

▼Mkb42（H）

黑内尔公司最早开发出的是使用 7.92 毫米 ×33 毫米步枪短弹的气动式自动步枪，采用无击锤的击针式和开放式枪机。为了精简制造过程，部件大多使用冲压方式制造。这款枪后来被改良成了使用击锤和闭锁式枪机（在子弹的击发装置中加入了击锤）的 MP43，而 MP43 几乎未经改造就作为 StG44 被德国采用为制式枪。

▼Mkb42（W）

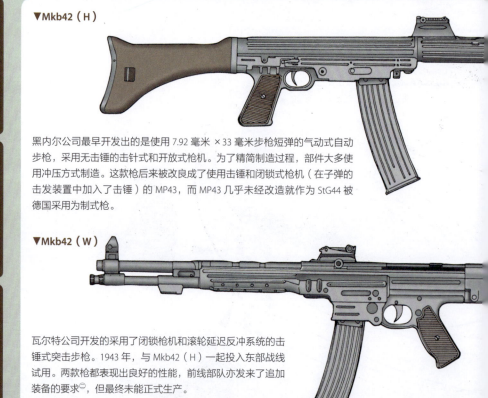

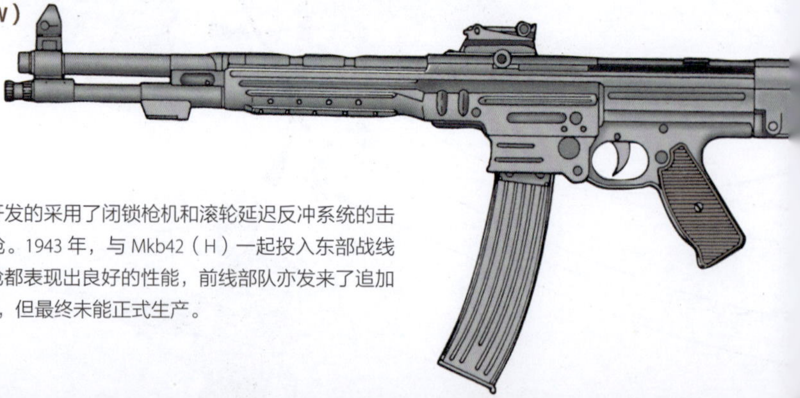

瓦尔特公司开发的采用了闭锁枪机和滚轮延迟反冲系统的击锤式突击步枪。1943 年，与 Mkb42（H）一起投入东部战线试用。两款枪都表现出良好的性能，前线部队亦发来了追加装备的要求㊁，但最终未能正式生产。

㊀ StG44：SturmGewehr44 的简称。

㊁ 要求追加装备：阿道夫 · 希特勒忽略了 Mkb42（W）在战场上的有效性，没有给予生产许可。但开发工作仍在秘密进行，后来希特勒对它的效用有所意识，才给予了生产许可。

武装党卫军高级中队指挥官 ▶

手持StG44的武装党卫军高级中队指挥官（上尉）

❶头戴于1944年5月采用，被称为德斑（豌豆）的党卫军士官野战帽 ❷迷彩战斗服，上装和下装穿在日常制服之外，从制服的领子上可以看见 ❸军衔徽章外挂 ❹重型背带 ❺腰带 ❻布制弹匣袋 ❼M24型柄式手榴弹裤脚用 ❽护腿包裹脚穿 ❾短靴，因为物资不足，纳粹德国渐渐无法按照惯例配备长靴，1943年左右，改为使用护腿和短靴

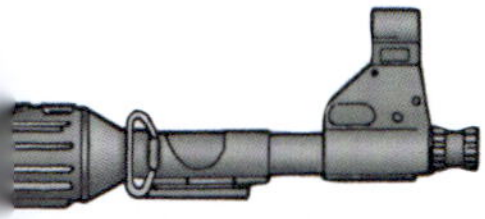

口径：7.92毫米
弹药：7.92毫米×33毫米步枪短弹
全长：940毫米
重量：4900克
射速：500发/分钟
有效射程：300米

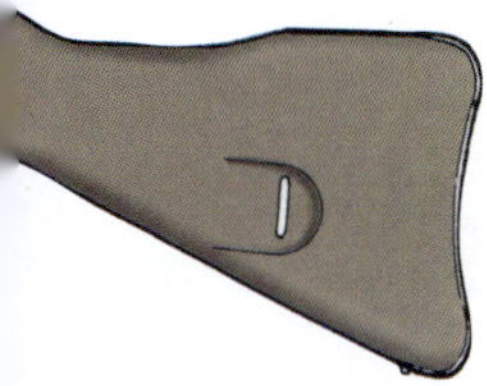

全长：931毫米
重量：4400克
射速：500发/分钟

11 StG44（2）

介于步枪弹和冲锋枪弹之间的子弹

在 StG44 的开发中，子弹是一大难题。步枪使用的 7.92 毫米 ×57 毫米子弹威力过大，冲锋枪使用的 9 毫米 ×19 毫米帕拉贝鲁姆手枪弹威力过小。于是，介于两者之间的新型枪弹就被开发并生产出来了。

● StG44 的构造

▼Infanterie KurzPatrone43 弹

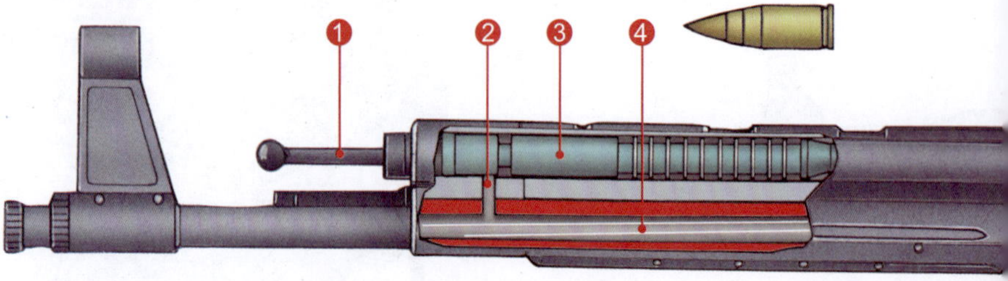

StG44 是采用气动式的自动步枪。扣动扳机时，阻铁释放击锤，敲向击针后端。击针向前直行，冲刺子弹底部将其击发。然后依靠火药燃烧产生的燃气把子弹发射出去。此时枪管内的一部分燃气通过导气孔进入位于上方的导气室，推动活塞后退。活塞后端与枪机的凸起部位吻合，同时枪机后退并抛壳。接下来，后退的枪机在复进簧的作用下再次前进，把下一发子弹装填进膛室，开始下一轮击发动作。它可以通过阻铁对击锤的控制在连发和单发模式之间切换。

图中显示的是枪机闭锁膛室的状态。StG44 的枪机能够在燃气压力下后退，在这个过程中，枪机的前端会向下沉，以倾斜态势后退。之后再次前进时，枪机会在接触膛室之前上抬归位，完成闭锁。这种枪机向下倾斜的方式被称为枪机偏移式。它构造简单，容易制造，并且可以提高枪机强度。

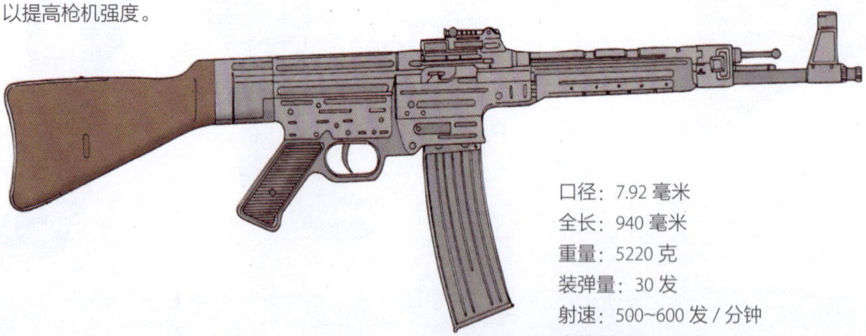

口径：7.92 毫米
全长：940 毫米
重量：5220 克
装弹量：30 发
射速：500~600 发 / 分钟
有效射程：300 米

这种枪弹被称为 Infanterie Kurz Patrone 43（7.92 毫米 ×33 毫米步枪短弹），与步枪使用的 7.92 毫米 ×57 毫米子弹相比，大小仅有其三分之二，枪口初速达到 647 米 / 秒，据说在 400 米外也威力十足。另外，因为子弹的小型化和轻量化，大大增加了 1 名步兵能够携带的弹药数量。

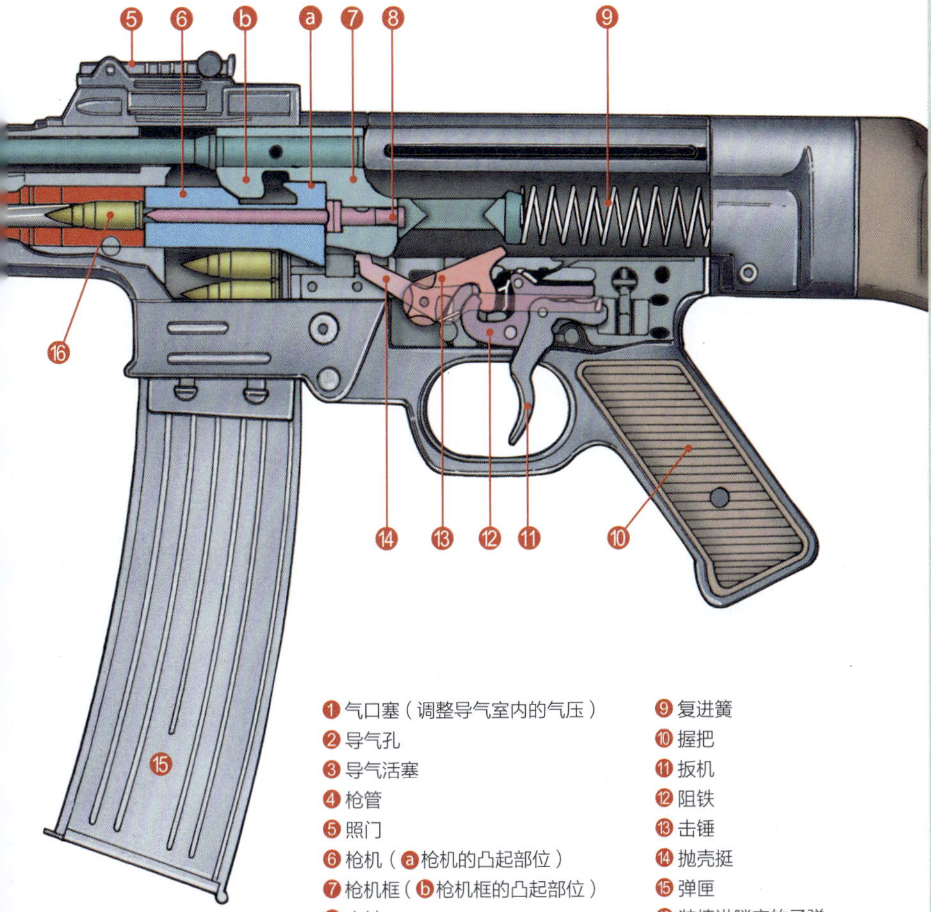

❶ 气口塞（调整导气室内的气压）
❷ 导气孔
❸ 导气活塞
❹ 枪管
❺ 照门
❻ 枪机（ⓐ枪机的凸起部位）
❼ 枪机框（ⓑ枪机框的凸起部位）
❽ 击针
❾ 复进簧
❿ 握把
⓫ 扳机
⓬ 阻铁
⓭ 击锤
⓮ 抛壳挺
⓯ 弹匣
⓰ 装填进膛室的子弹

枪机框后退时，ⓐ和ⓑ相互贴合，带动枪机向下方倾斜。

12 二战时期日本陆军的步兵武器

“射击与机动”战术

●日本陆军的主要步枪

▼三八式步枪

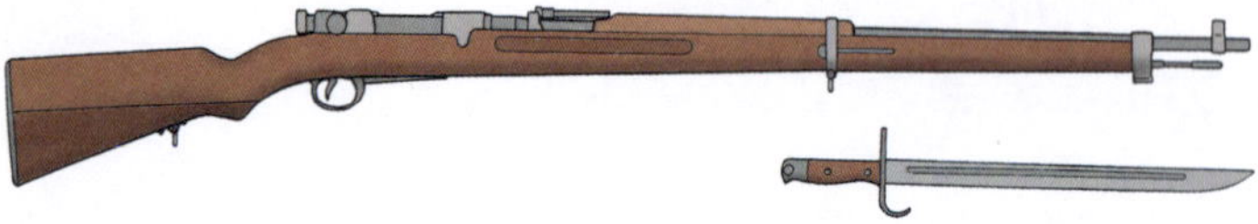

▼九九式步枪 / 短步枪

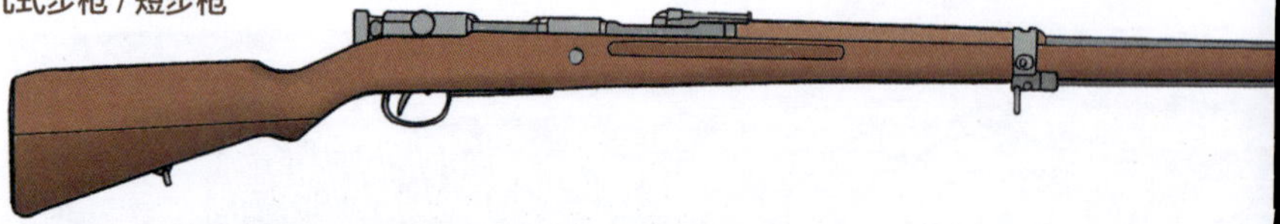

▼三八式马枪

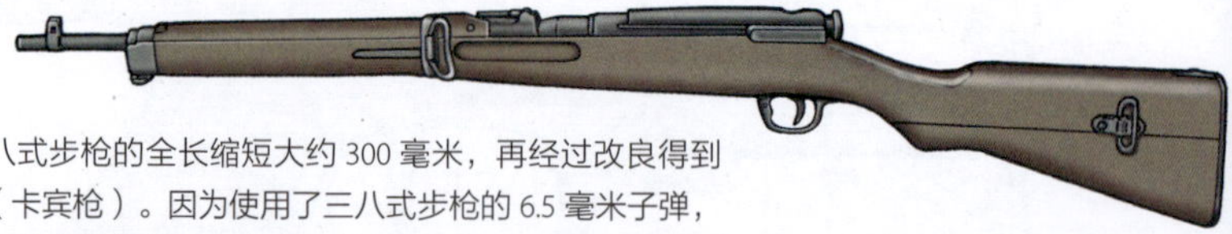

这是一种将三八式步枪的全长缩短大约 300 毫米，再经过改良得到的高性能马枪（卡宾枪）。因为使用了三八式步枪的 6.5 毫米子弹，后坐力较小，加上全长仅约 970 毫米，枪短而轻，是一把可以轻松射击的步枪。主要由炮兵等支援兵种使用。

▼特种百式短冲锋枪

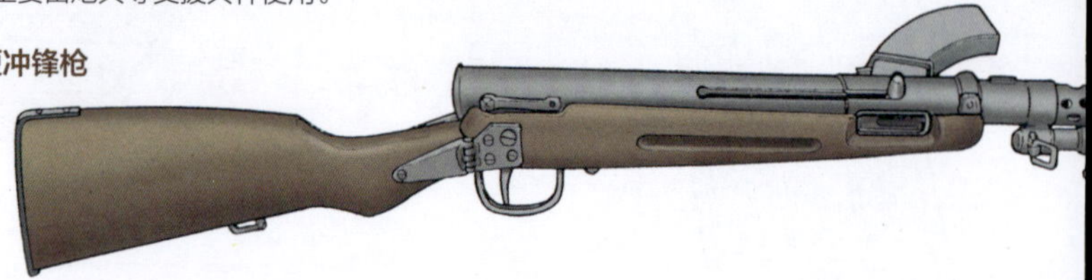

1941 年，百式冲锋枪被采用为准制式枪，是当时日军装备中唯一的冲锋枪。运作方式为使用开放式枪机的枪机后坐式，射击模式仅有全自动一种。起初的开发定位是骑兵用（机械化侦察部队）武器，后来又考虑到在空降部队中的运用，最终在充分考虑双方需求后开发完成。图中是用早期百式短冲锋枪改造的特种百式短冲锋枪，是日本海军空降部队装备。枪托右侧附有合页，可以折叠，枪管下的筒状部件可以安装刺刀。

口径：8 毫米
弹药：南部式 8 毫米子弹
全长：872 毫米
重量：3700 克
装弹量：30 发
射速：700~800 发 / 分钟
有效射程：150 米

1940 年，日本陆军开始在战斗中采用后来的“射击与机动”战术的鼻祖——渗透战术㊀。日本陆军的主要武器是步枪和轻机关枪，其中以机关枪的火力为核心，但主要还是依靠步兵用步枪突击压制敌人。

日本于 1905 年采用的旧式步枪，但在第二次世界大战中仍居主力地位。有三八式重机枪、九七式狙击步枪等多种派生型枪。它是以诞生于 1897 年的三十年式步枪（日俄战争中的主力步枪）为原型开发出来的枪型，命中精度有所提高。在白刃战中可以装上刺刀进行战斗，但以当时日本人的体格来说，枪身过长难以使用。配套的刺刀是三十年式刺刀（三十年式步枪用）。

口径：6.5 毫米　弹药：三八式步枪弹
全长：1276 毫米（装刺刀后 1663 毫米）
重量：3730 克　装弹量：5 发
有效射程：460 米

这种枪是 20 世纪 30 年代后期，受到各国纷纷将步兵用步枪的口径改为 7.7 毫米的影响而开发的，作为三八式步枪的继任者被采用。有图中所示的长枪身型——九九式步枪和比它短 140 毫米左右的短枪身型——九九式短步枪。全长较三八式步枪略短，生产数量不多。以九九式短步枪为原型，还诞生了适用于空降部队的，枪管与枪机可分离的百式步枪。

口径：7.7 毫米　弹药：九九式步枪弹
全长：1258 毫米　重量：4100 克
装弹量：5 发　射程：1700 米左右

▼下士军官 / 士兵军装　头戴钢盔，身穿九八式军装，装备齐全进入完全武装状态的下士军官 / 士兵。

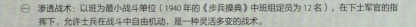

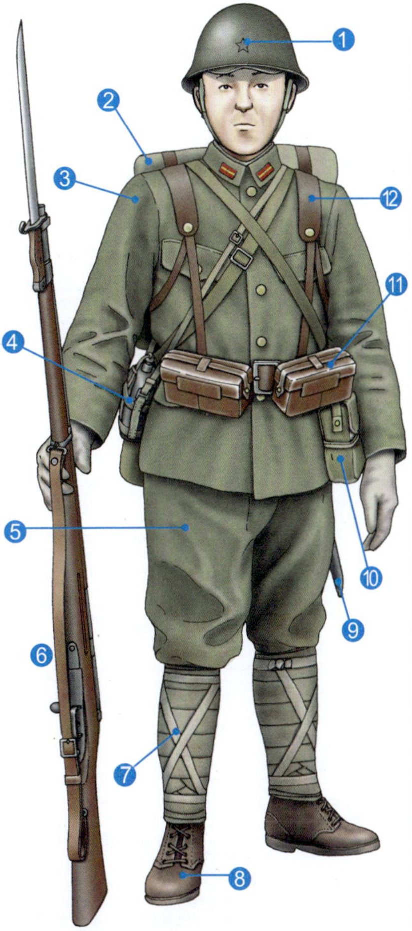

❶ 钢盔
❷ 卷在背包上方的外套
❸ 日本九八式军装
❹ 水壶
❺ 军裤
❻ 三八式步枪
❼ 裹腿（绑腿）
❽ 军靴
❾ 刺刀
❿ 防毒面具盒
⓫ 弹盒
⓬ 背包带

㊀ 渗透战术：以班为最小战斗单位（1940 年的《步兵操典》中班组定员为 12 名），在下士军官的指挥下，允许士兵在战斗中自由机动，是一种灵活多变的战术。

13 各国的半自动步枪

20 世纪 40 年代至 50 年代具有代表性的半自动步枪

▼瓦尔特 Gewehr43

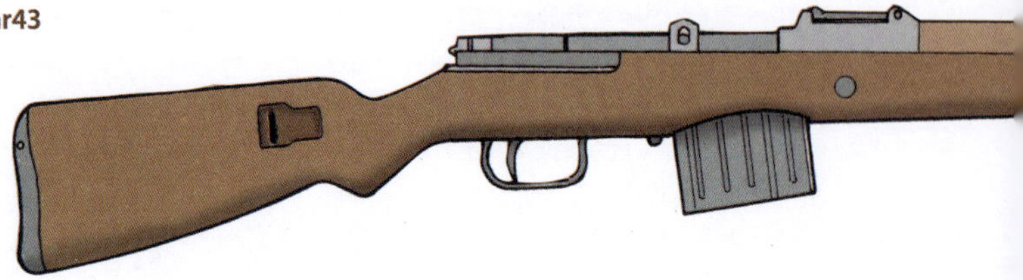

▼托卡列夫 SVT-40

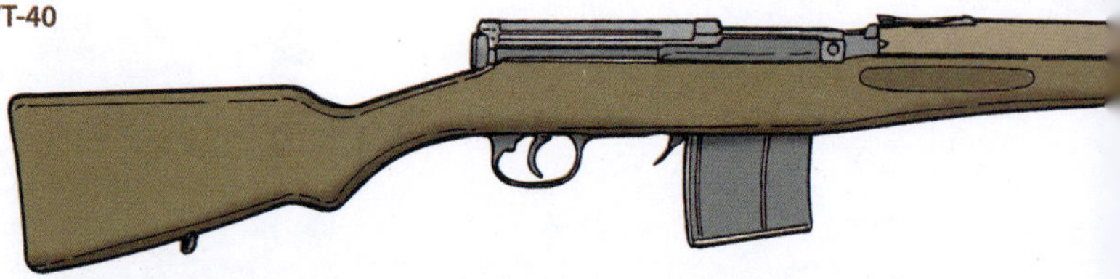

口径：7.62 毫米　弹药：7.62 毫米 ×54 毫米 R 步枪弹　全长：1226 毫米
重量：3900 克　装弹量：10 发　有效射程：500 米

▼杨曼 AG-42

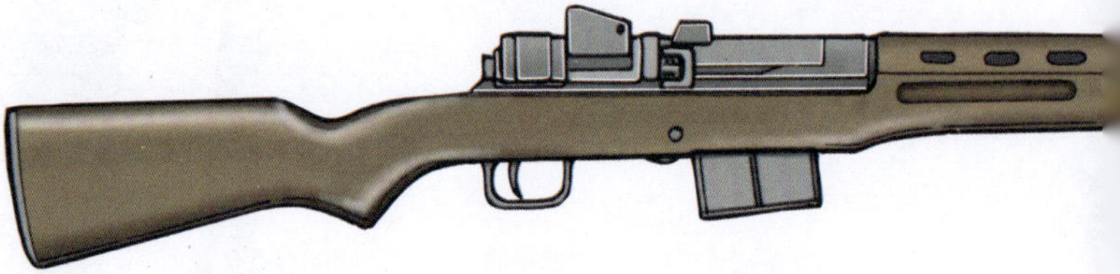

口径：6.5 毫米　弹药：6.5 毫米 ×55 毫米子弹　全长：1215 毫米
重量：4740 克　装弹量：10 发

▼MAS49

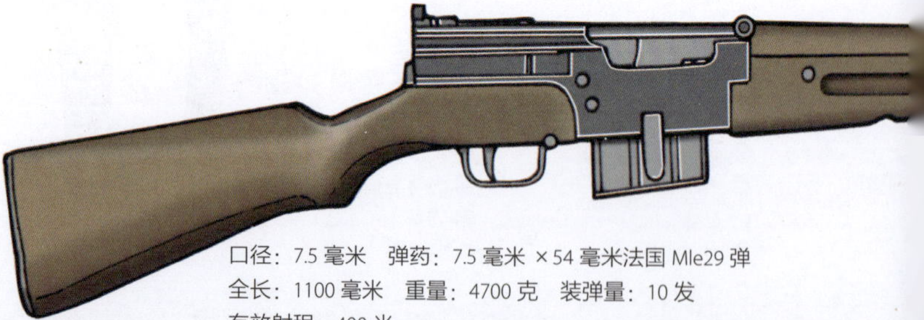

口径：7.5 毫米　弹药：7.5 毫米 ×54 毫米法国 Mle29 弹
全长：1100 毫米　重量：4700 克　装弹量：10 发
有效射程：400 米

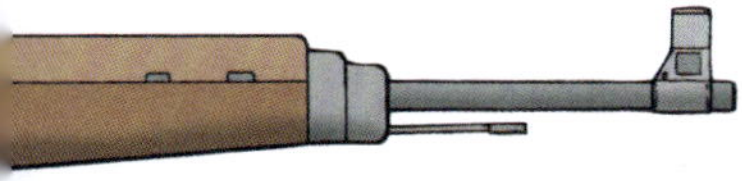

口径：7.92 毫米　弹药：7.92 毫米 ×57 毫米子弹
全长：1117 毫米　重量：4400 克
装弹量：10 发　有效射程：500 米 /800 米（使用瞄准镜时）

瓦尔特公司和毛瑟公司从 20 世纪 30 年代开始为德军开发自动步枪（半自动步枪），最终制式化的是瓦尔特公司的 Gewehr43。它的运作方式参考了苏德战争中缴获的托卡列夫 SVT-40 等枪，采用短冲程气体活塞式（鱼鳃式闭锁）。这是一种在枪机两侧设置凹槽，通过开关式的闭锁凸榫，来实现膛室闭锁和开放的方式（延迟气动式中的一种）。Gewehr43 在 1943 年投入实战，作为狙击步枪使用。

20 世纪 30 年代，苏联军队开始开发取代拉栓式步枪——莫辛纳甘 M1891/1930 的自动步枪。他们在 1938 年成为制式枪的 STV-38 的基础上加以改良，添加半自动 / 自动射击模式机构后，开发出 SVT-40。它的运作方式为气动的短冲程活塞式，膛室的闭锁方式为枪机偏移式。

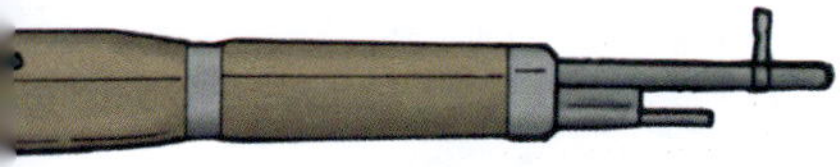

这种是最早采用 M16 突击步枪所使用的气体直推式（直接气吹式，别名杨曼式）的自动步枪。它与早期的 M16 有同样的缺点，枪机部分如果不勤加清理，就十分容易出现运作故障。它在 1942 年被瑞典军队采用，后来又被埃及军队采用命名为“哈基姆”。

法军在 1951 年采用的半自动步枪，运作方式为气体直推式。这种方式的优点是需要的零件较少，运作时的重心偏移也小，但另一方面，由于燃气直接喷在枪机组件上，一旦枪机可动部位沾染了附着物，就很容易引发故障。MAS49 为了克服这个缺点，在枪机框和燃气管的接触部位设置了一个圆筒状的凹槽，设法让喷吐的燃气向上方排出。膛室的闭锁和开放采用了与 FNFAL 和 SKS 相同的枪机偏移式。MAS49 被法军作为主力步枪使用，并在之后根据这些实战经验开发了改良版 MAS49/56。

14 M14

首款美式突击步枪

第二次世界大战后，美国开发了首款美式突击步枪（战斗步枪）M14作为M1卡宾枪的继任者。设计要求是兼具冲锋枪的近距离扫射能力和步枪的精准射击能力，同时尽量减轻枪身重量。满足这个条件的首选方案就是缩小子弹，但由于军方固执地要求保留与斯普林菲尔德0.30-06步枪弹相同的子弹威力，最终以使用7.62毫米 ×51毫米NATO弹为

● M14的构造

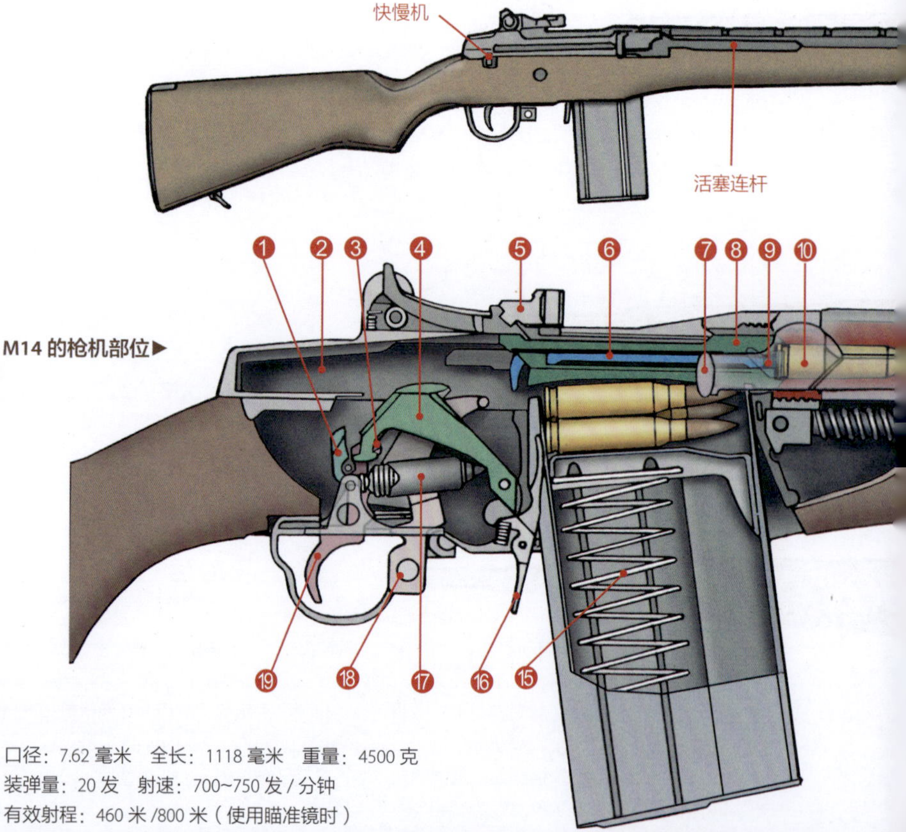

口径：7.62毫米　全长：1118毫米　重量：4500克
装弹量：20发　射速：700~750发/分钟
有效射程：460米/800米（使用瞄准镜时）

前提进行开发，并诞生了 T44E1，也就是后来的制式枪 M14。然而，M14 虽然有足够的威力，但在全自动射击时的后坐力太大，不好掌控，枪身的轻量化也未达到要求。后来开发出的改良了枪托缺陷的 M14A1 也没能解决这些问题，再加上美军在越南战争中感受到 AK47 的优越性能，从而采用了 M16 突击步枪，M14 就此被排除出制式枪的行列。

作为狙击步枪使用的 M21，活用 M14 优良的命中精度，改良了扳机组等部分。照片展示的是可以装备红外激光指示器等战术附件的 M21EBR。

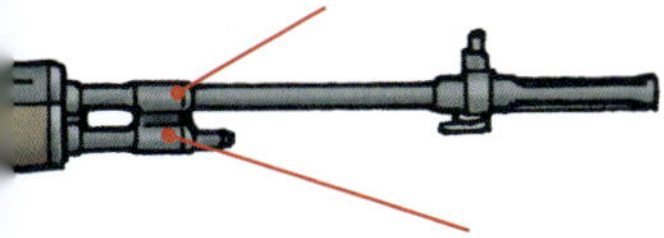

▼活塞连杆

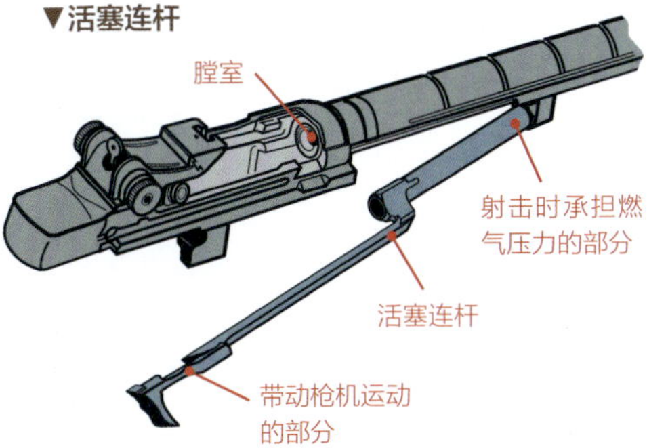

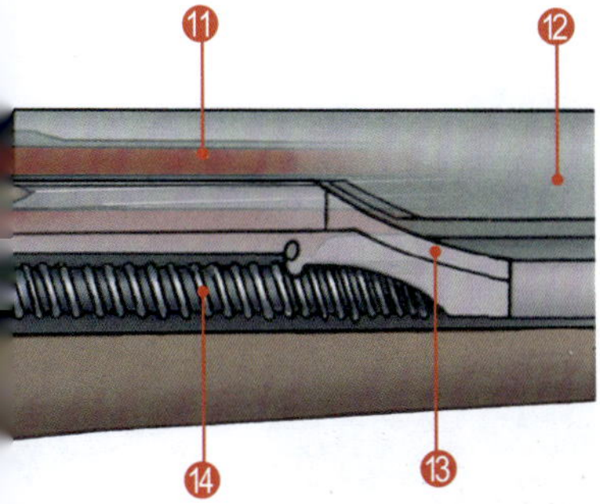

M14 只是在半自动步枪 M1 上附加了自动射击功能，所以构造和 M1 相似。有较大不同的是 M14 的阻铁有解脱子功能。切换射击模式的快慢机（图上没有表现出来）能够控制阻铁。

❶第二阻铁（实现了解脱子的功能，自动射击时不会干涉击锤，半自动射击时固定住被拉起的击锤）❷机匣（枪机后退的空间）❸第一阻铁（将击锤固定在待击状态，扣下扳机释放击锤，然后再次固定被枪机恢复到待击状态的击锤）❹击锤 ❺桥夹导槽 ❻击针 ❼拉机柄 ❽枪机 ❾抽壳钩 ❿膛室 ⓫枪管 ⓬护木 ⓭活塞连杆（连接导气室和枪机，利用发射时的燃气压力使枪机后退。枪机后退时抛壳，前进时装填弹药）⓮活塞连杆弹簧（让因为燃气压力后退的活塞连杆复位）⓯弹匣 ⓰弹匣卡榫 ⓱击锤簧 ⓲保险 ⓳扳机

15 M16（1）

创新式小口径突击步枪

目前，世界范围内的部队所使用的 M16，都是以尤金·斯通纳设计的 7.62 毫米口径的 AR-10 为基础，将口径缩小至 5.56 毫米后重新设计的突击步枪。它最初于 1957 年，由飞兆公司的子公司阿玛莱特开发完成，被命名为 AR15。AR15 的枪身部件，除了铁以外，还使用了铝合金和塑料以减轻重量，这在当时是十分创新的设计。然而，由于它与以往的军用枪相差甚远，迟迟得不到观念保守的武器部的承认，后来被要求改造，为 AR15 添加了不少缺陷，

●越战中的美军士兵

图中是越战时美国陆军第 82 空降师的二级中士。身着的是当时士兵的标准装备。

降低了它的性能。

另一方面，注意到了这支突击步枪的美国空军，在 1962 年采用了 AR15 的变种枪型——M601 和 M602。交由负责警戒越南航空基地的宪兵和军犬训练员使用，也提供给越南军队使用。

后来美国陆军也开始试验性地使用 M602。经过了越南战场的考验，M602 最终柳暗花明，1967 年 M16 取代 M14 被采用为制式枪。现在被称为突击步枪杰作之一的 M16，它的开发和成长历程绝对称不上一帆风顺。

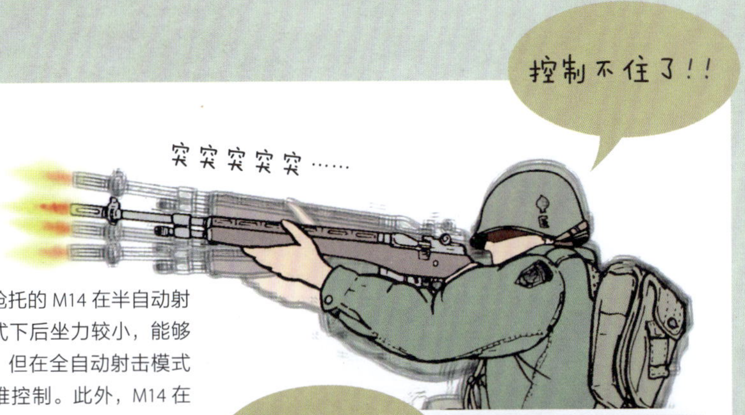

曲型枪托的 M14 在半自动射击模式下后坐力较小，能够控制，但在全自动射击模式时很难控制。此外，M14 在越南战场上暴露了枪的长度和重量等问题，这也成为后来美军采用M16的原因之一。

在越南战场上刚开始使用 M16 时，枪机周围的附着物导致枪机后坐不顺畅，无法完全闭锁等故障频发。这是由于“新型步枪可以自动清洁”的流言使士兵产生了误解，因此有许多士兵在保养上有所懈怠。此外，据说 M16 的子弹也有问题，M16 甚至被称为废枪，在实战中获得的评价堪称惨淡。

❶M1 钢盔（附迷彩套）❷TCU㊀（热带作战服）上衣 ❸水壶（棉制水壶套内是塑料水壶和金属水杯） ❹轻量背包（1965 年采用，尼龙制轻量背包，装有铝管框架） ❺雨披 ❻铝管框架 ❼指南针包 ❽M26 手榴弹 ❾弹匣袋 ❿手枪腰带 ⓫M67 手榴弹 ⓬M16 突击步枪 ⓭H 型背带

㊀ TCU：Tropical Combat Uniform 的首字母缩写，也被称为丛林作战服。

16 M16（2）

M16 家族诞生的起点——M16A1

M16 于 1960 年开始制造，现在仍在生产。据说它的生产总量已经达到了 800 万支。它的变种自然也很多，构成了 M16 家族，而这个家族的成功则始于 M16A1。

●M16A1 的构造

❶ 消焰器 ❷ 前准星 ❸ 导气孔 ❹ 导气管 ❺ 护木 ❻ 膛室 ❼ 枪机 ❽ 凸轮销槽（逆时针转动枪机并将其固定） ❾ 闭气环 ❿ 枪机框 ⓫ 击针 ⓬ 击锤 ⓭ 照门 ⓮ 拉机柄（装填柄） ⓯ 缓冲组件 ⓰ 复进簧 ⓱ 背带扣 ⓲ 枪托 ⓳ 分解销 ⓴ 连发阻铁 ㉑ 快慢机柄（快慢机控制解脱子，实现半自动与自动射击模式的切换） ㉒ 解脱子 ㉓ 扳机 ㉔ 扳机组 ㉕ 弹匣 ㉖ 枢轴销 ㉗ 滑环 ㉘ 枪管 ㉙ 背带扣

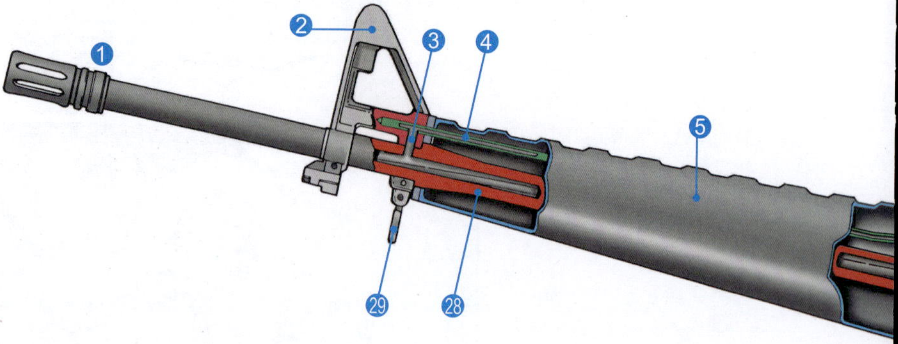

M16 的运作方式如下：拉动 ⓮ 拉机柄使 ❿ 枪机框后退，拉起 ⓬ 击锤使它被 ㉒ 解脱子扣住。此时再让枪机框带动枪机前进，把弹药推进 ❻ 膛室，将枪机逆时针旋转，闭锁膛室（准确来说，是通过枪机前端的闭锁凸榫来闭锁膛室）。这样一来，就做好了射击准备。接下来只要扣动 ㉓ 扳机，释放被解脱子固定住的击锤，让它撞向击针，击发子弹射出弹丸。射击时产生的燃气压力通过枪管前端的 ❸ 导气孔，进入 ❹ 导气管，最终到达枪机框，将其向后推。枪机框一旦开始后退，❽ 凸轮销槽就会带动枪机旋转，解除闭锁，接下来枪机一边后退，一边从膛室中抽出弹壳，完成抛壳。随着枪机框的后退，扳机再次进入待击状态，后退到极限时，枪机框会被 ⓰ 复进簧向前方推出。而随之前进的枪机将下一发子弹装填进膛室，完成射击准备。自动射击模式下，这一过程会自动重复。

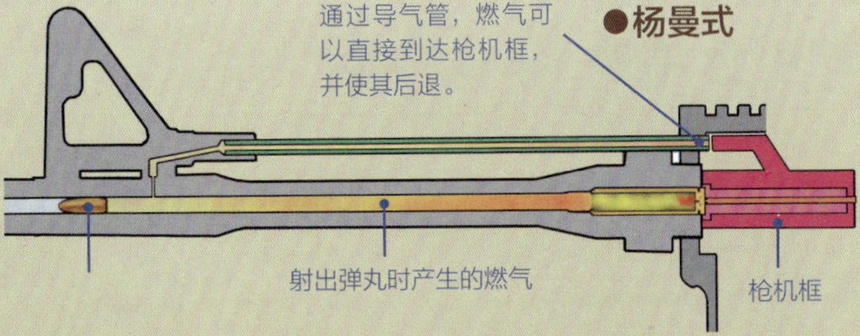

M16 的运作系统采用的是气体直推式。这是一种让发射弹丸时产生的燃气直接作用于枪机框上，促使其运转的运作方式。因为没有导气活塞和导气室，零件较少，枪机组的重量得以减轻，射击时也就更加稳定。这种运作方式虽然因 M16 系列而闻名，但如果不精心保养，就很容易因为附着物引发故障。

▼ M16A1

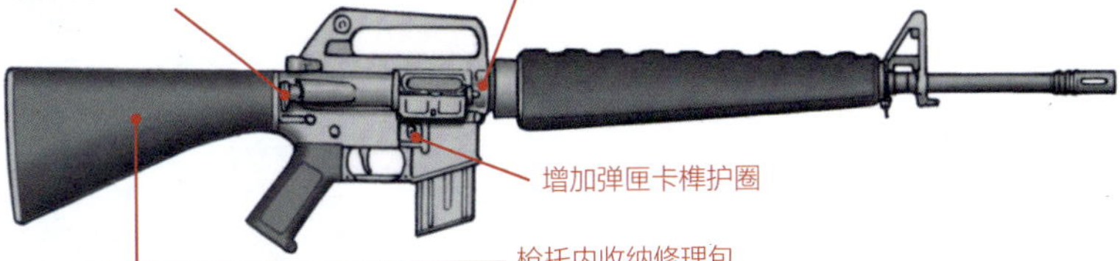

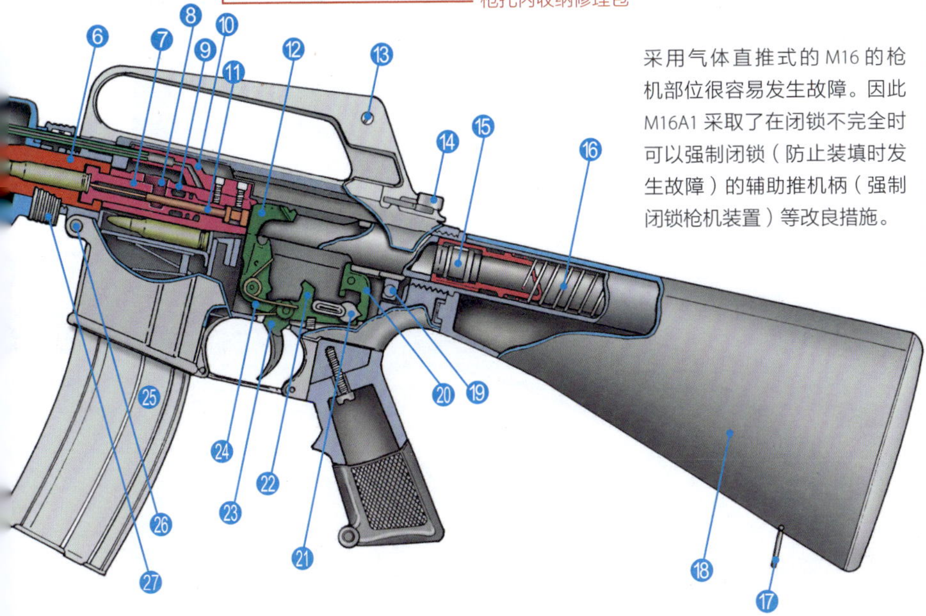

采用气体直推式的 M16 的枪机部位很容易发生故障。因此 M16A1 采取了在闭锁不完全时可以强制闭锁（防止装填时发生故障）的辅助推机柄（强制闭锁枪机装置）等改良措施。

17 M16（3）

使用 5.56 毫米 NATO 弹的 M16A2

将 M16 家族按照所用弹药分类的话，可分为使用 5.56 毫米 ×45 毫米子弹（0.223 英寸雷明顿步枪弹）的 M16 和 M16A1 系列，以及使用 5.56 毫米 ×45 毫米 NATO 弹（M855[㊀]）的 M16A2 系列。M855 与 0.223 英寸雷明顿步枪弹相比，有着燃气压力更高等不同之处，因此除非发生紧急情况，否则 M16A1 不可使用 M855。

▶海湾战争中的美军士兵

M16A2 真正投入实战，是在 1991 年的海湾战争中。图中是当时身着沙漠迷彩战斗服（通称巧克力屑）的美军士兵。他头戴 PASGT 头盔，迷彩战斗服外是 PASGT 背心（防弹衣）。

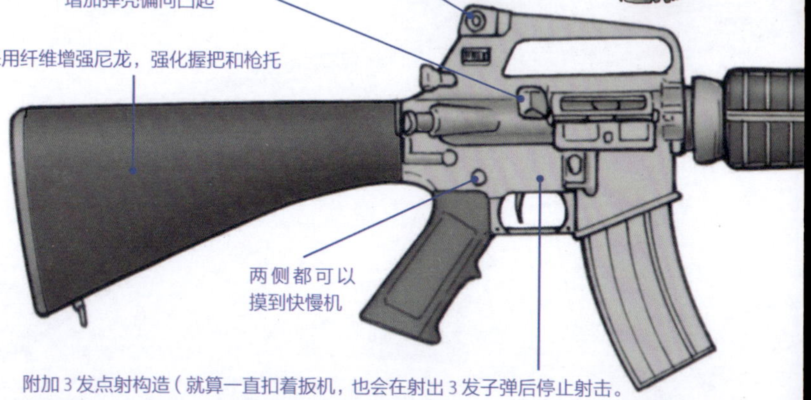
照门由两段切换改为多段调节
为保证左手射击时的安全性，增加弹壳偏向凸起
采用纤维增强尼龙，强化握把和枪托
两侧都可以摸到快慢机
附加 3 发点射构造（就算一直扣着扳机，也会在射出 3 发子弹后停止射击。有人认为，这一点会导致命中精度参差不齐）

㊀ M855：采用了能够贯穿防弹材料的轻合金弹芯，弹丸头部是绿色的，因此也被称为绿头弹。

●枪机回转闭锁方式

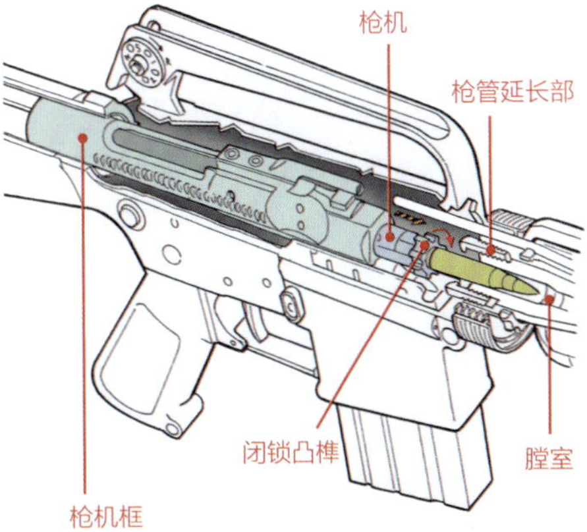
枪机
枪管延长部
闭锁凸榫
膛室
枪机框

M16 中膛室的闭锁和开放，需要通过枪机前端带有的 7 个闭锁凸榫来完成。这种闭锁方式被称为枪机回转闭锁方式（枪机回转式），它依靠枪机框的活动和安装在枪机上的凸轮销，可以让附着有闭锁凸榫的枪机旋转，从而实现闭锁和开放。与 M16 类似的带有多个小型闭锁凸榫的闭锁方式被称为微型闭锁，G36 等枪也在使用这种闭锁方式。

◀旋转枪机部位以闭锁膛室

图中为枪机框向前推进，将下一发子弹压入膛室的瞬间，随着枪机逆时针旋转，它前端带有的闭锁凸榫会闭锁膛室。使用枪管延伸部来固定闭锁凸榫，意味着枪机部分不再需要承受过高强度。

▶枪机部位旋转抛壳

在击发底火射出子弹的同时，燃气会直接喷吐在枪机上，促使枪机框后退。与此同时，后退的枪机以顺时针方向旋转，前端的闭锁凸榫开放膛室，从而抽出弹壳进行抛壳。

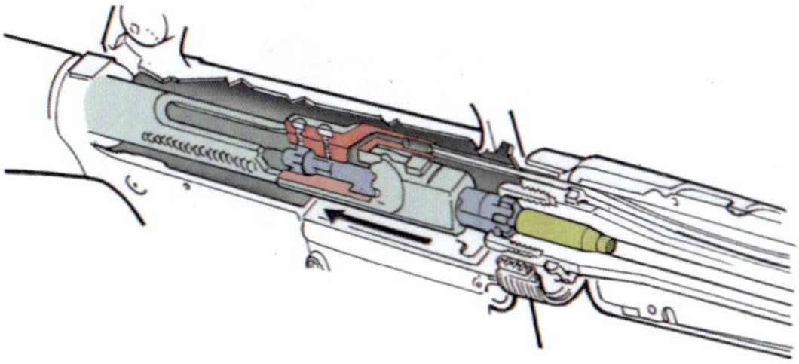

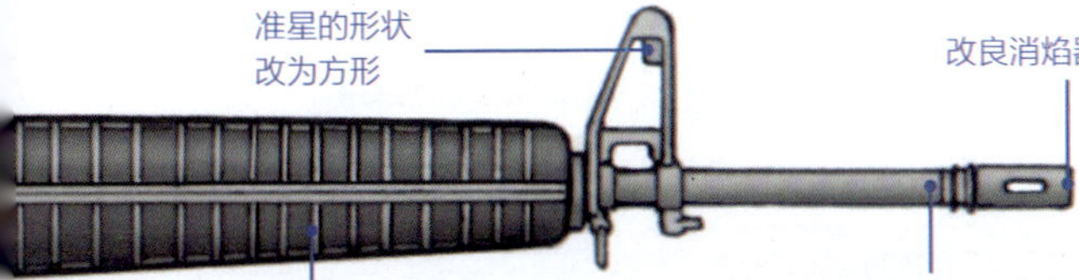
准星的形状
改为方形
改良消焰器的形状
上下护木相同，可以互换且更耐冲击，还提高了散热效率
采用新型的 5.56 毫米子弹（M855）后，对枪管进行了强化，最大射程从 460 米增加到了 800 米

▲M16A2

由使用 5.56 毫米 ×45 毫米子弹（0.223 英寸雷明顿步枪弹）的 M16A1 改良而来，是能够使用威力更大的 5.56 毫米 ×45 毫米 NATO 弹（M855）的枪型。1982 年制式化，到 2000 年左右已经成为美军的主力轻武器。

全长：999 毫米　重量：3530 克　射速：750 发 / 分钟　有效射程：550 米

18 M16（4）

美军的最新突击步枪 M16A4

对 M16A2 的性能做了进一步提升后，诞生的枪型是 M16A3 和 M16A4。美国陆军和海军陆战队使用的是 M16A4 和 M4 卡宾枪。现在，有许多国家都在使用 M16 家族中的突击步枪。

正在进行 M16A4 射击训练的美国海军陆战队队员。枪管下方装配了 M203A2 榴弹发射器，是 M203 的改良版，能够发射 40 毫米 ×46 毫米榴弹。

▶M16A3（901 型）

M16A3 较 M16A2 稳定性更强，它将 3 发点射功能改为全自动射击，被美国海军采用。

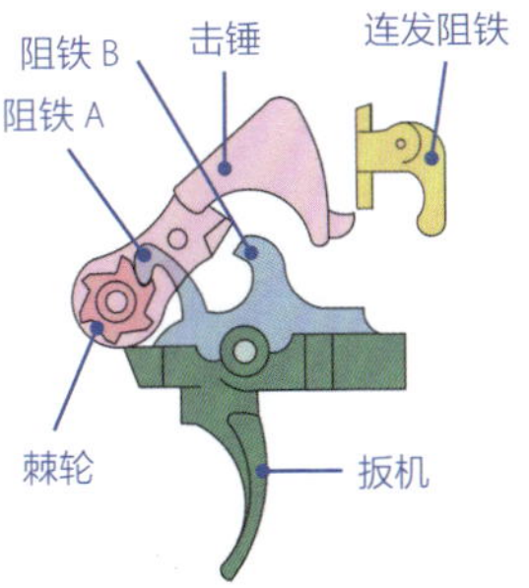

▲**从射出第 1 枚子弹到击发第 3 枚子弹之前**

扣动扳机射出第 1 枚子弹后，阻铁 A 和棘轮发挥作用，使击锤在击发第 3 枚子弹之前无法到达阻铁 B 的位置。这个构造使击锤的待击和释放状态可以连续。

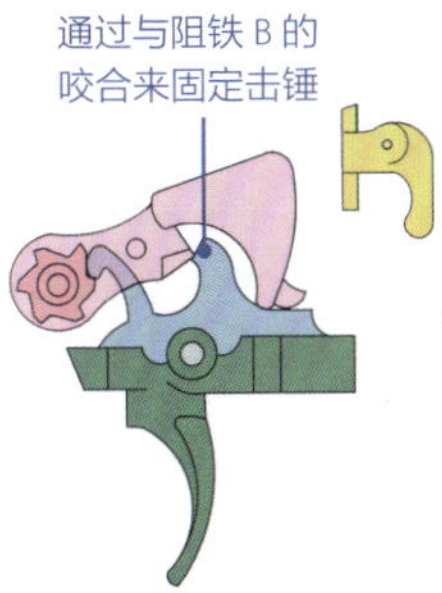

▲ **3 发点射后**

射出第 3 枚子弹后，击锤会倒向阻铁 B。此时阻铁 B 与击锤咬合，令击锤停止在待击状态。这个时候只要松开扳机，就可以再次射击了。

● 3 发点射的构造

为了实现 3 发点射，需要用带有两个阻铁的解脱子和棘轮来限制击锤的行动。

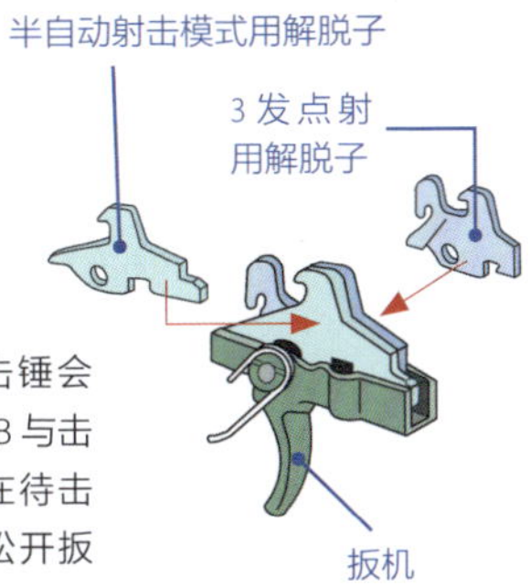

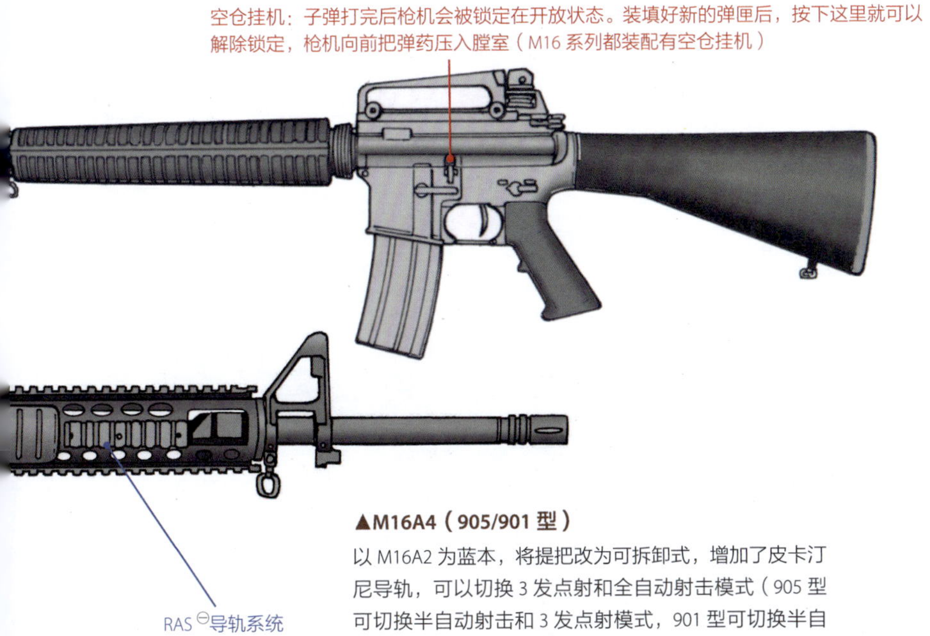

▲**M16A4（905/901 型）**

以 M16A2 为蓝本，将提把改为可拆卸式，增加了皮卡汀尼导轨，可以切换 3 发点射和全自动射击模式（905 型可切换半自动射击和 3 发点射模式，901 型可切换半自动射击和全自动射击模式）。采用了模块化武器系统，护木部分加入了 RAS 导轨系统。

㊀ RAS：Rail Adapter System 的首字母缩写。

19 M4 卡宾枪

M4 和 M4A1 有何不同

作为 M16A2 的衍生枪型，M4/M4A1 卡宾枪声名远扬。这种枪是在截短 M16A2 枪管的基础上，又将枪托部分改为伸缩式的改良版。它们

●M4A1 卡宾枪的构造

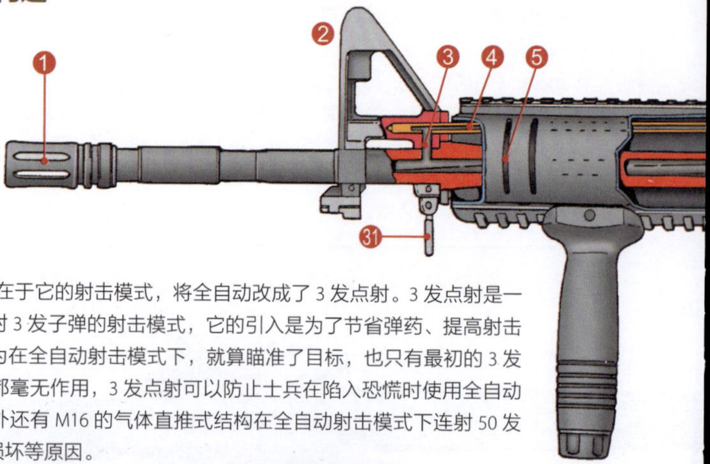

1
2
3
4
5
31

M4 与 M4A1 最大的不同在于它的射击模式，将全自动改成了 3 发点射。3 发点射是一种扣动 1 次扳机可以连射 3 发子弹的射击模式，它的引入是为了节省弹药、提高射击精度、防止枪损坏。因为在全自动射击模式下，就算瞄准了目标，也只有最初的 3 发子弹能够命中，剩下的都毫无作用，3 发点射可以防止士兵在陷入恐慌时使用全自动射击模式胡乱扫射。此外还有 M16 的气体直推式结构在全自动射击模式下连射 50 发子弹后枪体过热，容易损坏等原因。

▼M4 的枪机结构

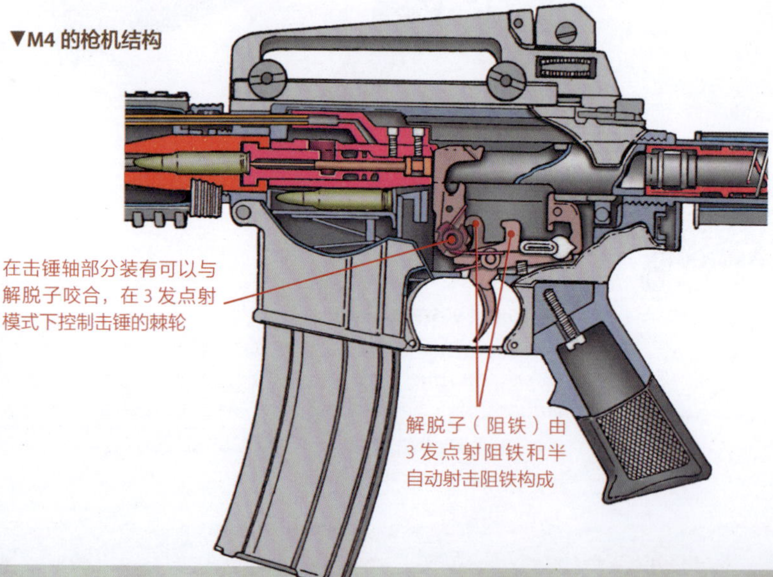

在击锤轴部分装有可以与解脱子咬合，在 3 发点射模式下控制击锤的棘轮
解脱子（阻铁）由 3 发点射阻铁和半自动射击阻铁构成

的枪身零件有 80% 都是通用的。为了让 M4 能够使用与 M16A2 相同的 5.56 毫米 ×45 毫米 NATO 弹（美军的制式名称为 M855），与以 CAR-15 和 M16A1 为蓝本的卡宾枪相比，枪管稍粗。接下来就让我们来看看这两款从外形上几乎无法分辨的枪有何不同吧。

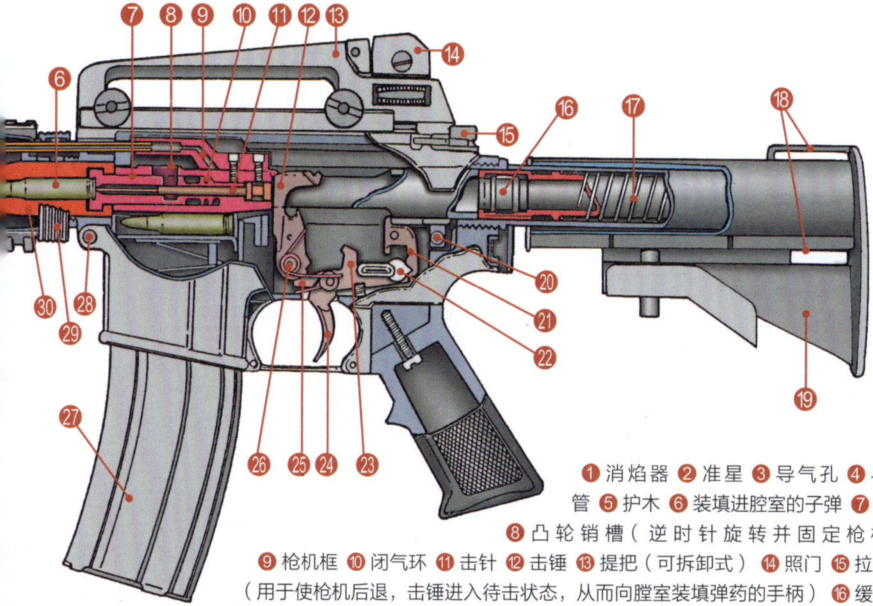

❶消焰器 ❷准星 ❸导气孔 ❹导气管 ❺护木 ❻装填进腔室的子弹 ❼枪机 ❽凸轮销槽（逆时针旋转并固定枪机） ❾枪机框 ❿闭气环 ⓫击针 ⓬击锤 ⓭提把（可拆卸式） ⓮照门 ⓯拉机柄（用于使枪机后退，击锤进入待击状态，从而向膛室装填弹药的手柄） ⓰缓冲器 ⓱复进簧 ⓲背带孔 ⓳伸缩式枪托 ⓴分解销 ㉑连发阻铁（在全自动射击模式下，后退的枪机框通过压下这根阻铁来释放击锤） ㉒快慢机柄（快慢机通过控制解脱子来切换半自动/全自动射击模式） ㉓解脱子 ㉔扳机 ㉕扳机组（连接解脱子） ㉖击锤簧 ㉗弹匣 ㉘枢轴销 ㉙滑环（固定护木） ㉚枪管 ㉛背带扣

M4 与 M4A1 虽然外形相似，但在快慢机上的不同是一目了然的。M4 可选的射击模式有 SEMI（半自动射击）和 BURST（3 发点射），M4A1 则是 SEMI（半自动射击）和 AUTO（全自动射击）。M16A2 也采用了 3 发点射的射击模式，然而它在实战中很难使用，实用性不强，因此在 M16A3 和 M4A1 卡宾枪上，3 发点射模式改成了全自动射击模式。不过，美国海军陆战队使用的 M16A4 采用了 3 发点射模式。

▼通过快慢机分辨二者的不同

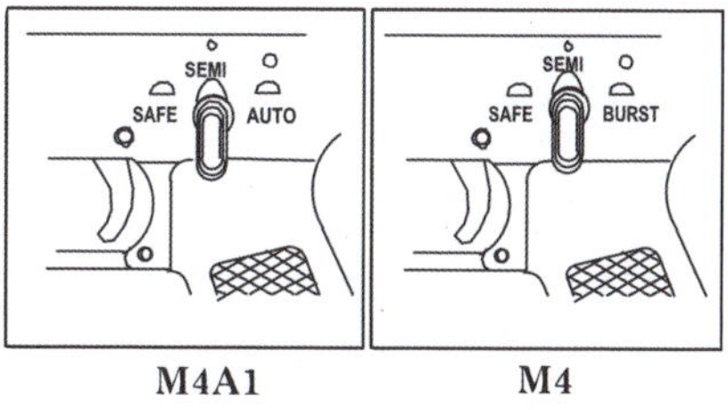

20 CQBR/Mk.18 卡宾枪

特种部队用于近战的卡宾枪

近年来，CQBR㊀卡宾枪已成为美国海豹突击队等特种部队经常使用的枪之一。作为强化了 CQB㊁能力的短枪管枪型，它的全长比由 M16 缩短枪管后诞生的 M4 卡宾枪还要短。CQBR 在强化了 CQB 后设计成型，于 1999 年作为特种作战装备之一，被美国海军地面武器研制中心开发出来的上机匣，可以与 M4A1 等 M16 系列的下机匣组合使用。此外，Mk18 指的是，在 M4A1 等枪的下机匣和 CQBR 组合成的卡宾枪上，加装 SOPMOD㊂战术附件后，交给隶属于海军或海军陆战队的特种部队使用的枪。通过组合不同下机匣和各种版本的 SOPMOD 战术附件，可以得到多种枪型。

CQBR 卡宾枪 ▶

图中是能够在船舱或建筑物内部等狭窄空间里轻松使用的枪型，设计人员将枪身缩短到 262 毫米（M16A2 的枪身长度为 508 毫米，长度差不多是 M16A2 的一半），并组装了 M4A1 部件的室内近战卡宾枪。因为枪身较短，为了保证枪的正常运作，扩大了导气孔的直径（将 0.16 毫米改为 0.18 毫米），枪机组也做了改造。此外，为减轻后坐力，设计人员也精心增设了可以根据使用的枪弹种类更换缓冲器的设计。由于需求量增大，目前组装改造方面已交给柯尔特公司负责（柯尔特版的枪型枪身长度为 267 毫米）。

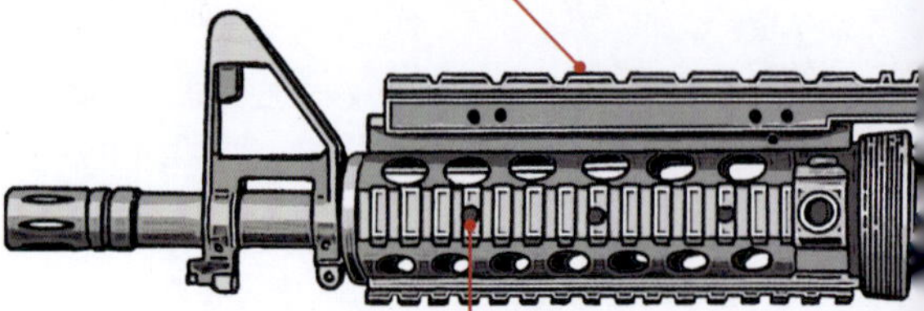
带照门的 CA 导轨套筒：导轨套筒可以在强化连接准星与照门的底座的同时，加装光学类战术附件
奈特军械公司制造的 RAS㊃：在枪管根部加上能够安装战术附件的导轨系统，在枪管外套上自由浮置式护木，减轻负担，提高射击精度

全长：667/743 毫米
重量：2700 克（去除弹匣后的枪本身重量）
射速：700~950 发 / 分钟
有效射程：300 米

㊀ CQBR：Close Quarters Battle Receiver 的首字母缩写，室内近战机匣。
㊁ CQB：Close Quarters Battle 的首字母缩写，室内近战。
㊂ SOPMOD：Special Operation Peculiar Modification 的首字母缩写，特种作战专用改进。
㊃ RAS：Rail Accessory System 的首字母缩写，导轨附件系统。

SOPMOD 战术附件的模块 1，20 世纪 90 年代开始提供给美军特种部队队员，可以根据个人喜好和任务需要组装在 M4A1 上，以提高战斗能力。由夜视装置、光学瞄准镜和榴弹发射器等附件组成，在采用了奈特军械公司的 RIS[㊀] 后，它的拓展性也变得更强。战术附件会进行阶段性的更新，目前的版本是模块 2。

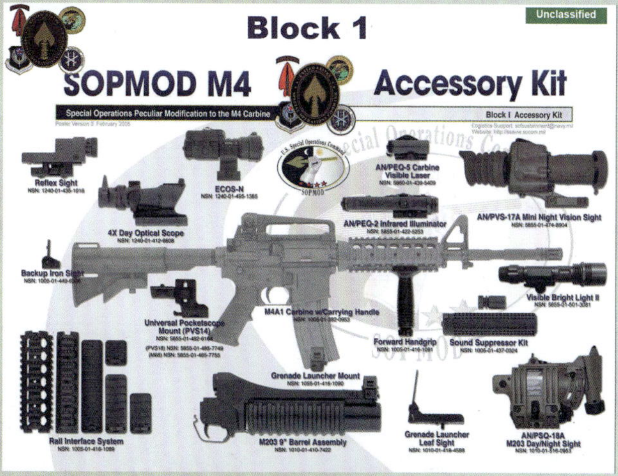

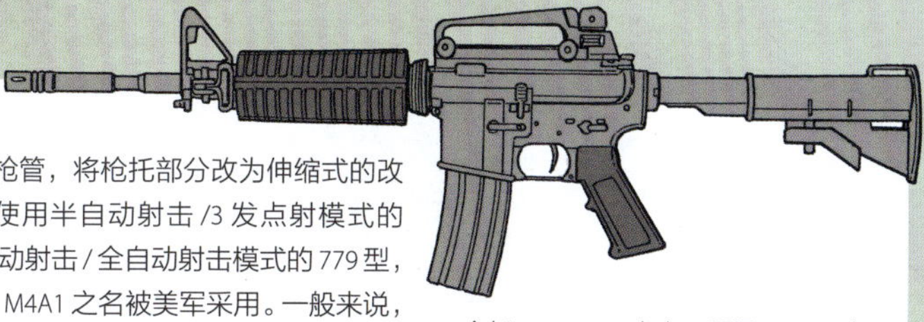

▶M4/M4A1

缩短了 M16A2 的枪管，将枪托部分改为伸缩式的改良版卡宾枪，有使用半自动射击 /3 发点射模式的 777 型和使用半自动射击 / 全自动射击模式的 779 型，两者分别以 M4 和 M4A1 之名被美军采用。一般来说，M4 多用于装备普通部队，M4A1 则多用于装备特种部队。图中是装配了可拆卸提把的枪型。

全长：756/838 毫米　重量：3480 克
口径：5.56 毫米
射速：700~950 发 / 分钟
有效射程：500 米（目标点）/
800 米（目标区域）

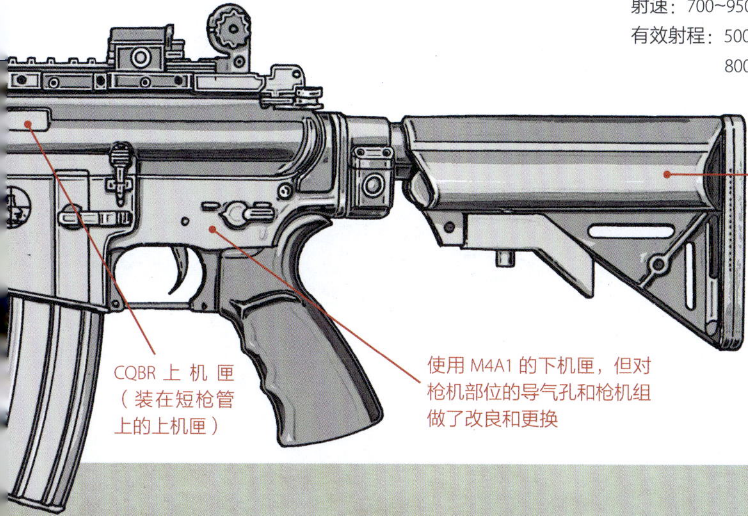

SOPMOD 枪托（内部可收纳附件电池的伸缩式枪托）

CQBR 上机匣（装在短枪管上的上机匣）

使用 M4A1 的下机匣，但对枪机部位的导气孔和枪机组做了改良和更换

㊀ RIS：Rail Interface System 的首字母缩写，导轨界面系统。

21 AK-74

替代 AK-47 的小口径突击步枪

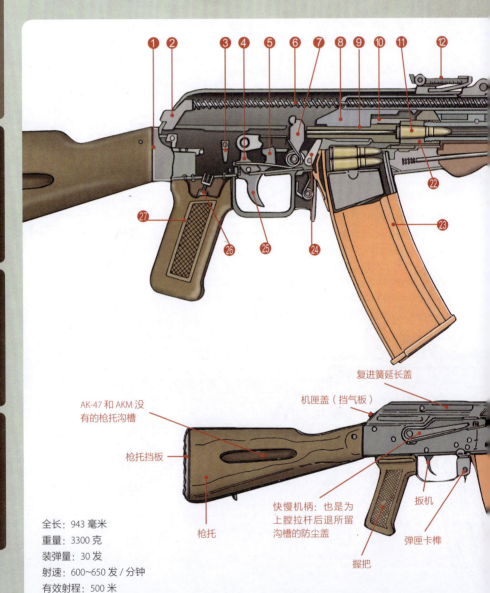

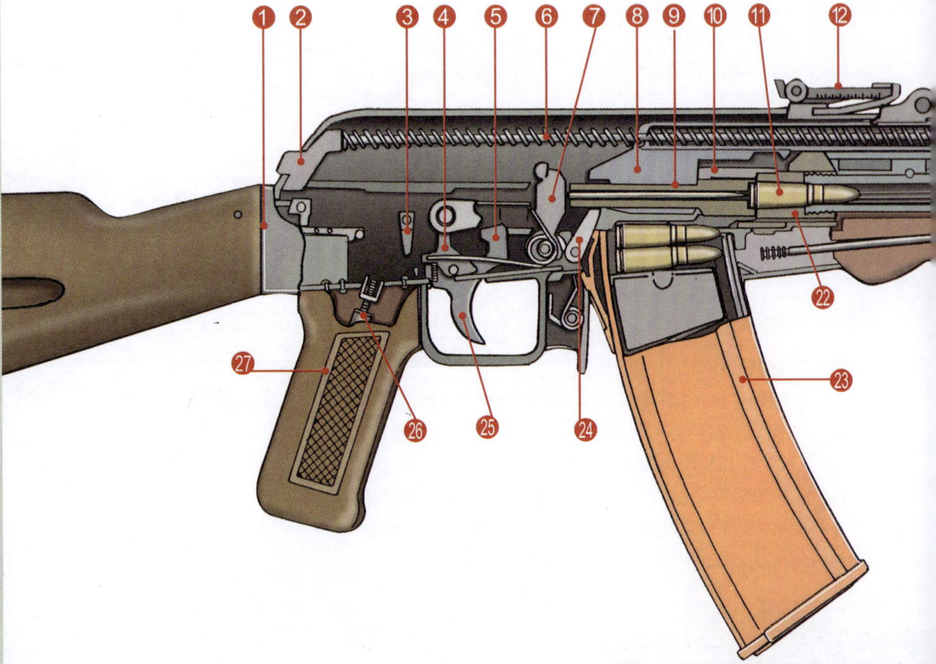

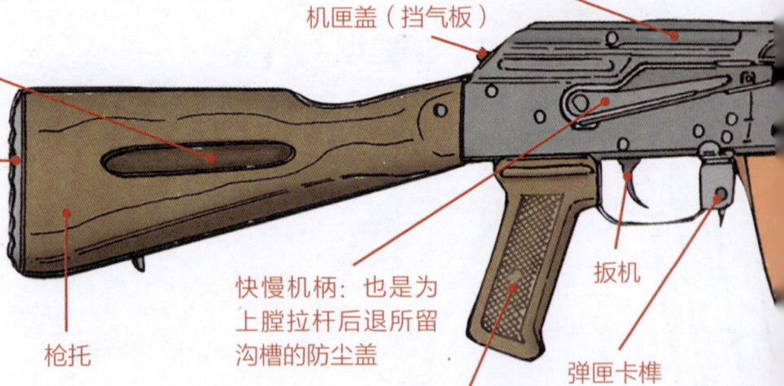

全长：943 毫米
重量：3300 克
装弹量：30 发
射速：600~650 发 / 分钟
有效射程：500 米

继 AK-47 之后，比较具有代表性的突击步枪就是 AK-74 了。它在大体设计不变的基础上，使用了 5.54 毫米 ×39 毫米的小口径子弹，同时为了使全自动射击模式更为稳定，在枪管前端加装了枪口制动器，以减轻后坐力。目前俄罗斯军队使用的是 AK-74M。

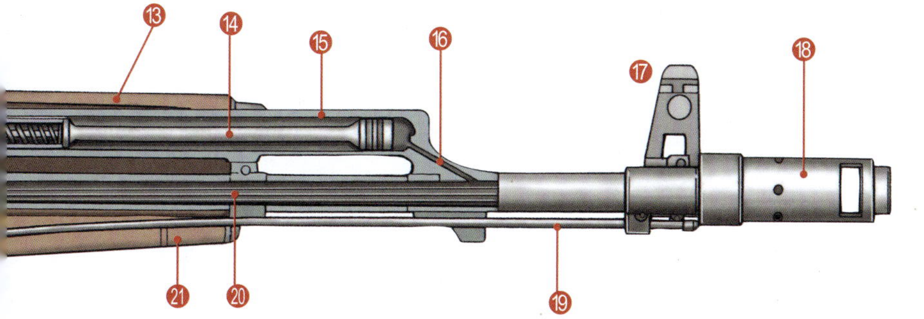

● **AK-74 的内部构造**

❶枪托 ❷机匣盖 ❸快慢机柄 ❹解脱子 ❺扳机阻铁 ❻复进簧 ❼击锤 ❽枪机框 ❾击针 ❿枪机 ⓫装填进膛室的子弹 ⓬照门 ⓭护木（上） ⓮导气活塞 ⓯导气室 ⓰导气孔 ⓱准星 ⓲枪口制动器 ⓳通条 ⓴枪管 ㉑护木（下） ㉒枪管延伸部 ㉓弹匣 ㉔弹匣卡榫 ㉕扳机 ㉖握把固定螺丝 ㉗手枪式握把

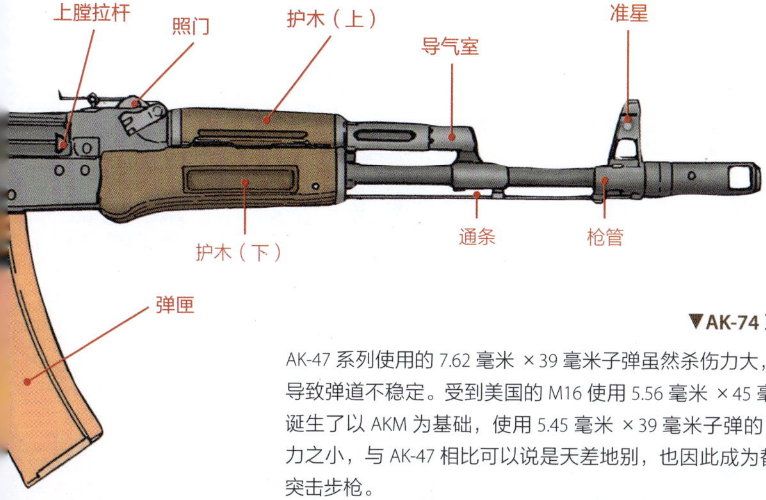

▼**AK-74 Ⅲ型各部位名称**

AK-47 系列使用的 7.62 毫米 ×39 毫米子弹虽然杀伤力大，但后坐力也大，导致弹道不稳定。受到美国的 M16 使用 5.56 毫米 ×45 毫米子弹的启发，诞生了以 AKM 为基础，使用 5.45 毫米 ×39 毫米子弹的 AK-74。它的后坐力之小，与 AK-47 相比可以说是天差地别，也因此成为替代 AK-47 系列的突击步枪。

22 AK-12

作为 AK-74M 继任者的 AK-12

冷战结束后，苏联解体对军事编制也造成了影响，1992 年俄罗斯联邦武装力量成立。2000 年，普京政府开始振兴军需产业，并改革弱化了的军队，然而长期的预算不足导致装备更新缓慢，经费捉襟见肘。即使如此，下一代突击步枪的开发还是走上了正轨，2015 年，AK-12 取代原定的 AN-94，成为新一代 AK-74M 的继任者。

●AK-12

AK-12 是卡拉什尼科夫公司（原伊孜玛什军工厂）开发的 AK-74 系列最新的第五代㊀枪型。原定为俄罗斯军队下一代突击步枪的 AN-94，由于构造复杂、操作难度高、价格昂贵、AK-74M 存量过多等种种理由，迟迟没有配备，同时俄罗斯国防部却开始了对新型枪 AK-12 的测试。最终于 2015 年 4 月，将 AK-12 正式采用为 AK-74M 的继任者。AN-94 虽然失去了下一代制式枪的位置，但它与 AK-12 都是由卡拉什尼科夫公司开发和制造的，这次对继任枪的选择正是俄罗斯政府对自 2012 年以来，因经营不善而经历了破产和重建的原伊孜玛什军工厂的扶持政策。

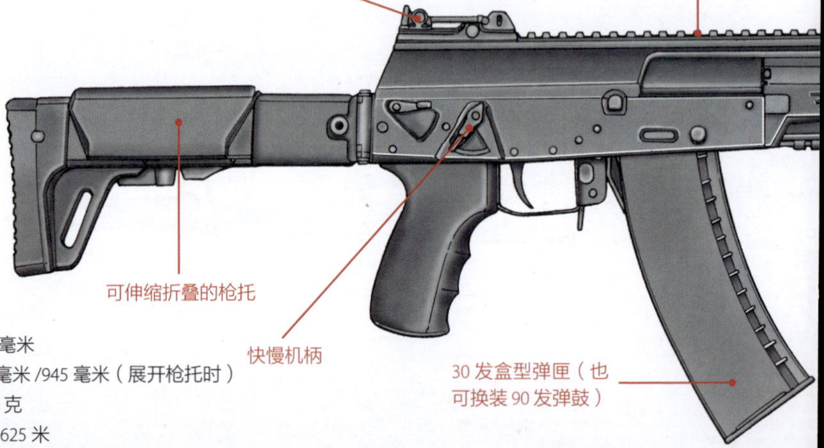

口径：5.45 毫米
全长：725 毫米 /945 毫米（展开枪托时）
重量：3300 克
有效射程：625 米

㊀ 第五代：AK-47 是第一代，AK-74 是第二代，AK-74M 是第三代，AK-100 系列是第四代。

▼AK-47 Ⅰ型（1949 年被采用为制式枪）

口径：7.62 毫米
弹药：7.62 毫米 ×39 毫米子弹
全长：862 毫米
重量：4085 克
射速（连射）：600 发 / 分钟

▼AKM（1959 年制式化的 AK-47 的现代化版本）

口径：7.62 毫米
弹药：7.62 毫米 ×39 毫米子弹
全长：898 毫米
重量：3290 克
射速（连射）：710 发 / 分钟

▼AK-74M（1991 年采用的 AK-74 的现代化版本）

口径：5.45 毫米
弹药：5.45 毫米 ×39 毫米子弹
全长：940 毫米
重量：3420 克
射速（连射）：650 发 / 分钟

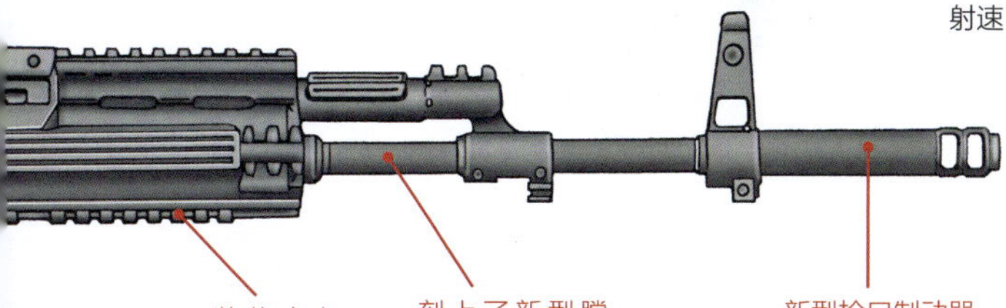

AK-12 的运作方式为使用了长冲程活塞的气动式。在护木和机匣上方设有皮卡汀尼导轨㊀，枪托为新型可伸缩的折叠式。枪口制动器和枪管内部的膛线也都采用了新型设计，据说能够提高命中精度。机匣两侧设有快慢机柄，双手通用㊁也是它的特征之一，射击模式有半自动、3 发点射、全自动三种模式可选。目前计划增加卡宾枪型（AK-12U）、机枪型（PPK-12）、狙击步枪型（SVK-12）和轻机枪型（PPK-12）等衍生枪型，可使用的弹药也包括 5.45 毫米 ×39 毫米弹、7.62 毫米 ×39 毫米弹、5.56 毫米 ×45 毫米 NATO 弹等多种子弹。

㊀ 皮卡汀尼导轨：可以装载符合导轨宽度等规格的红点瞄准镜和激光指示器。
㊁ 双手通用：可以从枪的两侧进行操作。

23 AN-94阿巴甘

昂贵且构造复杂的突击步枪

1994年，作为AK-74M的继任者，俄罗斯军队采用了伊孜玛什军工厂制造的突击步枪——AN-94阿巴甘，它使用5.45毫米×39毫米子弹。它的造价相当高昂，构造也十分复杂，以致士兵们不经过足够的训练就无法在野战条件下拆卸，不精心维护的话也容易发生故障。

●AN-94的构造

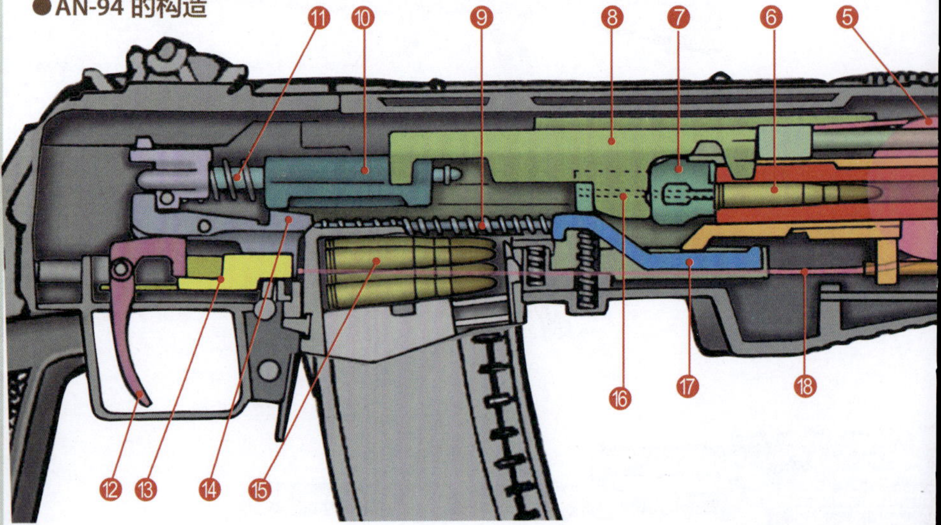

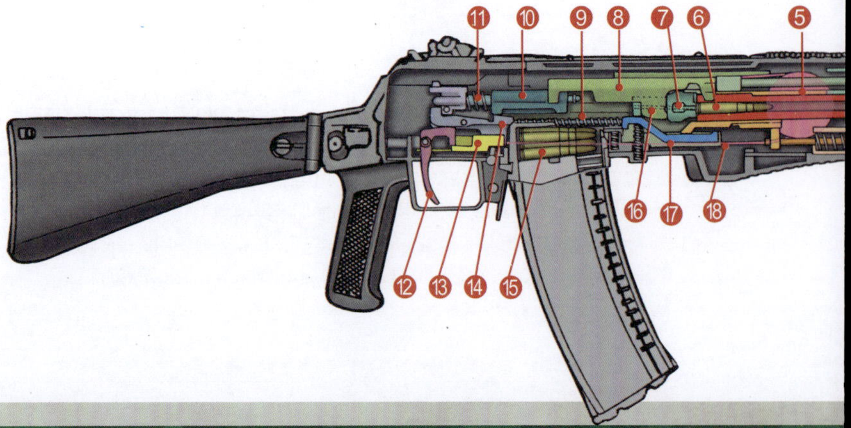

▼AN-94

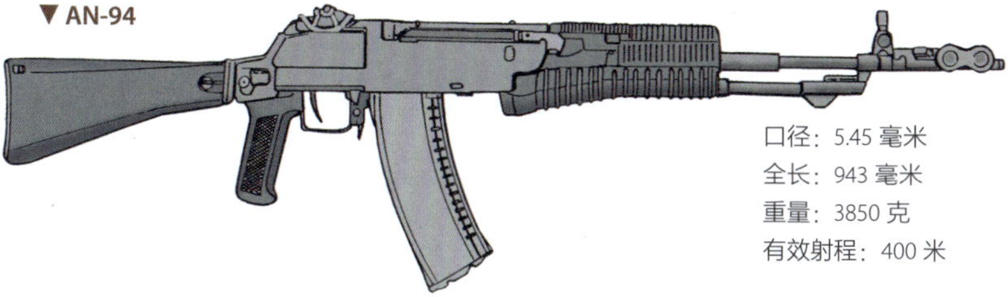

口径：5.45 毫米
全长：943 毫米
重量：3850 克
有效射程：400 米

虽然 AN-94 的运作方式为气动式，但它的特征是可以进行高速 2 发点射。第一发子弹以 1800 发 / 分钟的高速射出，在后坐力导致枪口上跳之前，以同样的速度射出第二发子弹，这种射击方式可以提高前两发子弹的命中精度。因此，在射击时需要使枪管后退，或是采用加入滑轮和缆绳以调整弹药装填进膛室的速度的“滑轮驱动点射装置”。在全自动射击模式下，从第三发子弹开始，射速会变成 600 发 / 分钟。设计师在减轻 AN-94 的后坐力上做了不少努力，也确实对后坐力有所抑制。

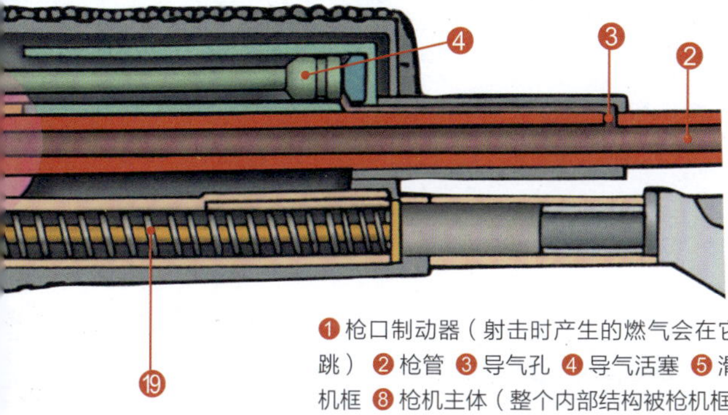

❶枪口制动器（射击时产生的燃气会在它内部画圆式绕行，抑制枪口上跳） ❷枪管 ❸导气孔 ❹导气活塞 ❺滑轮 ❻装填进膛室的子弹 ❼枪机框 ❽枪机主体（整个内部结构被枪机框和击锤带动时，这个部分也会前后移动） ❾装填杆和弹簧 ❿击锤 ⓫复进簧和缓冲器（射击时的燃气压力推动枪机框和击锤后退，但击锤会被阻铁固定住，仅有枪机框在枪机主体内的弹簧的作用下，回到原本的位置，完成膛室的闭锁。复进簧可以把后退的枪机主体推回到初始位置） ⓬扳机 ⓭杠杆 ⓮阻铁 ⓯弹匣内的子弹

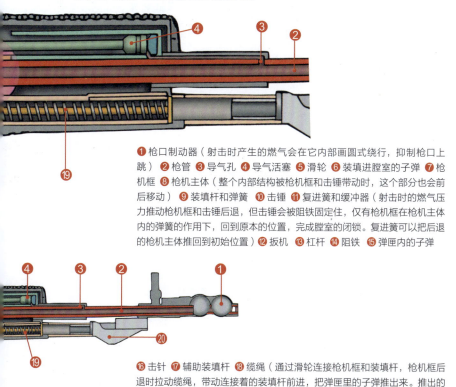

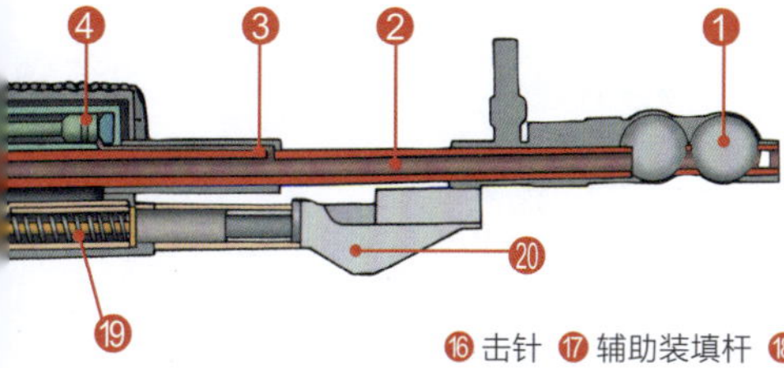

⓰击针 ⓱辅助装填杆 ⓲缆绳（通过滑轮连接枪机框和装填杆，枪机框后退时拉动缆绳，带动连接着的装填杆前进，把弹匣里的子弹推出来。推出的子弹在辅助装填杆的作用下被装填进膛室） ⓳枪管后坐簧（为了减轻后坐力，射击时带动枪管后退和前进） ⓴避震器

24 FN FAL

被 70 多个国家采用的突击步枪

使用加拿大开发的，采用了 FN FAL 系统的 C2A1 轻机枪的加拿大士兵。C2A1 上没有护木，携带时，折起的脚架可以充当护木。

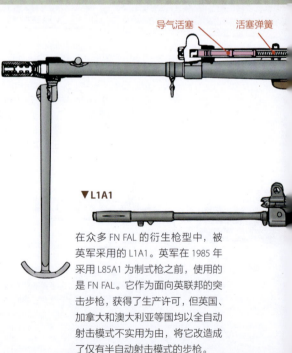

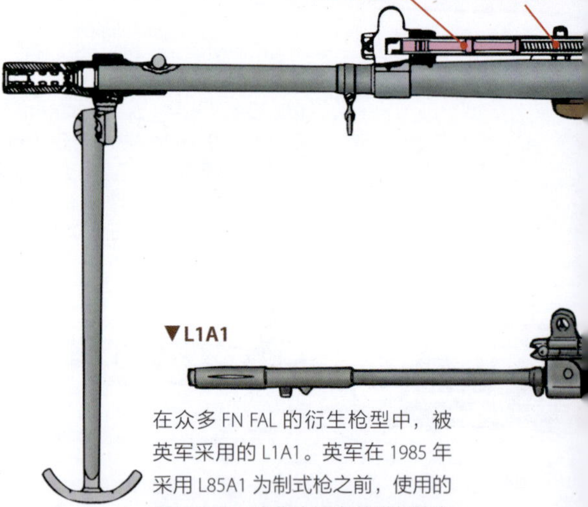

FN FALO▶

FN FALO（FN LAR）是直接对 FN FAL 的机匣进行内部改造，换装管壁更厚的枪管后，加装两脚架的轻机枪，被当作班组支援武器。它的运作方式和 FAL 相同，是利用射击时的燃气压力推动活塞，带动枪机的气动式。闭锁结构则与 BAR 和 64 式自动步枪相同，采用枪机偏移式（通过枪机的上下运动完成闭锁和开放）。

全长：1135 毫米
重量：4300 克（枪本身）
装弹量：20/30 发（盒型弹匣）
射速：700 发 / 分钟

▼L1A1

在众多 FN FAL 的衍生枪型中，被英军采用的 L1A1。英军在 1985 年采用 L85A1 为制式枪之前，使用的是 FN FAL。它作为面向英联邦的突击步枪，获得了生产许可，但英国、加拿大和澳大利亚等国均以全自动射击模式不实用为由，将它改造成了仅有半自动射击模式的步枪。

比利时的FN公司开发的FN FAL最初使用的是7.92毫米 ×33毫米子弹，但由于NATO弹的尺寸在20世纪50年代被统一为7.62毫米 ×55毫米，FN FAL也随之改良以适用该枪弹。

这种子弹威力较强，不适用于全自动射击模式，但FN FAL采用了长枪管，所以在半自动射击模式下的命中精度很高。FN FAL也因此广受好评，被70多个国家采用，目前仍在服役。

在1960年美国与西德举行的共同演习中使用FN FAL的西德士兵。20世纪50年代末，西德军队在选下一代步枪时，测试了G1（FN公司的FAL）、G2（SIG公司的SG510）、G3（H&K公司的Gewehr3）等候补枪，最终将G3作为制式枪采用，但后来仍有少数士兵使用FN FAL。

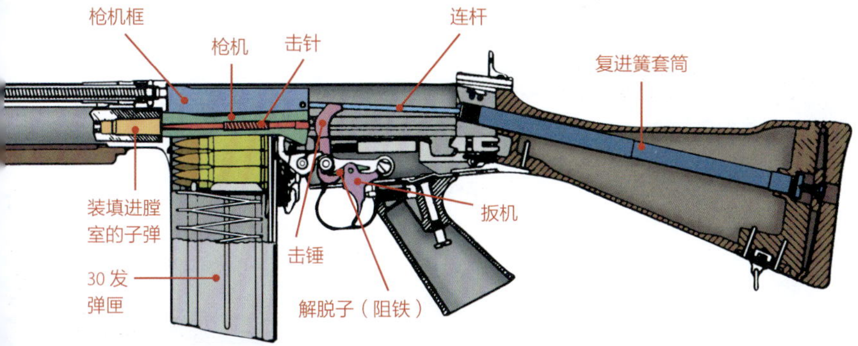

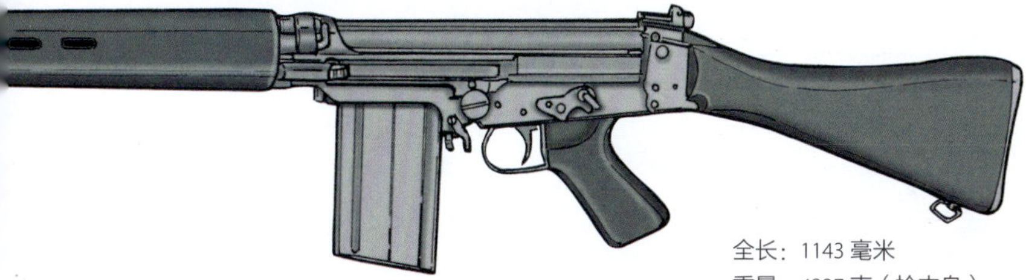

全长：1143毫米
重量：4337克（枪本身）
装弹量：20/30发
射速：700发/分钟

25 无托结构突击步枪

构造方式大幅改变了步枪外观

无托结构指的是将弹匣和机匣放在扳机和握把后方的构造（多数情况下，机匣兼具枪托功能），它的优点是不用缩短枪管，就可以使枪的全长比传统枪更短。不用牺牲枪管长度，也就意味着子弹的威力和射程不会被削弱，枪型更小，使用起来更加方便。这一点在进行巷战时相当关键。

然而缩短了枪身长度，意味着瞄准基线（准星和照门之间的距离）也会随之变短，为克服这一缺点㊀，L85 和斯太尔 AUG 等自动步枪都将光学瞄准装置和望远镜作为标准装备。除此之外它还有机匣距离枪手脸部较近，射击时的噪音很大；抛壳口设置在枪身右侧，左撇子枪手难以使用（抛壳时弹壳会打在脸上，十分危险）等缺点。

●无托结构步枪的特征

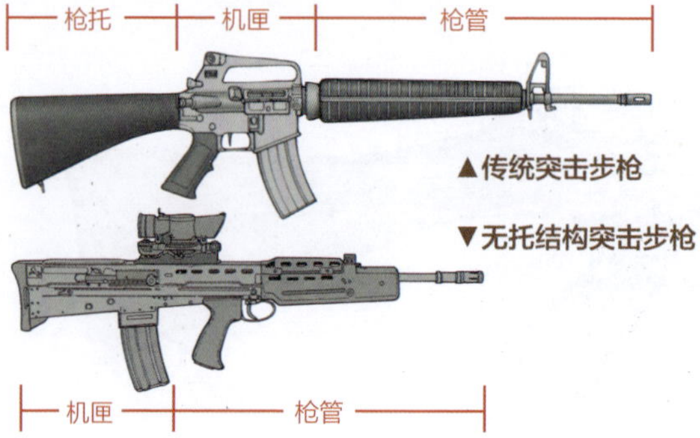

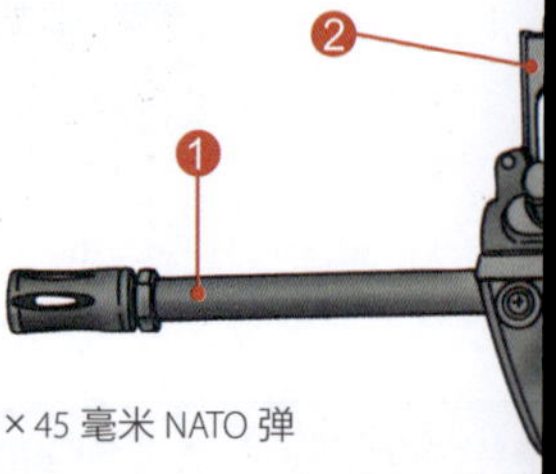

塔沃尔 AR-21（TAR-21）▶

以色列 IMI 公司开发的 TAR-21，包括主要部件和枪身在内的大部分零件都使用了聚合物和铝合金材料，因此很是轻便。它有 7 种变体，图中所示为标准型。运作方式采用导气活塞式，闭锁结构采用枪机回转式。

口径：5.56 毫米
弹药：5.56 毫米 ×45 毫米 NATO 弹
全长：725 毫米
枪身长：460 毫米
重量：2800 克
有效射程：500 米

❶浮动式枪管（提高命中精度）❷折叠式准星 ❸上膛拉杆部位兼冷却枪管的通风口 ❹折叠式照门（折叠式的准星和照门可以在附带的专用红点瞄准镜电量不足或发生故障时作为金属瞄具使用）❺30 发 STANAG 弹匣（M16 使用的 NATO 标准弹匣）

㊀ 缺点：它还有其他缺点，例如由于无托结构步枪的握把在中心位置，所以伏地射击和更换弹匣都相当困难；全长较短也使它不适合刺刀格斗；枪管下的榴弹发射器难以装卸等。

▼特克斯战斗服和 X95

图为身穿斐博洛特克斯公司开发的特克斯战斗服和 T9 设计公司开发的新型战术腰带的以色列国防军（陆军）士兵。他装备的 X95（MTAR-21 微型塔沃尔）是使用 5.56 毫米 ×45 毫米子弹的突击步枪。是一种针对特种部队开发的，全长 590 毫米（枪管长 330 毫米）的袖珍版枪型。虽然是塔沃尔系列，但做了诸多改良，几乎可以算是另一种枪型了。图中的 X95 是加装了护木，更换为手枪式握把的第二代枪型。导轨系统上装有红点瞄准镜。

特克斯战斗服是一种带有视觉欺骗和近红外隐身效果的丛林迷彩战斗服，它采用了与长颈鹿的花纹相似的迷彩图案，由战斗夹克和战斗裤组成。它使用了棉与尼龙的混纺布料和透气性强的织物。可正反两用，反穿时是沙漠迷彩战斗服，这意味着一套战斗服可以在两种不同场景中使用。为其开发工作提供了协助的以色列国防军曾一度表示要将其作为新型战斗服采用，但现在还没有下文。

26 斯太尔AUG

因不可思议的外观而引人注目的突击步枪

1977年被奥地利军队采用为制式枪的斯太尔AUG㊀，是斯太尔－丹姆勒－普赫㊁公司开发的无托结构突击步枪。它使用了大量工程塑料，由7个模块组成，在多个方面进行了创新性的尝试，也被多个国家采用。

●斯太尔AUG的构造和运作系统

▼AUG A1

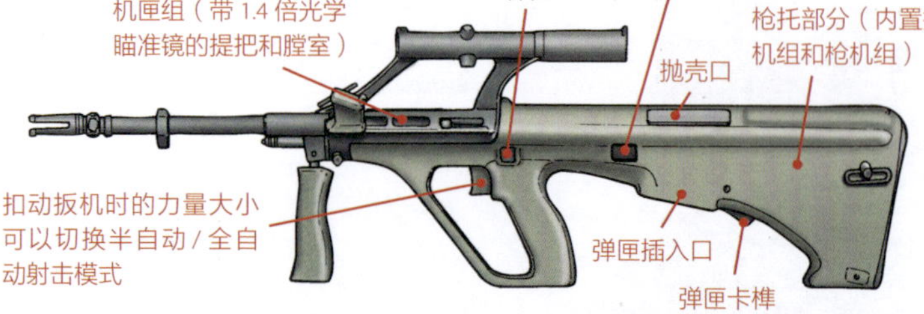

由与扳机融为一体的枪托部分，藏在内部的击锤组，枪机框导杆和枪机构成的枪机组，膛室和便携提把组成的机匣组以及枪管构成。它的运作方式是使用短冲程活塞的气动式。运作从拉动拉机柄使击锤进入待击状态，同时将弹药填入膛室，枪机闭锁膛室开始（枪机前端的闭锁凸榫会锁住膛室）。

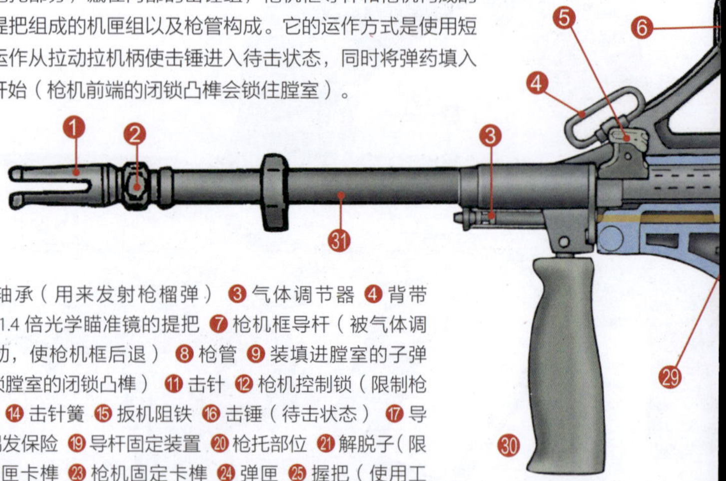

❶消焰器 ❷22毫米轴承（用来发射枪榴弹）❸气体调节器 ❹背带扣 ❺拉机柄 ❻内置1.4倍光学瞄准镜的提把 ❼枪机框导杆（被气体调节器内的导气活塞推动，使枪机框后退）❽枪管 ❾装填进膛室的子弹 ❿枪机（前端带有闭锁膛室的闭锁凸榫）⓫击针 ⓬枪机控制锁（限制枪机的动作）⓭枪机框 ⓮击针簧 ⓯扳机阻铁 ⓰击锤（待击状态）⓱导杆（藏在缓冲里）⓲偶发保险 ⓳导杆固定装置 ⓴枪托部位 ㉑解脱子（限制击锤的动作）㉒弹匣卡榫 ㉓枪机固定卡榫 ㉔弹匣 ㉕握把（使用工程塑料，和枪托一体成型）㉖阻铁操纵杆（扳机连杆）㉗保险杆 ㉘扳机 ㉙扳机弹簧 ㉚前握把 ㉛枪管

㊀ AUG：Armee Universal Gewehr（陆军通用步枪）的首字母缩写。
㊁ 斯太尔－丹姆勒－普赫公司：现在的斯太尔－曼利彻尔公司。

装备斯太尔 AUGA3SF 的奥地利陆军猎兵旅队员。皮卡汀尼导轨上加装了光学瞄准镜和红点瞄准器。AUG 的主要型号有 AUGA1、A2、A3、LSW（轻型支援武器）、HBAR（重枪管型突击步枪）等。

扣动扳机使扳机连杆后退推动扳机阻铁，同时击锤落下撞击击针，击发子弹。射击时的燃气压力推动枪机沿着导杆后退，重复同样的动作（半自动射击模式下，解脱子会限制住击锤的动作，全自动射击模式下则不做限制）。枪机被枪机框拉动，在两根平行的导杆上前后移动。

口径：5.56 毫米　弹药：5.56 毫米 ×45 毫米 NATO 弹　全长：790 毫米　重量：4100 克
射速：650 发 / 分钟　有效射程：300 米

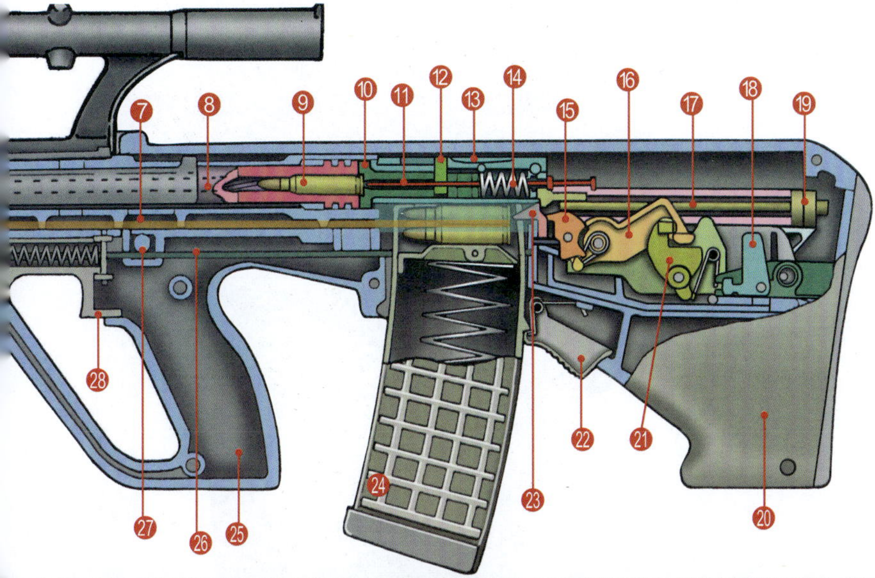

27 FA-MAS（1）

法军独特的突击步枪

FA-MAS㊀作为 MAS49 半自动步枪的继任者，于 1977 年被法军采用为制式枪。它是一支很有法式个性的步枪，特征是采用了无托结构。最早的标准枪型是 FA-MAS F1（两脚架为标准装备），后来发展出了缩短枪管，去除两脚架，加大扳机护圈的 FA-MASG1 和 G2 等突击卡宾枪型。

●FA-MAS

图为抱持 FA-MAS 的法国宪兵队队员（机动宪兵队少尉）。法国陆军于 1977 年采用 FA-MAS，现在已被推广至法国海陆空三军。因为采用无托结构，全长较短，它的小型化使其在被使用者抱持时，会像图中一样长度与人的上半身相当。这样的独特外形，使它在法军内部被戏称为“小号”。

口径：5.56 毫米
弹药：5.56 毫米 ×45 毫米 NATO 弹
全长：757 毫米
重量：3800 克
有效射程：300 米（F1）/ 450 米（G2）

刺刀
附带发射枪榴弹的功能，可以在准星位置安装用于发射榴弹的瞄准装置
扳机护圈内设有快慢机柄，通过旋转，可以切换保险 / 半自动 / 全自动射击模式
填充模块：未插入弹匣时，将它插进弹匣入口，可以防止异物进入枪的内部。
可以自选组装 3 发点射系统
3 发点射手柄

㊀ FA-MAS：Fusil d'Assault de la Manufacture d'Armes de Saint-Étienne 的首字母缩写。意为由圣 · 艾蒂安兵工厂制造的突击步枪，也有说法称它在 1979 年才被采用为军用制式枪。

FA-MAS F1 ▼

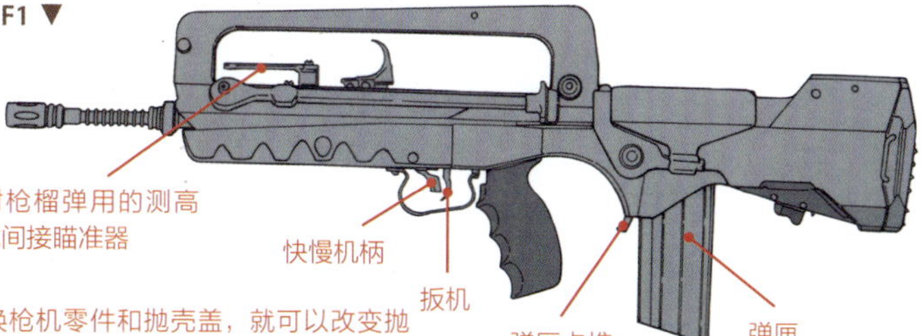
发射枪榴弹用的测高
仪式间接瞄准器
快慢机柄
扳机
弹匣卡榫
弹匣

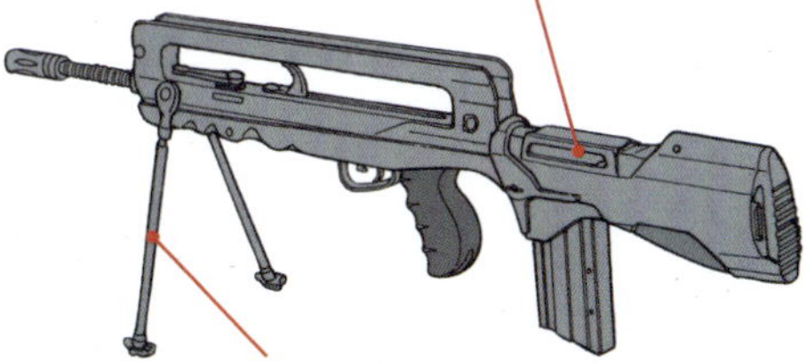
只要更换枪机零件和抛壳盖，就可以改变抛壳的方向，不论枪手的惯用手是左手还是右手，都能够进行射击
虽然也与射击姿势有关，但由于准星和照门之间的间隔较近，随着距离的改变，瞄准时也会出现偏差。因此附带两脚架辅助，使瞄准时更加稳定

无托结构，使 FA-MAS 不管在哪个射击模式下都能进行稳定射击。FA-MAS 可以组装 3 发点射系统，在全自动射击模式下射速为 500~700 发 / 分钟，3 发点射模式下则为 1100 发 / 分钟左右，二种模式的射速相差甚远。这是为了在枪手因为后坐力而改变姿势之前，高速射出 3 发子弹，提高命中精度（俄罗斯的 AN-94 在 2 发点射模式与全自动射击模式下高速射出前 2 发子弹的设计，也是为了达到这个目的）。

▼FA-MAS G1/G2

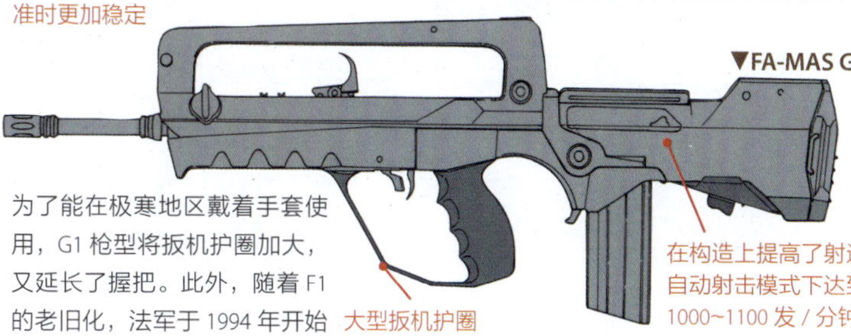
大型扳机护圈
在构造上提高了射速（全自动射击模式下达到 1000~1100 发 / 分钟）

为了能在极寒地区戴着手套使用，G1 枪型将扳机护圈加大，又延长了握把。此外，随着 F1 的老旧化，法军于 1994 年开始装备 G2 枪型，它的外观与 G1 相同，但可以使用 STANAG 弹匣。

▼VHS

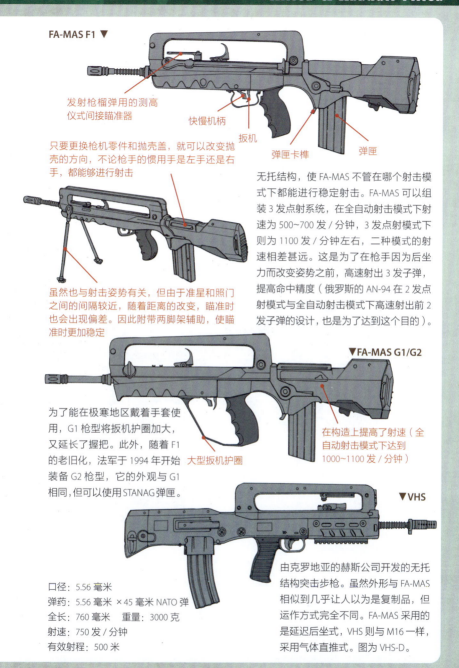

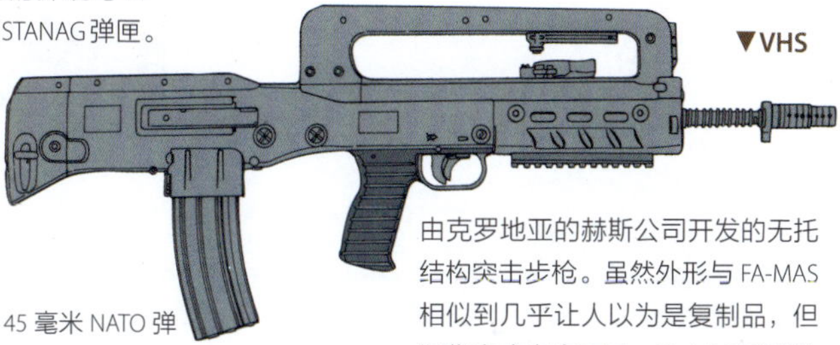

由克罗地亚的赫斯公司开发的无托结构突击步枪。虽然外形与 FA-MAS 相似到几乎让人以为是复制品，但运作方式完全不同。FA-MAS 采用的是延迟后坐式，VHS 则与 M16 一样，采用气体直推式。图为 VHS-D。

口径：5.56 毫米
弹药：5.56 毫米 ×45 毫米 NATO 弹
全长：760 毫米　重量：3000 克
射速：750 发 / 分钟
有效射程：500 米

28 FA-MAS（2）

命中精度极高的 FA-MAS 的运作方式

FA-MAS 的运作方式是利用射击时产生的燃气压力推动弹壳后退的枪机后坐式，但因为它使用的弹药是 5.56 毫米 ×45 毫米 NATO 弹，所以采用了延迟后坐式闭锁。这是由于子弹底火的推力较大，所以需要避免枪机后退并开放膛室时，弹壳被枪管内的高压撕碎，延迟后坐式

●FA-MAS F1 的构造

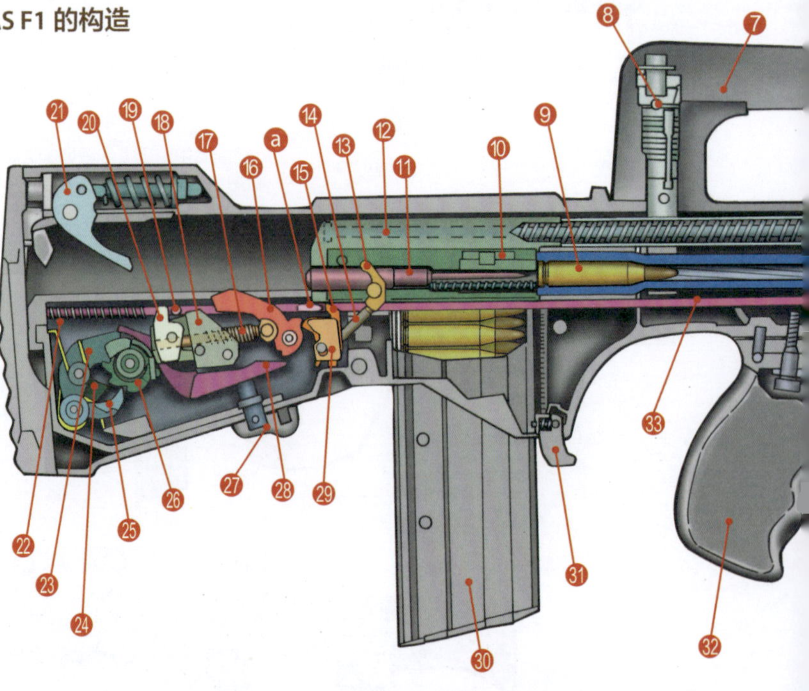

❶枪口制动器 ❷枪榴弹支撑装置（枪榴弹安装固定装置。FA-MAS 可以通过枪管前端发射对人/对物枪榴弹） ❸准星（装备有发射枪榴弹用的测高仪式直接瞄准器。可对物直接瞄准发射） ❹测高仪式间接瞄准杆（使用枪榴弹对人攻击时使用间接瞄准器发射）❺拉机柄 ❻复进簧和连杆（把后退的枪机拉回原位） ❼提把与上机匣为一体成型 ❽照门 ❾装填进膛室的子弹 ❿枪机 ⓫击针和弹簧 ⓬枪机框（下方的凹陷可嵌入枪机，枪机框后坐时膛室开放并抛壳，前进时装填并闭锁） ⓭延迟杠杆 ⓮连发阻铁传动杆 ⓯击发阻铁（扣动扳机，连杆被拉向前方，连杆的突出部ⓐ带倒击发阻铁。从而释放被连发阻铁保持在待击状态的击锤。图中所示为被连发阻铁固定，呈现待击状态的击锤）

可以在射击后延迟枪机后退的时间，直到枪管内的压力下降为止。G3 突击步枪采用的是滚柱式闭锁（滚柱式延迟闭锁），也是延迟后坐式的一种，FA-MAS 则使用的是杠杆延迟式。这种方式是以连杆（延迟杠杆）连接机匣、枪机以及枪机框三个部分，射击后利用杠杆原理，通过连杆延迟枪机的后退时间。它缓和了射击时的后坐力，使枪手能够更加轻松地控制枪，提高了命中精度。此外，在枪托部位可以安装支持 3 发点射模式的组件（图中为已经安装完毕的状态）。

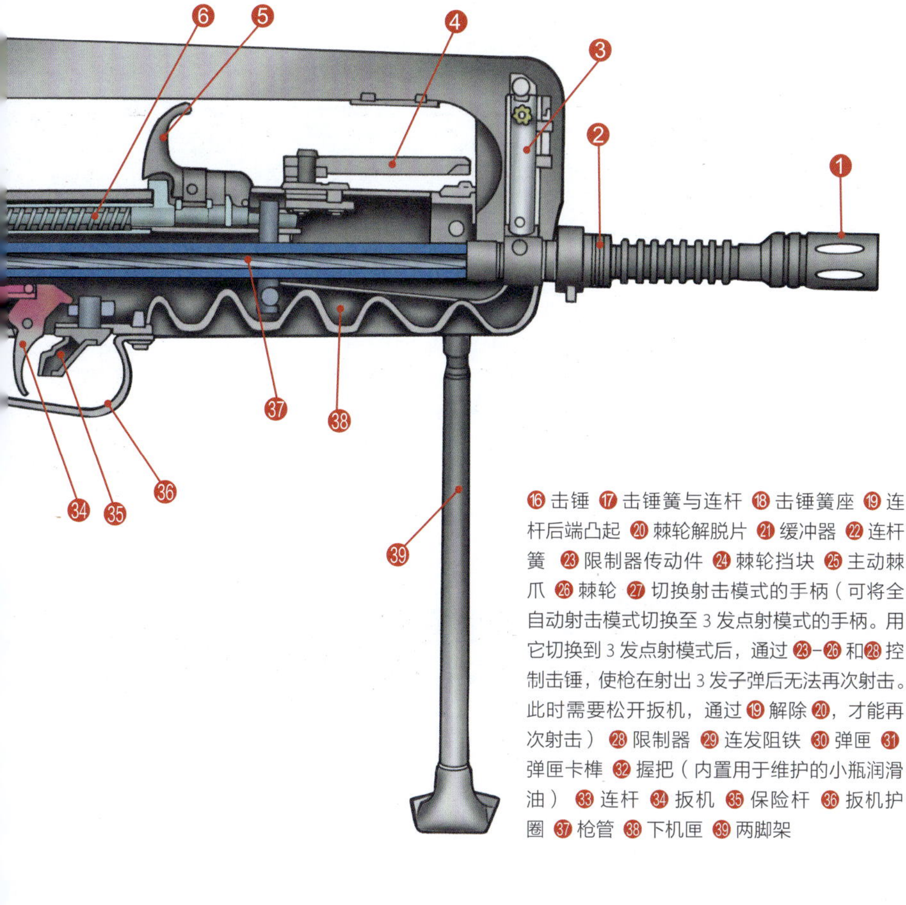

⑯ 击锤 ⑰ 击锤簧与连杆 ⑱ 击锤簧座 ⑲ 连杆后端凸起 ⑳ 棘轮解脱片 ㉑ 缓冲器 ㉒ 连杆簧 ㉓ 限制器传动件 ㉔ 棘轮挡块 ㉕ 主动棘爪 ㉖ 棘轮 ㉗ 切换射击模式的手柄（可将全自动射击模式切换至 3 发点射模式的手柄。用它切换到 3 发点射模式后，通过 ㉓–㉖ 和 ㉘ 控制击锤，使枪在射出 3 发子弹后无法再次射击。此时需要松开扳机，通过 ⑲ 解除 ⑳，才能再次射击） ㉘ 限制器 ㉙ 连发阻铁 ㉚ 弹匣 ㉛ 弹匣卡榫 ㉜ 握把（内置用于维护的小瓶润滑油） ㉝ 连杆 ㉞ 扳机 ㉟ 保险杆 ㊱ 扳机护圈 ㊲ 枪管 ㊳ 下机匣 ㊴ 两脚架

29 L85

因问题频出而被大改的无托结构突击步枪

英国陆军的 L85，是一种零件制作大多采用冲压成型的无托结构突击步枪。此外，还有与它共用同型号枪机的班组支援武器——L86LSW㊀，以及将它缩短整枪长度后改造成的卡宾枪等多个版本，它们都被称为 SA80㊁。

●英军的 L85 系列

机匣和外壳都使用了钢材，
枪部件多为冲压成型
抛壳口
可拆卸式 SUSAT㊂
光学瞄具
握把、护木、枪托
底板等部位均采用
工程塑料制造
直接安装在枪机上的拉机柄（抛壳时
弹壳会撞上拉机柄，容易引发故障）
30 发弹匣（弹匣的弹簧弹力较弱，
装弹时容易发生故障，装弹量最好
控制在 28 发以下）
弹匣卡榫的弹簧弹力不足，时有发
生弹匣因自重而脱落的情况（弹簧
在枪左侧，图上没有展现）
枪机部分和
SA80A1 相同
SUSAT 光学瞄具
两脚架
枪管长度：646 毫米
钢丝制的
肩托
握把
30 发盒型弹匣
全长：900 毫米
重量：7300 克
装弹量：30 发
射速：610~775 发 / 分钟

㊀ LSW：Light Support Weapon 的首字母缩写。
㊁ SA80：Small Arms for ‘80（20 世纪 80 年代的轻武器）的缩写。
㊂ SUSAT：Sight Unit Small Arms,Trilux 的首字母缩写。

▼装备了 40 毫米榴弹发射器的 L85A2

威尔科斯（Wilcox）RAAM UGL-FCS：发射榴弹时的瞄具，带电动万向仪的可视光 / 红外线激光指示器
安装在机匣上方的 RIS 上的定点指示器（用于瞄准）
40 毫米榴弹发射器
快慢机柄
弹匣卡榫

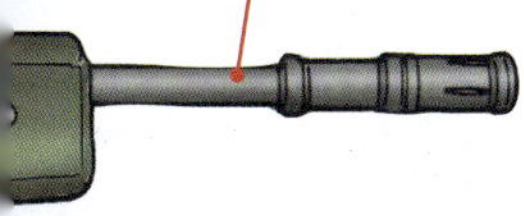
枪管长度：518 毫米

◀L85A1

早期版的 SA80，在 1985 年作为 L85 被英军采用。枪机采用 AR-18 的运作方式㊀。拉机柄和弹匣有缺陷，从一开始就故障频发。改良后的 SA80A1 作为 L85A1 被投入了 1991 年的海湾战争中，但装填和抛壳方面的故障并没有得到改善，在测试中，每射出 99 发子弹就会发生一次故障。

口径：5.56 毫米　　弹药：5.56 毫米 ×45 毫米 NATO 弹
全长：785 毫米　　重量：4650 克

重新设计了拉机柄，解决了弹壳回流的问题
2011 年左右换成了更为轻便的 EMAG㊁弹匣

▼ L85A2

为了消除 SA80A1 的故障，交由 H&K 公司大改后的产物——现役的 SA80A2（L85A2），主要做出了以下几点修改：在闭锁系统中增加抽壳钩；改变击针形状；重新设计拉机柄（A1 和 A2 可以通过拉机柄形状的不同来区分）；提高气体运作效率；更换为性能更好的弹匣等。并于 2009 年左右，将原本的护木换成了 RIS。

◀L86LSW

班组支援武器，作为布朗轻机关枪的派生枪型 L4 轻机关枪（使用 7.62 毫米 ×51 毫米 NATO 弹）的继任者被开发，使用与 SA80A1 一样的 5.56 毫米 ×45 毫米 NATO 弹。每 8 名士兵构成的 1 个分队中（英国陆军的步兵班）配备两挺，现已更换为两挺 L110A1（FN 米尼米）。

L86LSW 与 SA80A1 相比，改装了更厚更长的枪管，以获得更高的枪口初速。两脚架和肩部枪托下方的握把、底板等部位分别装有钢丝制的肩托，用来提高全自动射击时的命中精度。由于它射程长，且射击精度高，现在被作为精确射击步枪使用。

㊀ AR-18 的运作方式：使用活塞的气动式，闭锁系统为枪机旋转式。89 式步枪也采用这种方式。
㊁ EMAG：马盖普（MagPul）公司制造的弹匣，可更换为 STANAG 弹匣。

30 其他无托结构突击步枪

现在仍在开发中的无托结构

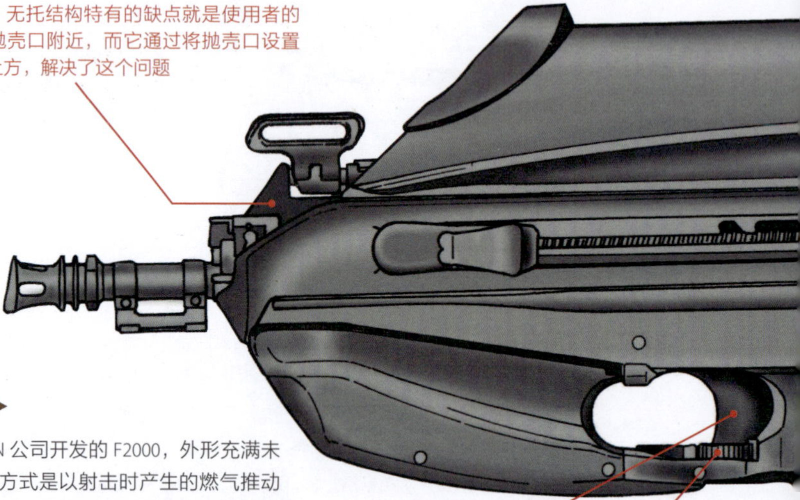
抛壳口：无托结构特有的缺点就是使用者的脸就在抛壳口附近，而它通过将抛壳口设置在枪管上方，解决了这个问题
扳机
射击模式选择器

FN F2000 ▶

由比利时 FN 公司开发的 F2000，外形充满未来感。运作方式是以射击时产生的燃气推动活塞的气动式，闭锁方式采用通过枪机旋转实现膛室开放和闭锁的枪机回转式。是一支在设计时就以加入火控系统和榴弹发射器等战术附件为前提的武器系统型步枪。

口径：5.56 毫米
弹药：5.56 毫米 ×45 毫米 NATO 弹
全长：694 毫米
重量：3600 克

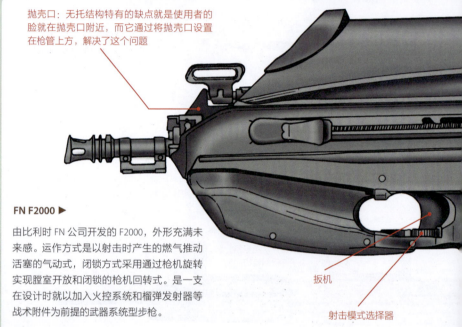

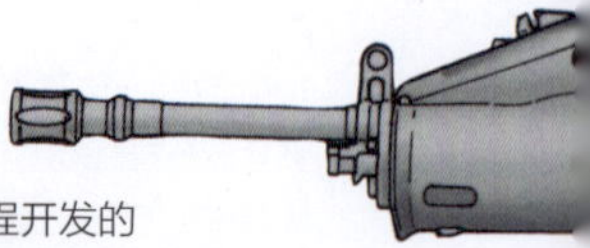

SAR-21 ▶

1999 年，由新加坡的武器研发公司 ST 工程开发的突击步枪。采用聚合物枪托和工程塑料制造的内部零件，使用了许多新型材料。运作方式为气动式，闭锁方式为枪机回转式。它是以斯太尔 AUG 为原型制作的，图为标准版枪型，上面安装了 1.5 倍固定光学瞄准镜。

目前，虽然无托结构突击步枪被认为除了小型化以外没有其他显著优点，但还是诞生了许多枪型。

不只是突击步枪，机枪、狙击步枪，就连手枪中也有采用无托结构的枪型。

检查翻盖：卡弹等情况下，查看枪机部分的孔洞的盖子
枪机部分：枪机部分与抛壳口的距离较远，空弹壳需要经过相当长的通道才能被抛出。在此期间可以散发击发瞬间产生的热量，使空弹壳在温度下降后被抛出
弹匣卡榫

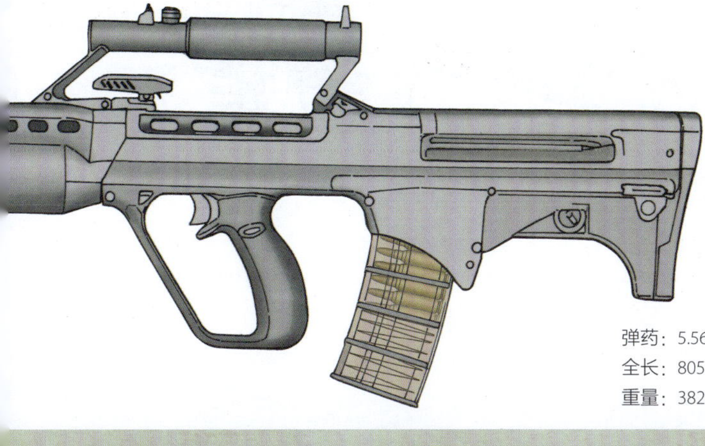

弹药：5.56 毫米 ×45 毫米 NATO 弹
全长：805 毫米
重量：3820 克

31 H&K G3（1）

派生出许多枪型的杰出突击步枪

G3 是以使用 7.62 毫米 NATO 弹的西班牙制赛特迈步枪 B 型为原型，由德国的 H&K 公司开发的突击步枪。它的特征是使用滚柱闭锁式的延迟后坐结构，1959 年被西德军队作为制式枪采用。

20 世纪 60 年代，诞生了使用 5.56 毫米 NATO 弹以限制威力，使使用者在射击时能更好地控制射击精度的 HK33。

目前有十多个国家获得了 G3 的生产许可。照片中的挪威军等部队使用的现行版本，除了枪管部分和枪机结构以外，大多采用工程塑料制作的零部件。此外，由于德国联邦国防军改用 G36，剩下的 G3 步枪都被提供给了阿富汗。

HK21A1▼

在 G3 基础上开发的弹链供弹式通用机枪。采用了滚轮延迟反冲式结构，可切换半自动 / 自动射击模式。可以使用金属弹链，它与其他机枪不同，采用了和 G3 一样的封闭式枪机。

口径：7.62 毫米　弹药：7.62 毫米 × 51 毫米 NATO 弹　全长：1030 毫米　重量：8300 克
射速：900 发 / 分钟　有效射程：约 1200 米

G3A3▼

德国联邦国防军使用的 G3A3 在枪托和护木上使用了工程塑料，装备了自由浮动式枪管。

口径：7.62 毫米　弹药：7.62 毫米 ×51 毫米 NATO 弹　全长：1026 毫米　重量：4410 克
装弹量：20 发　射速：600 发 / 分钟　有效射程：500 米

G3 的野战拆卸▼

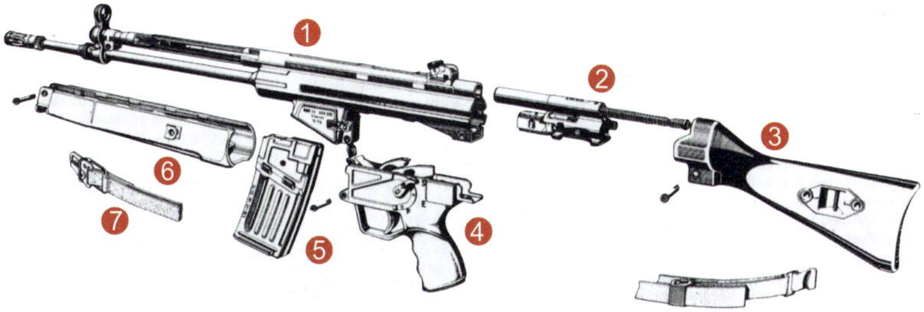

类似 G3 这样的军用枪，为了在野战条件下也能轻松地进行维护整修，常常会被设计成不使用特殊工具也能分解成基础部件的构造，但是枪机部分还是不能简单拆卸。

❶ 枪管和机匣 ❷ 机框和复进簧 ❸ 枪托 ❹ 手枪式握把和扳机组 ❺ 弹匣 ❻ 护木 ❼ 背带

G3 的特征之一就是拥有众多版本。以大类来划分的话大致如下：使用 7.62 毫米 ×51 毫米 NATO 弹的系列 1（G3 的衍生版和再设计枪型）；使用 5.56 毫米 ×45 毫米 NATO 弹的系列 2（HK33 及其衍生版）；与 AK47 同样使用 7.63 毫米 ×39 毫米子弹的系列 3。不论哪一系列，都使用滚轮延迟反冲式结构，扳机结构等枪的基本结构也都是相同的。使用 9 毫米 ×19 毫米帕拉贝鲁姆手枪弹的 MP5 属于系列 1。

32 H&K G3（2）

G3 系列独特的运作方式和枪机构造

●G3 机匣部位的放大图

G3 的滚柱闭锁方式在枪机的两侧加了两根闭锁滚柱，枪机通过闭锁块连接枪机框。将拉机柄向后拉，扣起击锤的同时，枪机部分也向后方移动，当它再次前进时，会将子弹装填进膛室并将其闭锁。此时扣动扳机，击锤下落撞击击针并击发子弹。与此同时，闭锁滚柱把枪机和膛室锁得更紧，使后退的枪机部分的移动速度被迫减慢。

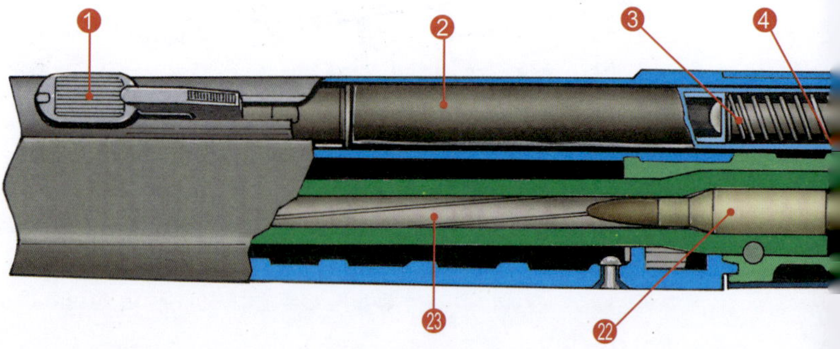

❶拉机柄 ❷拉机柄导槽 ❸复进簧和复进簧导杆 ❹击针 ❺闭锁滚柱 ❻机头 ❼闭锁块 ❽机框 ❾击针簧 ❿解脱杆 ⓫抛壳挺 ⓬击锤 ⓭击锤簧（顶住击锤）⓮旋转照门 ⓯枪托锁销 ⓰保险销 ⓱扳机 ⓲阻铁 ⓳扳机簧 ⓴不到位保险阻铁（全自动射击时释放击锤）㉑弹匣解脱杆 ㉒装填进膛室的子弹 ㉓枪管

机头和枪机部分▼

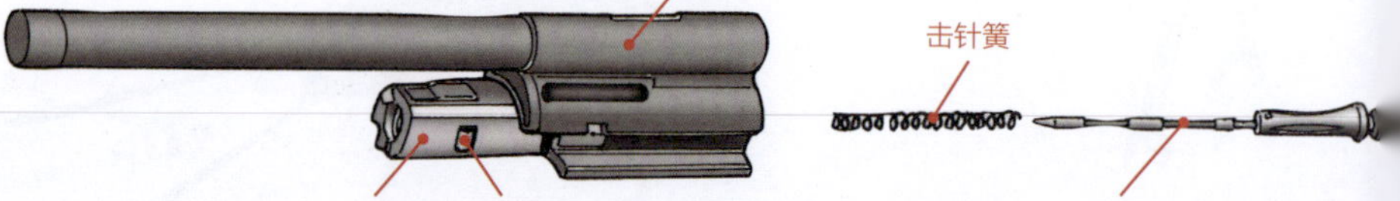

滚柱闭锁式，指的是通过滚柱将枪机和膛室锁定的运作方式。这是为了暂时保存击发子弹时产生的能量，延迟枪机的后退时间，在采取后坐式的枪中是一种相当具有优越性的方式。但是，由于在运作过程中必须保持高精度，所以不适合用于射击小口径的高速子弹。

射击时产生的燃气压力，令弹壳和枪机部后移，但滚柱与位于枪机匣部位（枪本身）内壁的凹槽相咬合，让它无法马上后退，较轻的机头和较重的枪机框彼此间速度产生偏差，当滚柱从凹槽处脱离时，二者会恢复共同行动。随后，继续后退的枪机部分在扣起击锤的同时再次前进，装填下一发子弹，并实现闭锁。这就是延迟后坐式之一，是一种通过组装在枪机上的闭锁滚柱来完成闭锁，在子弹离开枪口之前延迟枪机后坐的运作系统。它可以降低射击时的燃气压力，在保持一定射速的同时，降低射击时的后坐力。

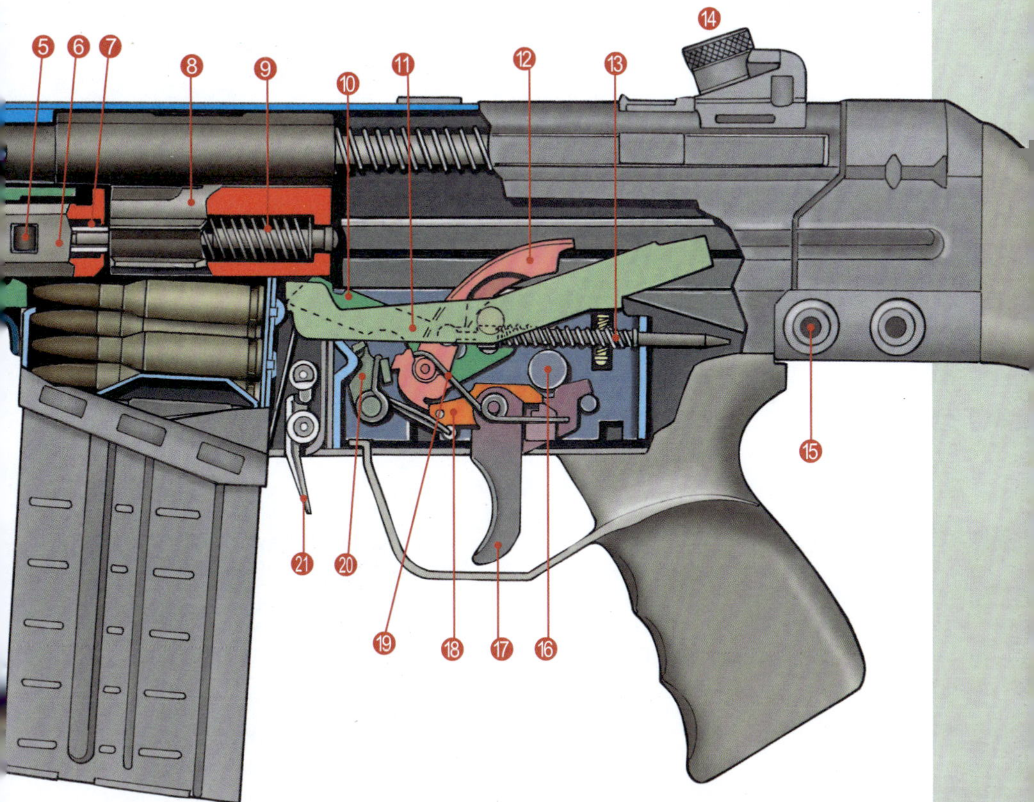

33 H&K G36

德国联邦国防军的现役突击步枪

1996 年，德国联邦国防军将 H&K 公司在 1988 年独立开发的 HK50 命名为 G36E，作为制式突击步枪接替了 G3 的位置㊀。

●G36 的构造

G36 的运作方式是利用气压的短冲程活塞式（射击时产生的燃气压力推动枪机框和独立的活塞短距离后退，产生的惯性带动枪机组完成弹药的装填和抛壳），枪机和膛室的闭锁和开放通过滚转式枪机（前端附有闭锁凸榫的枪机在枪机框内旋转，以完成闭锁和开放，也被称为回转式枪机）。它的运作系统本身很普通，但小巧轻便正是它的优点。

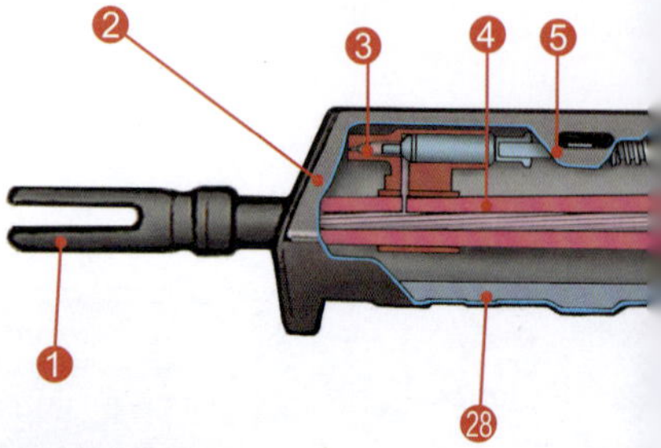

▶装备了 G36 A2 的德国联邦海军潜艇兵

以特种部队使用的 G36（枪身较短的卡宾枪型）为原型，去掉了提把内部的红点瞄准镜，改为皮卡汀尼导轨后诞生的枪型正是 G36 A2。安装在皮卡汀尼导轨上的是 ❶ 激光模块（集红外线指示器、红外线不可视射灯、红色激光指示器、卤钨灯为一体的多功能瞄具）和 ❷ 红点瞄准镜。图为潜艇兵从水中登陆，展开行动时身上的装备。

㊀ 接替了 G3 的位置：原本打算采用 20 世纪 70 年代开发的 H&K G11（使用无壳弹的突击步枪），但由于费用等各种问题最终取消了该计划。

H&K公司的枪一般都采用传统的滚轮延迟反冲式，G36却采用了气动的滚转式枪机。枪机匣部位和各部分的零件都使用了碳纤维和尼龙材料，以达到减轻重量的目的。现在的主要枪型有G36、G36K、G36A2、G36KA2。

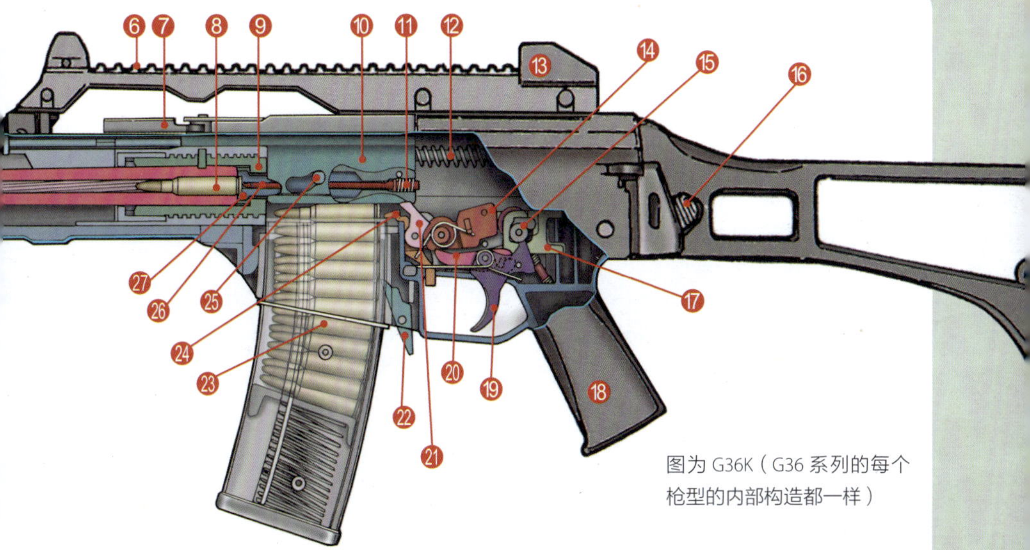

图为G36K（G36系列的每个枪型的内部构造都一样）

❶枪口制动器 ❷导气孔 ❸导气活塞 ❹枪管 ❺活塞连杆和复进簧（把因燃气压力后退的导气活塞的惯性力量传给枪机框）❻皮卡汀尼导轨（皮卡汀尼导轨取代了一体化的瞄具和提把）❼拉机柄（左右两侧都可以操作）❽装填进膛室的子弹 ❾枪管延伸部 ❿枪机框 ⓫击针簧 ⓬复进簧和复进簧导杆（缓冲射击时产生的后坐力，同时把后退的枪机框推回原位）⓭照门 ⓮击锤 ⓯快慢机（包括保险装置）⓰折叠式枪托的固定按钮 ⓱滑架 ⓲手枪式握把 ⓳扳机 ⓴阻铁（半自动射击模式下，每次射击时阻铁都会控制击锤，进行单发射击）㉑连发阻铁（全自动射击模式下，快慢机可以解除阻铁对击锤的限制，转而使用连发阻铁来控制击锤。扣住扳机时会一直保持连射状态，松开扳机后击锤会重新被阻铁控制，并停止射击）㉒弹匣卡榫 ㉓弹匣（侧面的凸起可以连接其他弹匣）㉔枪机框（弹匣内最后一发子弹被击出后，被顶住的枪机框会停止在后退状态。替换弹匣后按下位于枪机框下部的扳机护圈内的凸起，枪机框就可以再次向前，把下一发子弹装填进膛室）㉕枪机锁 ㉖击针 ㉗枪机（位于枪机框内，前端附有闭锁凸榫。击针穿过其内部）㉘护木

34 89式步枪

日本自卫队的突击步枪特征

作为64式步枪的继任者，日本丰和工业公司和日本当时的防卫厅共同开发的89式突击步枪，从20世纪90年代开始，成为陆上自卫队的主力步枪。它是一支比64式步枪更适合日本人体型㊀的步枪，且削减了零件数量，提高了生产效率和易保养性。然而，与其他国家的突击步枪相比，它的造价仍然过高㊁。

●89式步枪的构造

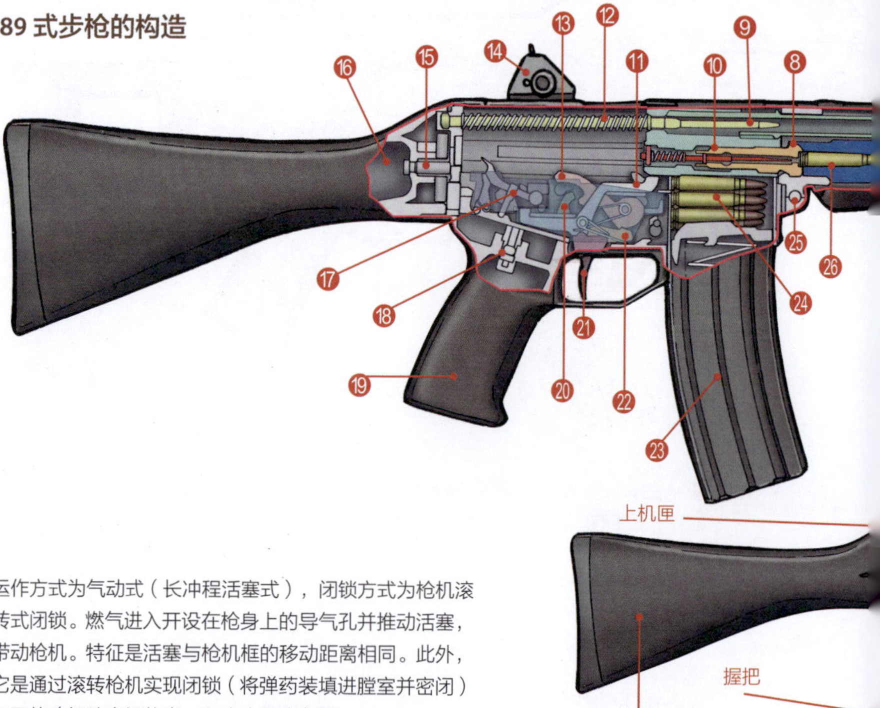

枪托：也有空降部队等使用的折叠型枪托

运作方式为气动式（长冲程活塞式），闭锁方式为枪机滚转式闭锁。燃气进入开设在枪身上的导气孔并推动活塞，带动枪机。特征是活塞与枪机框的移动距离相同。此外，它是通过滚转枪机实现闭锁（将弹药装填进膛室并密闭）和开放（解除密闭状态，取出空弹壳）的。

射击模式有半自动、全自动（连射射速750发/分钟）以及3发点射，机匣部分为冲压成型。

㊀ 适合日本人体型：89式比64式（全长990毫米，重量4400克）更短，重量也更轻。
㊁ 造价过高：据说一支89式的造价约30万日元左右（约合1.9万元人民币）。

❶ 消焰制动器（可以把射击时的枪口火焰向水平方向扩散，隐匿射击位置）❷ 调节器（调整用来推动活塞后退的燃气量。还可以依靠它发射枪榴弹㊀）❸ 导气孔（将枪管内部的燃气引入到导气筒内的孔洞）❹ 准星 ❺ 导气室（把导气筒内的燃气压力传导给活塞）❻ 枪管 ❼ 活塞（安装在导气室内部，在燃气压力的作用下推动枪机框后退）❽ 枪机（起到向膛室内装填弹药并击发、闭锁膛室防止燃气漏出、抛出射击后留下的空弹壳等作用）❾ 枪机框（内置枪机，可在燃气压力下后退，靠复进簧复位，以此带动枪机）❿ 击针（击发子弹）⓫ 抽壳钩（从膛室中抽出空弹壳）⓬ 复进簧导杆和复进簧（将后退的枪机框推回原位）⓭ 击锤（撞击击针，击发子弹）⓮ 照门 ⓯ 枪托连接处 ⓰ 枪托 ⓱ 3 发点射机构（执行 3 发点射的机构） ⓲ 固定握把的螺丝 ⓳ 握把 ⓴ 解脱子（扣动扳机后，使扳机和击锤失去作用，就算扣住扳机也不会连射）㉑ 扳机 ㉒ 阻铁（在扳机和击锤之间的零件，用来限制击锤的动作）㉓ 弹匣 ㉔ 子弹 ㉕ 枢轴销 ㉖ 装填进膛室的子弹 ㉗ 护木 ㉘ 两脚架 ㉙ 导气筒 ㉚ 刺刀座

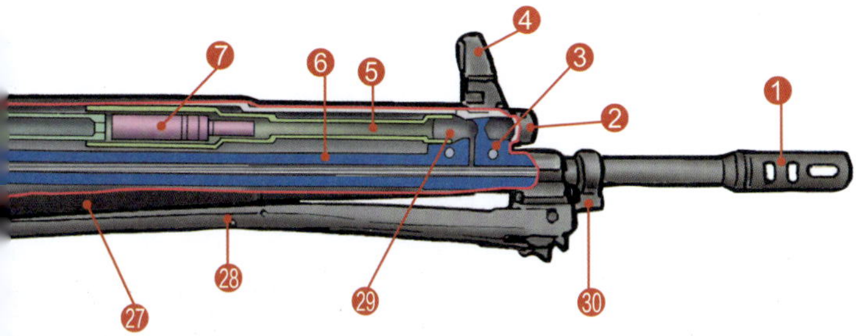

89 式步枪的拆卸十分简单，它的特征是扳机、阻铁、击锤、弹簧等零件都被容纳在被称为“扳机组”的金属框架（图中淡蓝色网状部分）内，构成了一个整体。

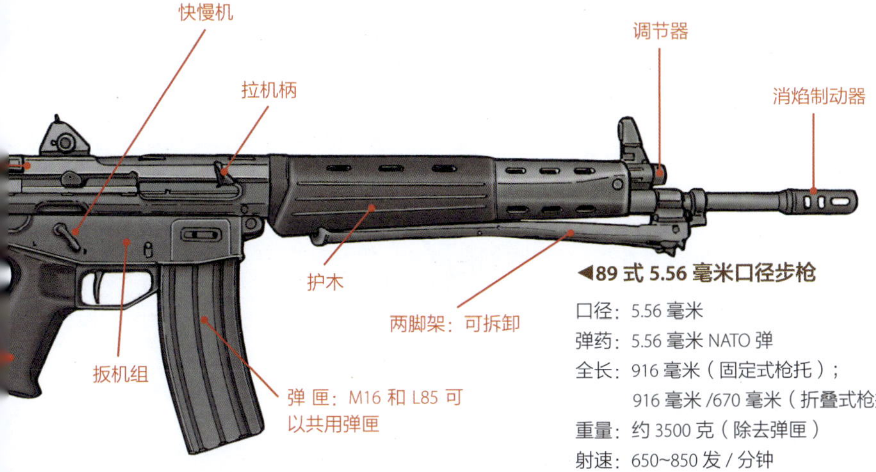

◀89 式 5.56 毫米口径步枪

口径：5.56 毫米
弹药：5.56 毫米 NATO 弹
全长：916 毫米（固定式枪托）；
916 毫米 /670 毫米（折叠式枪托）
重量：约 3500 克（除去弹匣）
射速：650~850 发 / 分钟
有效射程：500 米

㊀ 枪榴弹：适用于 89 式（64 式）的 06 式枪榴弹也被开发了出来。

35 H&K HK416（1）

H&K 公司以 M4 卡宾枪为原型改良的枪

HK416 的原型是 H&K 公司接受美军改造 M4 卡宾枪的订单㊀后完成的现代改造版枪型 HKM4，于 2005 年开始生产并售卖。

乍一看，HK416 只是在 M4 的基础上加装了皮卡汀尼导轨，但它在机匣部分采用了日益成熟的气动式（通过活塞连杆，以射击时的燃气压力推动枪机的运作方式）。目前，HK416 系列已有 A1-A5 共 5 种型号和 HK416C、HK416N、M27IAR㊁等衍生枪型㊂。

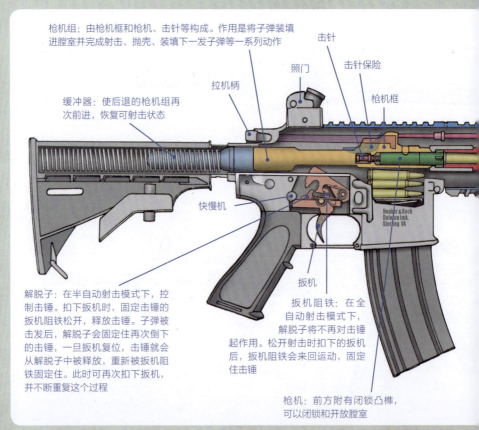

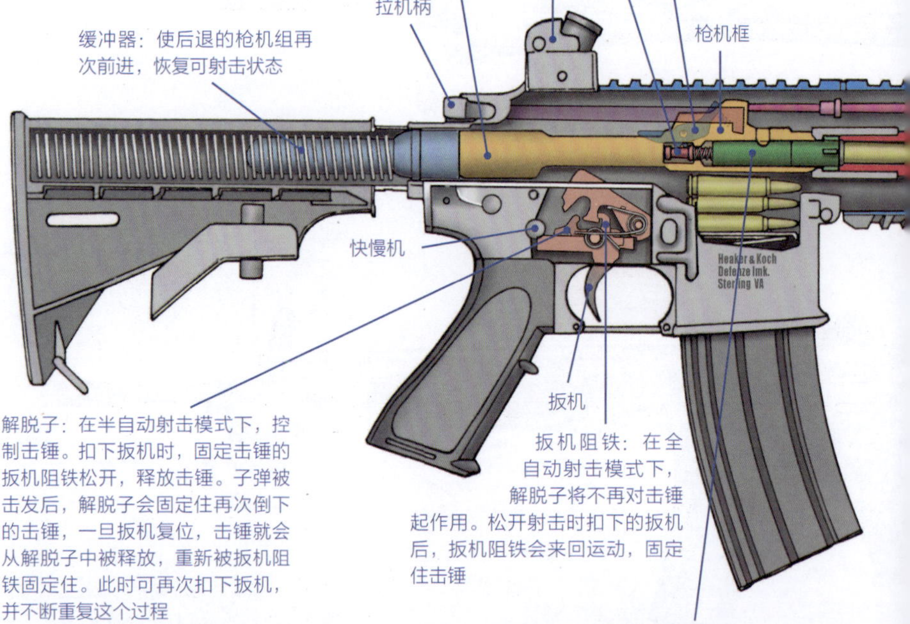
枪机组：由枪机框和枪机、击针等构成。作用是将子弹装填进膛室并完成射击、抛壳、装填下一发子弹等一系列动作
击针
照门
击针保险
拉机柄
枪机框
缓冲器：使后退的枪机组再次前进，恢复可射击状态
快慢机
Heckler & Koch Defense Inc. Sterling VA
解脱子：在半自动射击模式下，控制击锤。扣下扳机时，固定击锤的扳机阻铁松开，释放击锤。子弹被击发后，解脱子会固定住再次倒下的击锤，一旦扳机复位，击锤就会从解脱子中被释放，重新被扳机阻铁固定住。此时可再次扣下扳机，并不断重复这个过程
扳机
扳机阻铁：在全自动射击模式下，解脱子将不再对击锤起作用。松开射击时扣下的扳机后，扳机阻铁会来回运动，固定住击锤
枪机：前方附有闭锁凸榫，可以闭锁和开放膛室

㊀ M4 卡宾枪的改造订单：H&K 公司成功改造英军的 L85A1 之后，美国陆军也提出了改造请求。
㊁ IAR：Infantry Automatic Rifle 的首字母缩写。
㊂ 衍生枪型：还开发出了能够使用 7.62 毫米 ×51 毫米 NATO 弹的自动步枪——HK417。

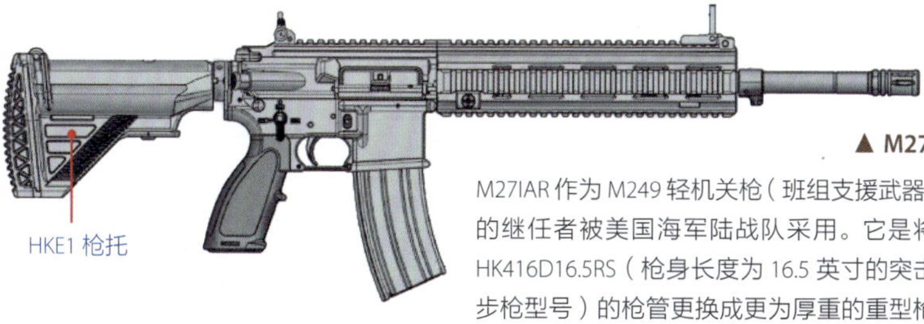
HKE1 枪托

▲ M27

M27IAR 作为 M249 轻机关枪（班组支援武器）的继任者被美国海军陆战队采用。它是将 HK416D16.5RS（枪身长度为 16.5 英寸的突击步枪型号）的枪管更换成更为厚重的重型枪管后的枪型。为了使用 STANG 弹匣，它的装弹量仅有 30 发，但因为使用起来很轻松，所以它不仅仅可以作为班组支援武器，也能够作为精确射击步枪。它装备的 HKE1 枪托里有可以收纳 6 个电池的防水格。

重量：约 3600 克　射速：750~800 发 / 分钟　有效射程：约 3600 米

●HK416 的构造

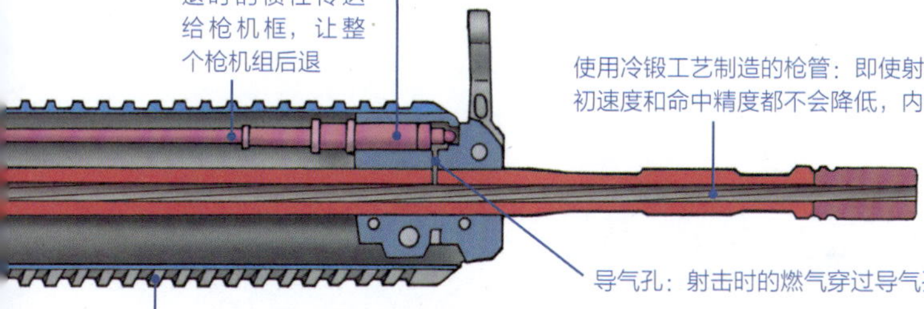
活塞连杆：虽然连接在枪机框上，但并未被固定。它可以将活塞后退时的惯性传达给枪机框，让整个枪机组后退
短冲程活塞式：内部的导气活塞在燃气压力的作用下短距离后退
使用冷锻工艺制造的枪管：即使射击 2 万次以上，枪口初速度和命中精度都不会降低，内有 6 条右旋膛线
导气孔：射击时的燃气穿过导气孔，推动活塞后退
皮卡汀尼导轨标准装备

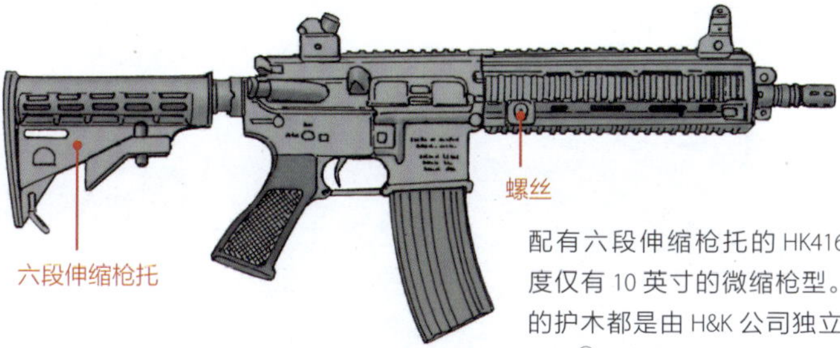
螺丝
六段伸缩枪托

▲HK416 D10RS

配有六段伸缩枪托的 HK416D10RS 是枪身长度仅有 10 英寸的微缩枪型。HK416 系列使用的护木都是由 H&K 公司独立设计的，被称为 FFRS㊀。这种护木上下左右都附有导轨，后方仅靠一根螺丝固定在机匣上。可以用背带上的金属配件或枪机卡榫旋转螺丝，将护木拆下。

㊀ FFRS：Free Floating Rail System 的首字母缩写。

36 H&K HK416（2）

短冲程活塞式的构造

短冲程活塞式是一种将子弹射击时产生的燃气从枪管里抽取一部分，并加以利用，从而开放膛室，使枪机后退的运作方式。

它的活塞并未与枪机框一体化，且可以通过活塞连杆冲击枪机框，利用冲击力使枪机框后退。枪机组的重量可以稍微缓冲一些后坐力，因此能让射击过程更为稳定。HK416通过改装短冲程活塞式，获得了巨大成功。

正在雪地训练中进行 HK416 射击的法国空降部队队员。法国陆军自 2017 年才宣布将 FA-MAS 换成 HK416，但特种部队和其他一些部队早就开始使用这种枪了。

● HK416 的运作方式

下图是 HK416 使用的短冲程活塞式的运作方式，膛室的闭锁和开放则使用枪机滚转式。

①装填状态

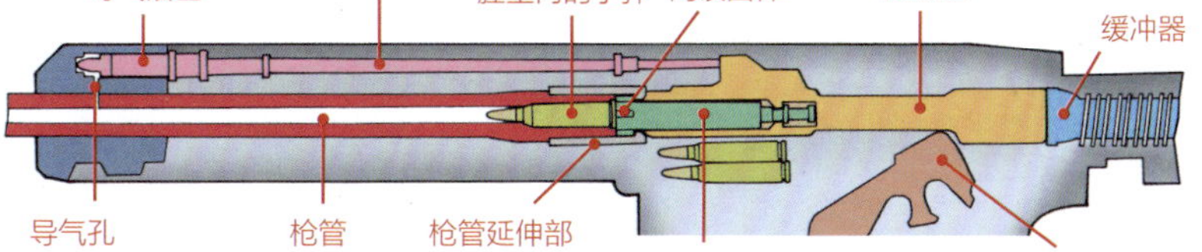

枪机位于枪机框内部，只有前端部分露出。枪机前端的闭锁凸榫与枪管的延伸部咬合，使枪机在被固定的同时，也闭锁了膛室。击针、枪机、枪机框等部件构成枪机组。

②发射子弹

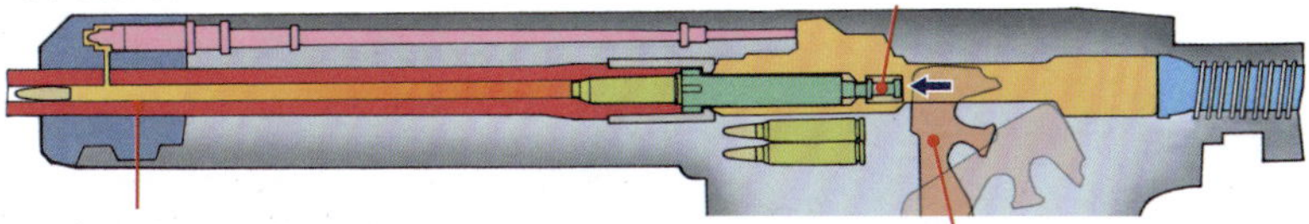

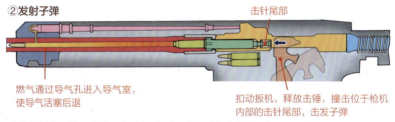

击发并射出子弹。随着子弹通过导气孔，射击时的产生燃气会流入导气室内，从而推动导气活塞向后退。

③抛壳

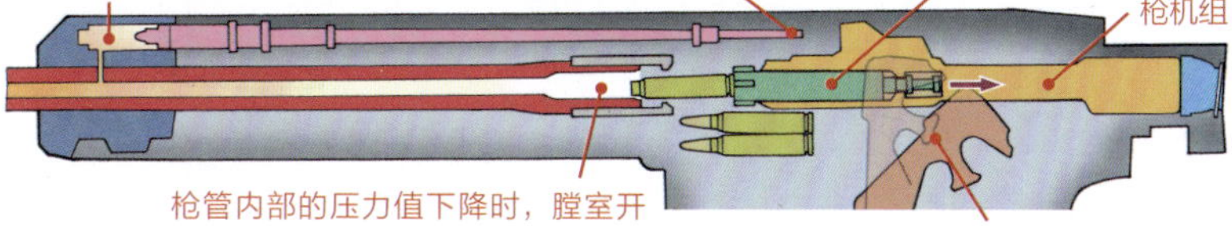

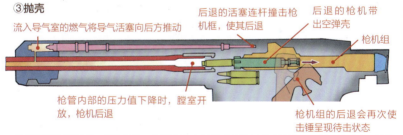

枪机框开始后退时，枪机旋转，闭锁凸榫和枪管延伸部的咬合被松开，并开放膛室。枪机则一边带出空弹壳，一边后退，枪机组整体向后。

④装填下一发子弹

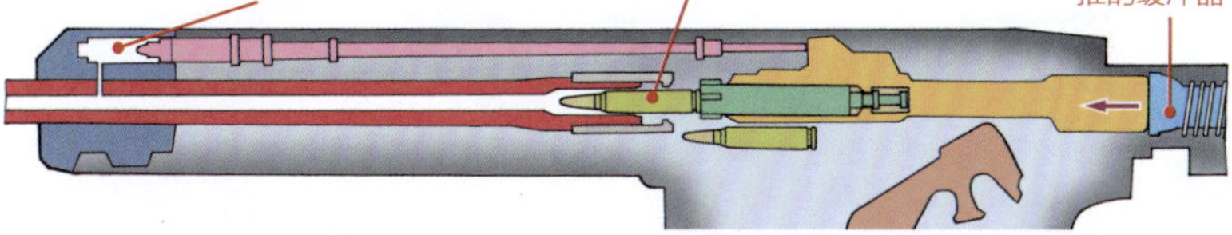

后退的枪机组在缓冲器的作用下被推向前方，同时装填下一发子弹。与此同时，枪机框的凸轮带动枪机逆时针旋转，使闭锁凸榫与枪管延长部咬合，固定住枪机，并闭锁膛室。

37 FN SCAR（1）

为特种部队开发的突击步枪

FN 公司开发的 SCAR㊀（特种部队专用战斗突击步枪）枪如其名，是专为特种部队开发的枪，它有两个型号，分别是使用 5.56 毫米 ×45 毫米 NATO 弹的 Mk.16SCAR-L（轻型）和使用 7.62 毫米 ×51 毫米 NATO 弹的 Mk.17SCAR-H（重型）。这两种枪型最大的特征就是，它们都不需要使用任何工具就能够进行拆解和维护，也能够装配各种战术附件。

FN SCAR-H（Mk.17）▼

2010 年被 SOCOM（美国特种武装部队）所采用，命名为 Mk.17。只需要更换模块就可以使用 6.8 毫米 ×43 毫米 SPC 弹㊁。

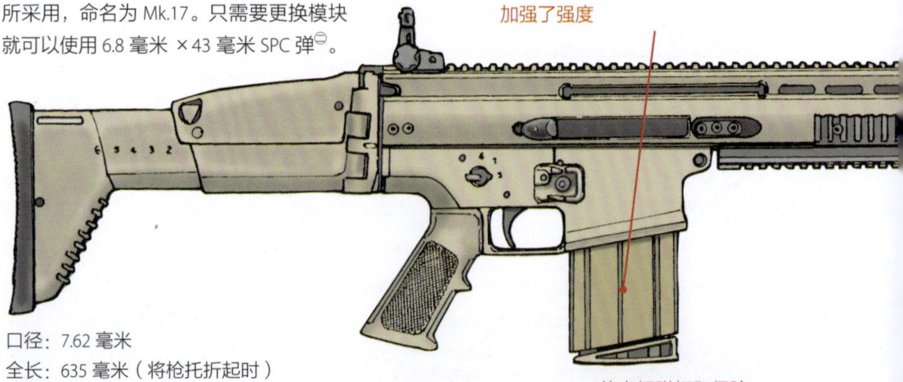

合成树脂材料制成的 30 发弹匣。为了使用大型 7.62 毫米 ×51 毫米 NATO 弹，弹匣也增大了体积，加强了强度

待击解脱杆和保险都是双边可操作的

枪托为折叠式，折叠状态下全长 533.4 毫米。打开时可以进行六段伸缩（枪的全长可以在 825.5~889 毫米之间变化）。还有能够根据身体条件调节贴腮高度的贴腮片

M16 型握把

同样是用合成树脂制造的 30 发弹匣

口径：7.62 毫米
全长：635 毫米（将枪托折起时）
重量：3580 克
射速：550~600 发 / 分钟
有效射程：600 米

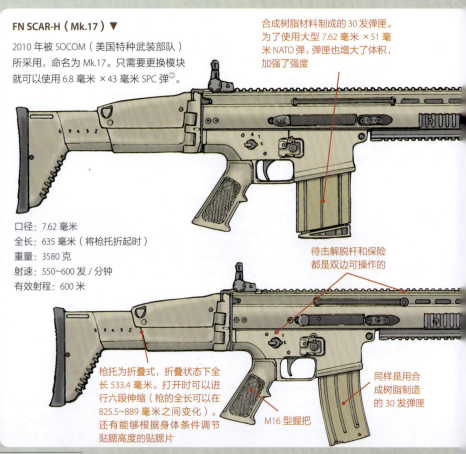

㊀ SCAR：Special operations forces Combat Assault Rifle 的首字母缩写。

㊁ 6.8 毫米 ×43 毫米 SPC 弹：随着防弹衣的发展，5.56 毫米 NATO 弹被指出有威力不足和远距离射击时精度较差等缺点，而 7.62 毫米 NATO 弹虽然威力十足，但对突击步枪来说却太过强劲，为了弥补这些缺点，SOCOM 开发出了这种子弹。

●第 75 游骑兵团士兵

游骑兵团是美国陆军的紧急调遣部队，能够在 18 小时以内向世界上任何一个地方派遣一个营的兵力，同时也为特种部队提供支援。2006 年，美国陆军为第 75 游骑兵团配备了 600 支 FNSCAR-L。

❶MICH 头盔（带夜视装置底座）❷ 通信系统 ❸PCWC 携板背心 ❹ACS（战术衬衫）❺ 大型多用途携行袋 ❻ 枪套（内装伯莱塔 M92FS）❼ 战术靴 ❽ACP（战斗裤）❾ 防毒面具包 ❿ 弹匣袋 ⓫ 战术手套

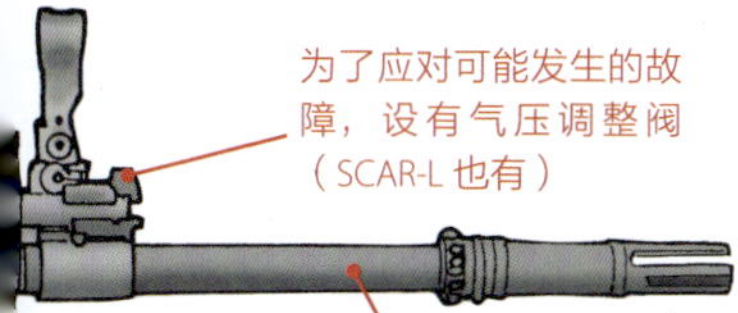
为了应对可能发生的故障，设有气压调整阀（SCAR-L 也有）
为了使用 7.62 毫米 ×51 毫米 NATO 弹，枪管管壁较厚。前端的消焰器也被加大了

1
2
3
4
5
6
7
8
9
10
11
7.62 毫米 ×51 毫米 NATO 弹
5.56 毫米 ×45 毫米 NATO 弹

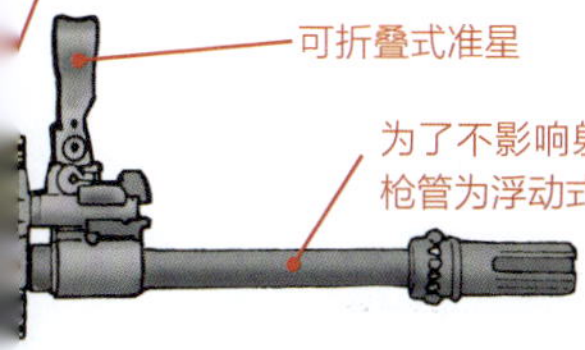
机匣部分使用的是合成树脂材料。上机匣装有皮卡汀尼导轨
可折叠式准星
为了不影响射击精度，枪管为浮动式

▲ FN SCAR-L（Mk.16）

SOCOM 于 2010 年 5 月将 SCAR-L 命名为 Mk.16，并采用为制式枪，但后来取消了。不过，美国海军在 2011 年再次将其作为 SEALs 的装备追加采购。

口径：5.56 毫米　重量：3290 克（图中的基础枪型）
射速：550~600 发 / 分钟　有效射程：500 米

38 FN SCAR（2）

FN SCAR 详细的部件构成

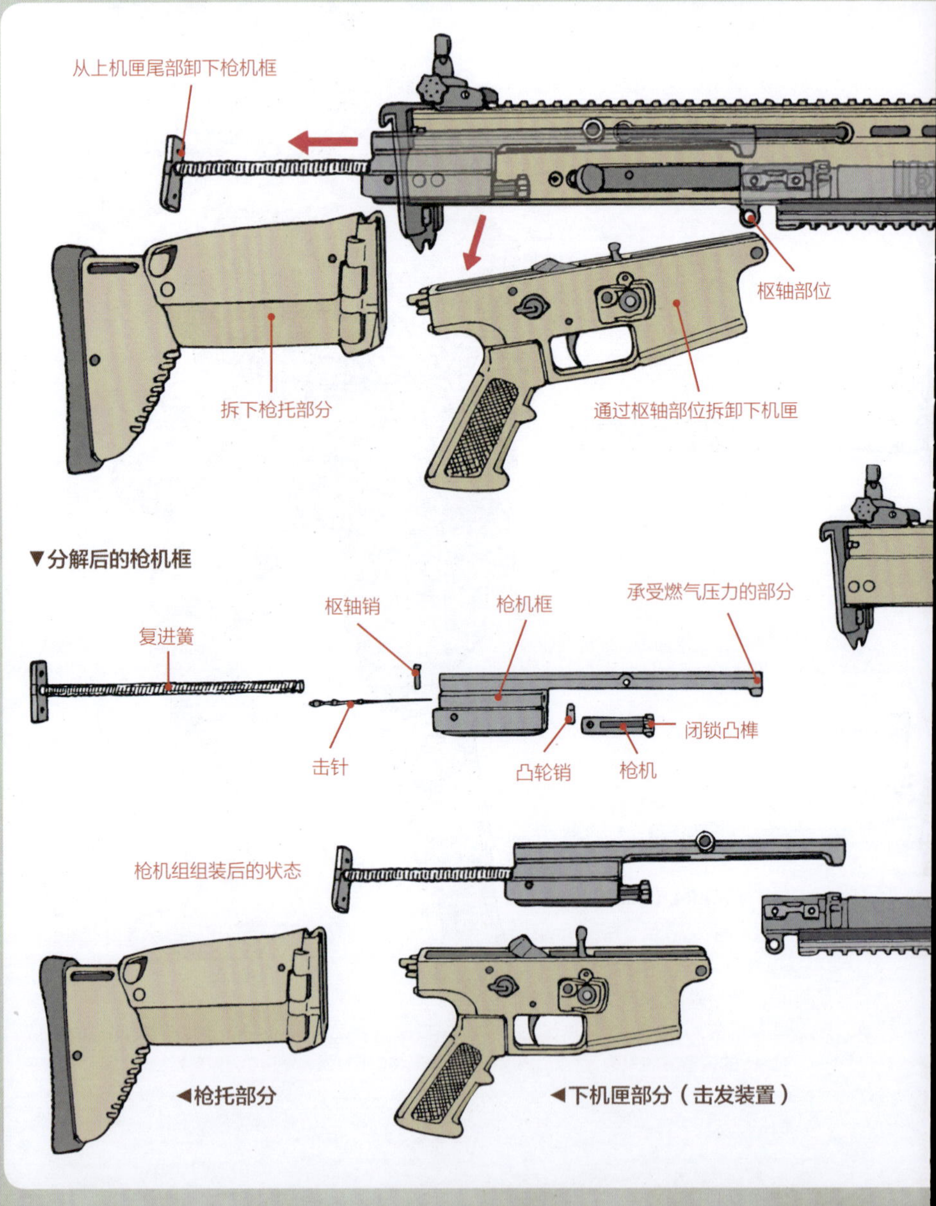

FNSCAR 采用的运作方式是比较简单的短冲程活塞气动式，即将燃气压力作为驱动力。在这种运作方式下，射击时产生的燃气会推动枪机后退，导气活塞需要移动的距离也很短。枪机框的前端在感受到射击时的燃气压力后，就会带动枪机一起后退。

膛室的闭锁机构采用转栓式闭锁方式。M4 和 G36 也采用了同样的方式，在枪机框前后移动时，凸轮销带动枪机旋转，与此同时，枪机前端的闭锁凸榫与膛室末端的凹槽嵌合，完成膛室的闭锁和开放等一系列动作。此外，为了避免发生故障，它在导气活塞部位加入了能够保持一定燃气压力的气压调整阀。

分解 FNSCAR ▼

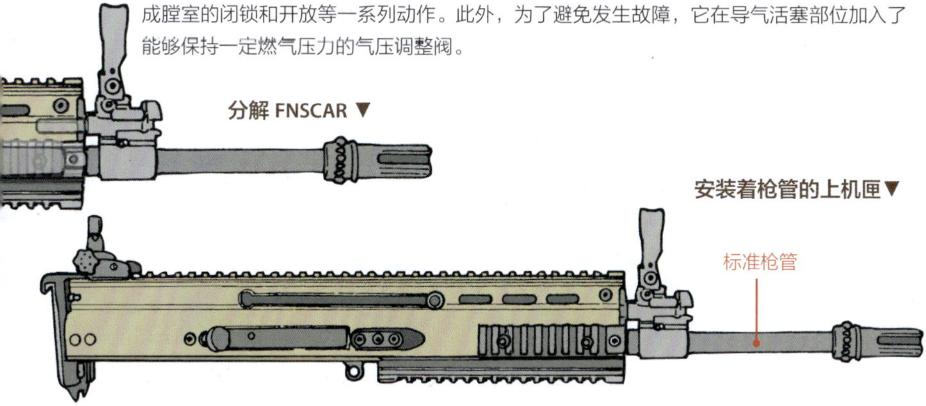

安装着枪管的上机匣▼

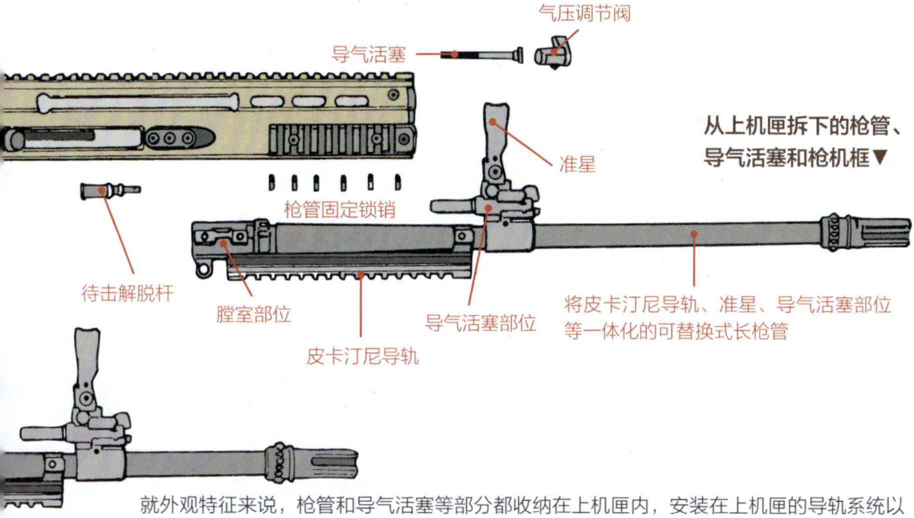

从上机匣拆下的枪管、导气活塞和枪机框▼

就外观特征来说，枪管和导气活塞等部分都收纳在上机匣内，安装在上机匣的导轨系统以及下机匣部分的外观都和 M4 十分相似。此外，折叠式枪托也是其特征之一。

FNSCAR 配有 3 种类型的可替换式枪管。首先是 SCAR-L，有 245 毫米 CQC（近战型）短枪管、355 毫米 STD（普通型）标准枪管和 457 毫米 LB（长射程型）长枪管。其次是重型 SCAR-H，配有 330 毫米 CQC 短枪管、406 毫米 STD 标准枪管和 508 毫米 LB 长枪管。这是为了让使用者无须在不同情况下使用不同的枪，而只需更换枪管就能适应从近战到长距离的射击需求。

39 其他突击步枪

各国独立开发的突击步枪

除了 M16 和 AK74 等主流突击步枪以外，本书还在各国独立开发的突击步枪中选取了一些比较有趣的枪型。

IMI 加利尔 ▶

全长：979 毫米
重量：3950 克
装弹量：35 发
射速：650 发 / 分钟
有效射程：450 米

装备了以 AK-47 为原型的制式步枪 Rk60/72 的现代化枪型 SAKO Rk95 的芬兰国防军士兵。

口径：7.62 毫米
全长：935 毫米
重量：3700 克
（图片来源：Suomen puolustus voimat）

伯莱塔 AR70/90 ▶

全长：998 毫米
重量：3990 克
装弹量：30 发
射速：650 发 / 分钟
有效射程：500 米

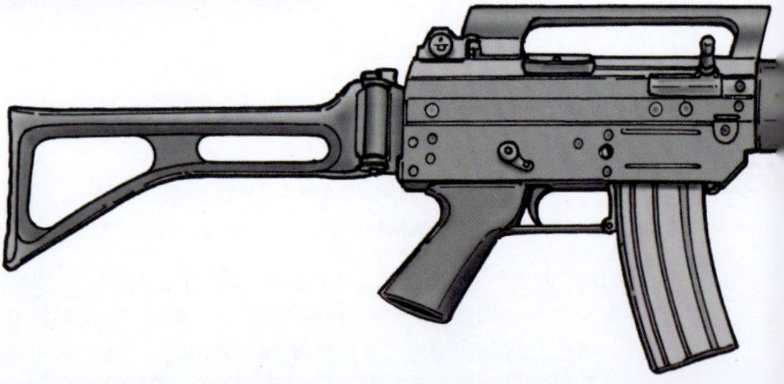

右侧照片中的是意大利军队打算替代伯莱塔 AR70/90 的下一代装备——ARX160㊀。它大面积使用了聚合物等新材料。照片中为 16 英寸枪型。

口径：5.56 毫米
全长：820/920 毫米
重量：3100 克
射速：700 发 / 分钟

1973 年被以色列国防军采用为制式枪的突击步枪，哥伦比亚等国也将它作为制式枪采用。它是以 AK47 为原型设计的，击锤、阻铁和扳机等击发装置与 AK47 完全相同，但它使用的子弹是 5.56 毫米 ×45 毫米 NATO 弹，提高了连射时的命中精度。此外，还有系统化 ARM（可以作为轻机枪使用）、AR（手枪等使用聚合树脂的枪型）、SAR（短枪管的卡宾枪型）、微型卡利尔（缩短枪管后的突击卡宾枪）和使用 7.62 毫米枪弹的枪型（ARM 、AR、SAR）。

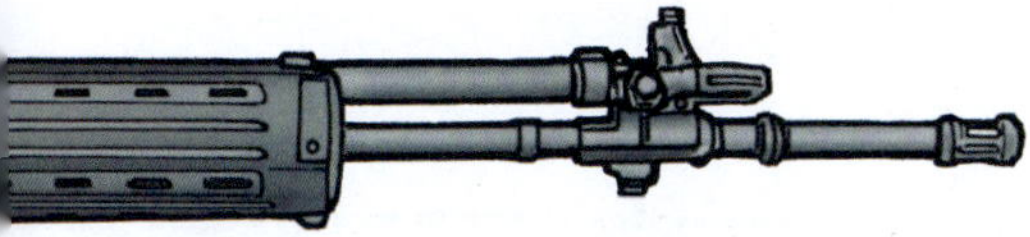

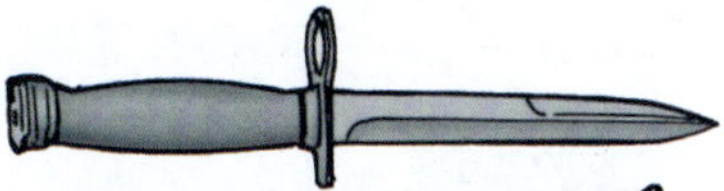

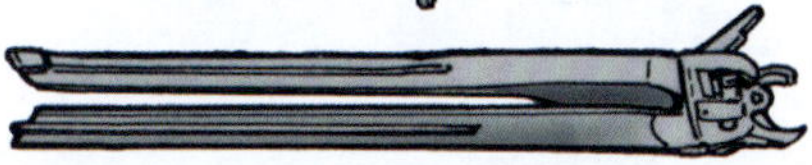

1990 年，经过伯莱塔公司和 SIG 公司共同开发的 AR70/223 和改良版 AR70/78，被意大利军队采用为制式枪并命名为 AR70/90。它可以双手操作，运作方式为长冲程导气活塞式，膛室的闭锁方式为转拴式闭锁。

㊀ ARX160：在意大利的“未来士兵计划”的背景下被开发出来。

子弹和突击步枪的发展

第一支真正的突击步枪

士兵托付生命的步枪，是他们所持有的基本武器。早期的步枪都是栓动式，但在第二次世界大战开始后，自动步枪和突击步枪逐渐崭露头角。

虽然没有明确的说法，但如果非要给突击步枪下定义的话，它是一种由一名步兵携带，可以切换半自动 / 全自动 / 点射等射击模式的自动装填式步枪。枪本身和弹药的重量较轻，也就是说，它的重量和威力都在冲锋枪之上，又逊于使用全装负荷的步枪弹的旧式步枪。

突击步枪的鼻祖是由德国开发的 StG44，可是与其说它是一支真正的突击步枪，不如说它是确定了突击步枪这一概念的原型。那么，第一支真正的突击步枪是什么呢？是由米哈伊尔 · 卡拉什尼科夫设计的 AK47，产自苏联。它使用 7.62 毫米 ×39 毫米子弹，可以执行半自动 / 全自动射击，操作方式简单，即使在使用时不加注意，也能够顺利运作。此外，在极寒和高温地区，甚至沙漠地带等极端环境下都可以使用，可靠性极高。缺点是在自动射击模式下，枪身极不稳定，命中精度较差，但它仍是全球现役步枪中的畅销枪型，并有许多衍生枪型。

另一方面，如前所述，德国在第二次世界大战中设计出了突击步枪的原型，又在战后由 H&K（Heckler & Koch）公司设计开发了 G3。1964 年，G3 被西德军队纳入制式枪队伍，它采纳了沃尔特公司制造的 Mkb42（W）中使用的枪机回转式闭锁机构。就这样，在 20 世纪 60 年代，各国开发出了各种各样的突击步枪，现在仍是畅销枪型的美国的 M16 也是在

▶SIG SG550

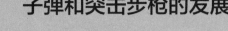

全长：998 毫米
重量：4100 克
装弹量：30 发
射速：600~900 发 / 分钟
有效射程：700 米

这个时期诞生的。

子弹的小口径化和小型化

随着突击步枪的普及，所用子弹的小口径化和小型化也进一步加快。由于使用大口径子弹的步枪无法装备连射机构，所以子弹的小口径化和小型化对于实现步枪的连射功能是必不可少的。另外，子弹的小型化还能让士兵在同等的负重和空间条件下携带更多子弹。

美国在第一次世界大战和第二次世界大战期间使用斯普林菲尔德0.30英寸-06步枪弹（7.62毫米×63毫米），后来在20世纪50年代更换为7.62毫米×51毫米NATO弹。这种子弹在第二次世界大战后，被欧洲各国采用为统一武器规格。而原本M21狙击步枪和M60冲锋枪使用的是和0.308英寸温彻斯特步枪弹几乎相同的0.300英寸萨维奇步枪弹（7.6毫米×51毫米子弹）。另外，非美国制造的杰出突击步枪H&K G3和FNFAL也在使用7.62毫米×51毫米NATO弹。

7.62毫米×51毫米NATO弹的弹道稳定性强，破坏力也强，但后坐力也相对较强，连射时射击精度下降。而就在此时，出现了适合连射模式的0.223英寸雷明顿步枪弹，并在此基础上诞生了5.56毫米×45毫米NATO弹。

被美军命名为M193并作为制式枪采用的M16A1使用的是5.56毫米×45毫米子弹，也就是0.223英寸雷明顿步枪弹。然而，后来出现了弹道更加低伸、贯穿力更强的新型5.56毫米×45毫米SS109枪弹，北约（NATO）军队便将它采用为新型标准子弹。为了适应这种新型标准NATO弹，M16接受了改良，诞生了能够使用SS109枪弹（美军称其为M855）的M16A2。这样看来，0.223英寸雷明顿步枪弹可以说是促进了M16突击步枪的发展。目前，SS109枪弹在许多突击步枪中都有使用。

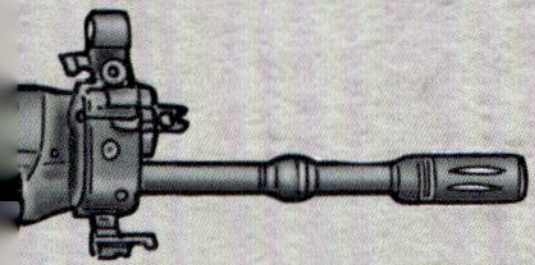

永久中立国瑞士为实现武器的国产化，枪均由该国的SIG公司开发。SIG SG550突击步枪使用的是5.56毫米×45毫米子弹，采用半自动/全自动/3发点射结构。据说命中精度为世界第一，因此也被作为狙击步枪（SG551/P）使用。瑞士军队于1985年将其命名为StG90，并作为制式枪使用。

●弹药的比较

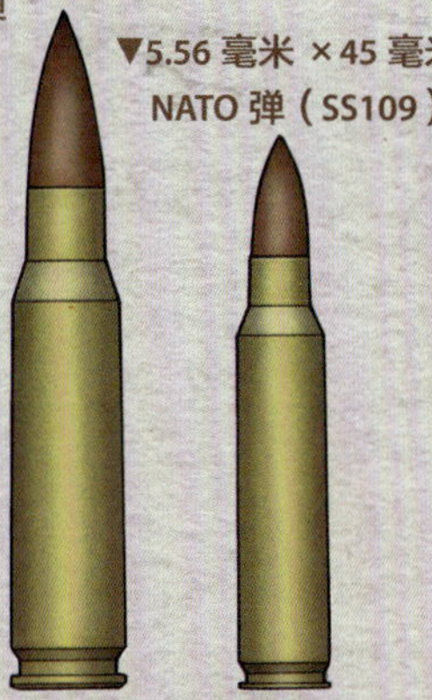

二战后突击步枪的变化趋势

大量使用工程塑料

1980 年以来，随着玻璃纤维等复合材料的发展，枪械材料也迎来了革命。在此之前，枪的主体零件都是用钢材或铝材切削或冲压成型的。原本工程塑料只在握把和枪托等部位使用，现在从握把到枪托都由工程塑料制作出一体化的枪主体，再组装扳机结构、枪机、枪管等部分，最终制造出了像斯太尔 AUG 那样的新结构枪。而正是工程塑料的诞生，使这一切成为可能，由它做出的一体化框架，足以承受射击时产生的冲击力。

还有，工程塑料生产过程简单，不会因外界的温度和湿度变化导致射击进程失去控制，且不易被腐蚀。此外，以工程塑料和氯丁橡胶等材料组合的枪主体，能够吸收射击时的后坐力，让枪更好掌控。总的来说，工程塑料是一种用于制作零件时精度很高，又容易加工的材料。

►64 式步枪

64 式步枪由丰和工业株式会社开发，是日本在二战后开发的第一种突击步枪，于 1964 年被采用为制式枪。考虑到与美军的弹药兼容性，它使用了与 M14 同规格的子弹。此外，它与 62 式机关枪的弹药兼容性也相当好，使用 7.62 毫米子弹（7.62 毫米 ×51 毫米），运作方式为使用气动式的短冲程活塞式，配合使用枪机偏移式的闭锁结构。射击模式分为半自动 / 全自动模式（连射速度 500 发 / 分钟），虽然命中精度高，但在使用 7.62 毫米子弹进行全自动射击时，以当时的日本人的体型来说很难控制住枪。

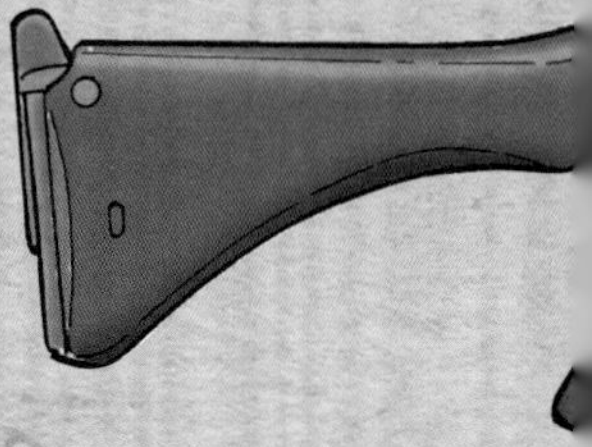

►XM-8

XM-8 是一款使用了大量工程塑料等新型材料的枪。上机匣部分搭载先进的多功能瞄具模块（由红点指示器、红外线照射装置、4 倍光学瞄具组成）。此外，它无须使用特殊工具，用手就可以拔下销栓，完成枪管和枪托部件的更换。它的运作方式为气动式的短冲程活塞式。最大的特征是使用了模块化武器系统，可以通过直接更换枪管和枪托等部分来组成新的射击结构，以胜任适合近战的小型卡宾枪、用于日常作战的突击步枪、用于班组支援的自动步枪等多个角色。还可以安装 40 毫米榴弹发射器和 12 号霰弹枪。

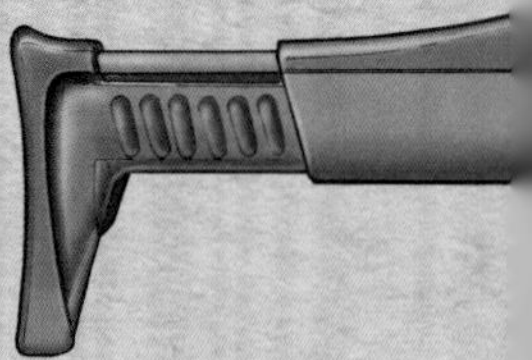

随着工程塑料的使用范围进一步拓展，出现了像德国采用的制式突击步枪 G36 那样，在可动零件和扳机结构上也使用工程塑料的枪。日本的陆上自卫队也在 1964 年采用了 64 式步枪之后，于 1989 年采用了使用复合材料的 89 式步枪来接替 64 式步枪的位置。

进入 20 世纪 90 年代后，步枪更多地面向 21 世纪。以色列的 IMI 公司和新加坡的特许工业公司分别开发了塔沃尔 21 和 SAR-21。这些突击步枪都采用了无托结构，包括枪身在内，多数零件使用了聚合物材料，极其轻便、结实。

XM-8 和 HK416

此时受到材料革命影响的美军下一代突击步枪，正是由 H&K 公司开发的 XM-8。它的形状以人体工程学为基础，在设计上与人体十分契合。夸张点说，工程塑料可以被设计并加工成任何形状，所以能够解决后坐力这个最大的问题的同时，还能提高命中精度。但是 XM-8 并未被军方采用，美军决定继续使用 M16 和 M4。

有趣的是，21 世纪初在面向特种部队的突击步枪试选中不太显眼的 HK416，近年来却逐渐崭露头角。它是由采用气体直推式的 M16 改良为短冲程活塞式之后诞生的枪型，其性能之优越，吸引了各国军队和警察的关注，目前它的市场占有率仍在扩大。

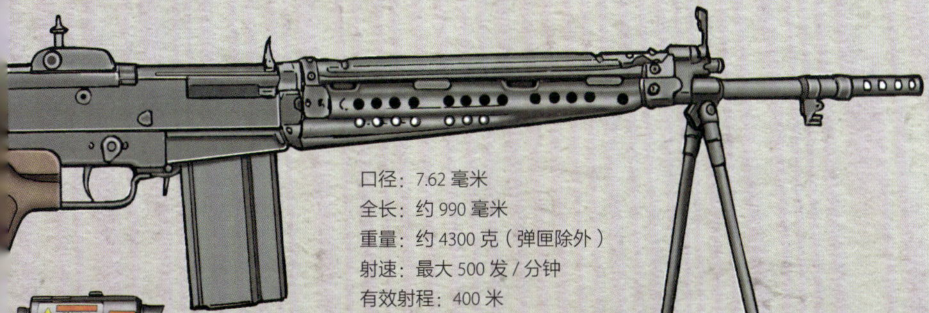

口径：7.62 毫米
全长：约 990 毫米
重量：约 4300 克（弹匣除外）
射速：最大 500 发 / 分钟
有效射程：400 米

口径：5.56 毫米
全长：840 毫米
重量：3400 克
装弹量：30 发
射速：750 发 / 分钟
有效射程：500 米

40 M24SWS

由猎枪改良而成的狙击步枪

美国陆军在20世纪80年代之前，都在使用从M14自动步枪改良而来的M21狙击步枪，后来在寻求下一代狙击步枪时，在海军陆战队㊀

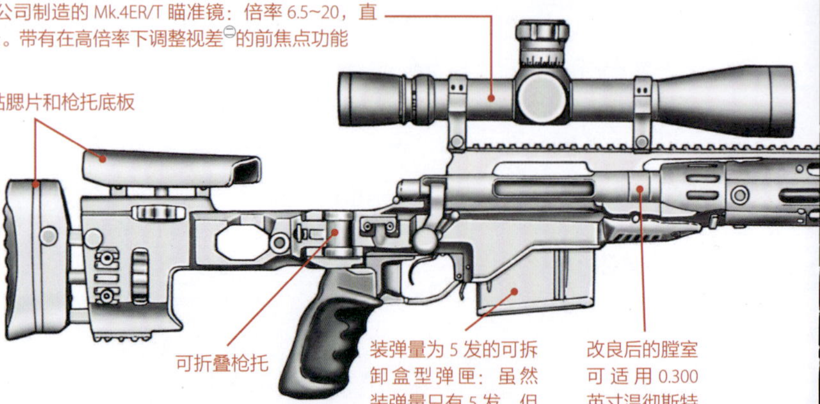
里奥波特公司制造的Mk.4ER/T瞄准镜：倍率6.5~20，直径50毫米。带有在高倍率下调整视差㊁的前焦点功能
可调节式贴腮片和枪托底板
可折叠枪托
装弹量为5发的可拆卸盒型弹匣：虽然装弹量只有5发，但M24本身采用的是内藏式的固定弹匣
改良后的膛室可适用0.300英寸温彻斯特马格南弹

以M24SWS为原型开发的XM2010（采用了M24的枪机部分和机匣）是一款被美国陆军采用的制式枪。使用的子弹由7.62毫米×51毫米NATO弹变更为了0.300英寸温彻斯特马格南弹。

口径：7.62毫米　全长：1180毫米
重量：5500克　装弹量：5发
有效射程：1200米

M24被世界范围内的军队和警察作为狙击步枪使用，日本陆上自卫队也从2002年开始，以M24对人狙击步枪的名称将其引入，到2015年为止，共采购了1300支。照片中是正在使用M24进行射击训练的陆上自卫队狙击手。该队员隶属于普通科连队中的狙击队，通常由狙击手和观察员两人一组行动。

㊀ 海军陆战队：美国海军陆战队将以雷明顿M700为原型开发的狙击步枪命名为M40并采用为制式枪。
㊁ 视差：标线（设置在瞄准镜视野范围内的瞄准参考线）随着观察瞄准镜的角度不同，从目标物体上发生偏移。

颇有成就的 M700 进入了美国陆军的视野。最后开发出集合了雷明顿公司的狩猎用栓动步枪 M700 远程狙击版的机匣部分、HS 精确公司制造的枪托、里奥波特公司制造的 M3 超级瞄准镜、哈里斯公司制造的两脚架的 M24。美国陆军在 20 世纪 80 年代末将其采用为制式狙击步枪。此外，枪本身，瞄具以及两脚架、工具和保养用具等附属品都可以收纳在硬盒中以降落伞包的方式投放的枪型被称为 M24SWS[㊀]。

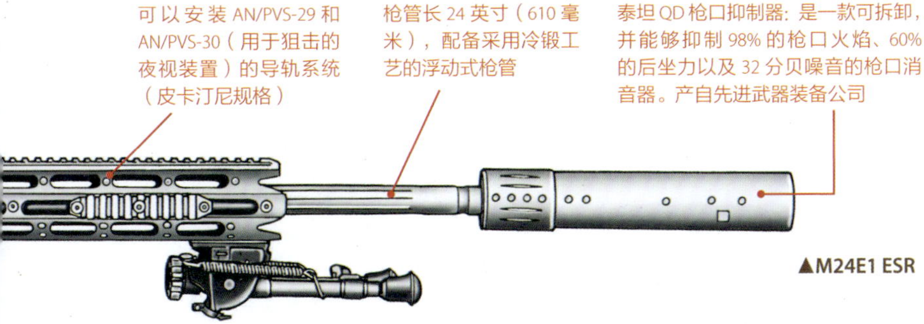
可以安装 AN/PVS-29 和 AN/PVS-30（用于狙击的夜视装置）的导轨系统（皮卡汀尼规格）
枪管长 24 英寸（610 毫米），配备采用冷锻工艺的浮动式枪管
泰坦 QD 枪口抑制器：是一款可拆卸，并能够抑制 98% 的枪口火焰、60% 的后坐力以及 32 分贝噪音的枪口消音器。产自先进武器装备公司

▲M24E1 ESR

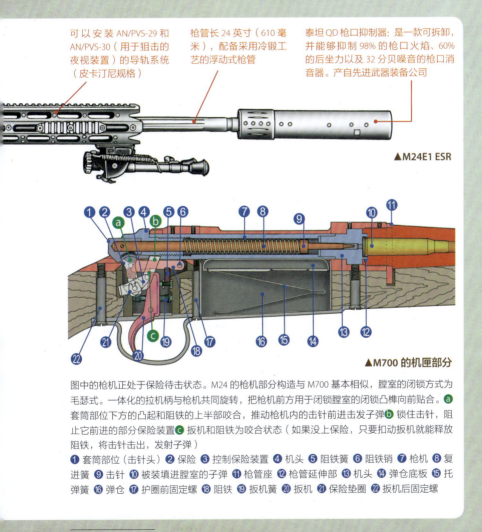

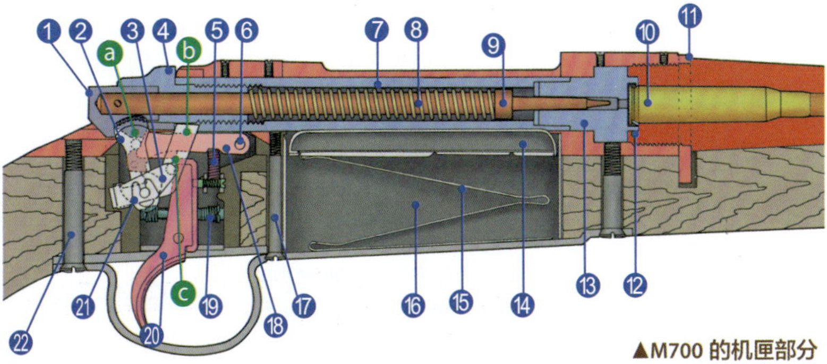

▲M700 的机匣部分

图中的枪机正处于保险待击状态。M24 的枪机部分构造与 M700 基本相似，膛室的闭锁方式为毛瑟式。一体化的拉机柄与枪机共同旋转，把枪机前方用于闭锁膛室的闭锁凸榫向前贴合。ⓐ套筒部位下方的凸起和阻铁的上半部咬合，推动枪机内的击针前进击发子弹ⓑ锁住击针，阻止它前进的部分保险装置ⓒ扳机和阻铁为咬合状态（如果没上保险，只要扣动扳机就能释放阻铁，将击针击出，发射子弹）

❶ 套筒部位（击针头）❷ 保险 ❸ 控制保险装置 ❹ 机头 ❺ 阻铁簧 ❻ 阻铁销 ❼ 枪机 ❽ 复进簧 ❾ 击针 ❿ 被装填进膛室的子弹 ⓫ 枪管座 ⓬ 枪管延伸部 ⓭ 机头 ⓮ 弹仓底板 ⓯ 托弹簧 ⓰ 弹仓 ⓱ 护圈前固定螺 ⓲ 阻铁 ⓳ 扳机簧 ⓴ 扳机 ㉑ 保险垫圈 ㉒ 扳机后固定螺

㊀ SWS：Sniper Weapon System 的首字母缩写。

41 L96A1

英军的高性能狙击步枪

L96A1㊀是由精密国际公司开发的栓动式狙击步枪，使用 7.62 毫米 ×51 毫米 NATO 弹。L115A1 是以 L96A1 为原型制造的 AW㊁（北极战）枪型，使用温彻斯特马格南弹。右侧照片为正在使用 L115A3 进行射击的英国陆军狙击手。

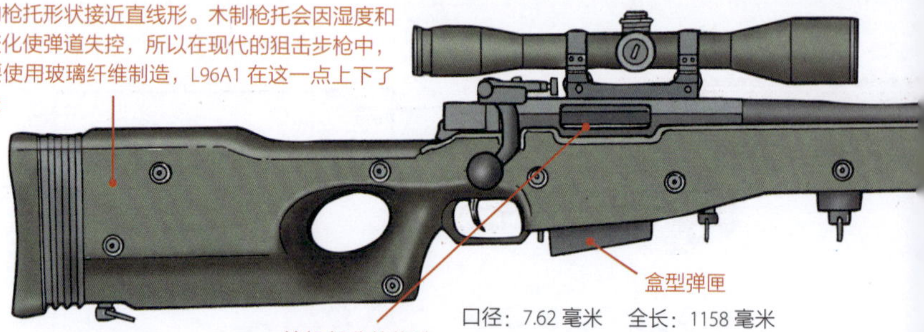

带指孔的枪托形状接近直线形。木制枪托会因湿度和温度的变化使弹道失控，所以在现代的狙击步枪中，枪托主要使用玻璃纤维制造，L96A1 在这一点上下了很大功夫
盒型弹匣
枪机部分的构造可以防止结冰

口径：7.62 毫米　全长：1158 毫米
重量：6500 克　装弹量：6 发
有效射程：800 米

L115A3▼ 全长：1200 毫米（0.300 英寸温彻斯特马格南弹）/1230 毫米（0.338 英寸拉普阿弹）
重量：6500 克（0.300 英寸温彻斯特马格南弹）/6900 克（0.338 英寸拉普阿弹）
装弹量：5 发
有效射程：1100 米（0.300 英寸温彻斯特马格南弹）/1500 米（0.338 英寸拉普阿弹）

AW 步枪为了防止枪机部位在极寒地区被冻住，采取了在枪机侧面刻画一条沟槽等防寒对策，为了让士兵能够在戴着连指手套的情况下射击，还扩大了扳机护圈，这些措施使它在零下 40 摄氏度的环境中也能够进行射击。AWM㊂枪型对 AW 步枪的枪管和膛室做了改造，让它可以射击 7 毫米雷明顿、0.300 英寸温彻斯特（7.62 毫米 ×67 毫米）、0.338 拉普阿（8.6 毫米 ×70 毫米）等马格南弹。英军在 2007 年采用 L115A1（使用 0.338 英寸拉普阿弹）为制式枪后，替换下了 L96A1。后来又在 L115A1 上进行了诸多改造，诞生了以兼具枪口制动器功能的消音器为标准装备的 L115A3。

㊀ L96A1：被采用为制式步枪之前的名称是 PM 狙击步枪。
㊁ AW：Arctic Warfare 的首字母缩写。
㊂ AWM：Arctic Warfare Magnum 的首字母缩写。

第1章 步枪/突击步枪　第2章 机枪　第3章 手枪　第4章 霰弹枪/其他

◀L96A1

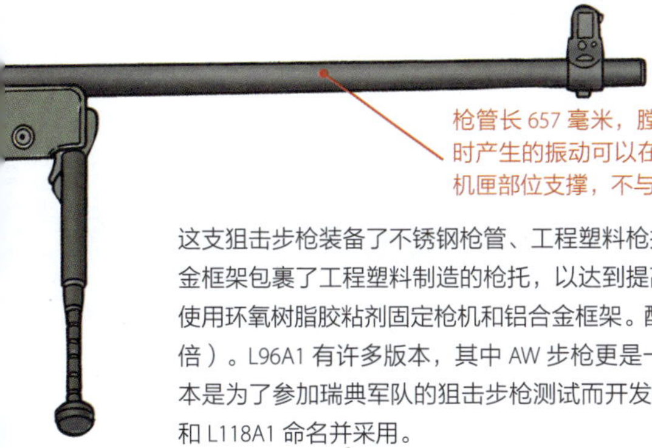

枪管长 657 毫米，膛线每 305 毫米旋转 1 圈（缠度 1/12）。射击时产生的振动可以在一定程度上防止弹道偏移，是一种枪管只靠机匣部位支撑，不与枪托接触的浮动式构造

这支狙击步枪装备了不锈钢枪管、工程塑料枪托和两脚架。它的特征是在枪托两侧用铝合金框架包裹了工程塑料制造的枪托，以达到提高耐久度和减轻重量的目的，而机匣部位则使用环氧树脂胶粘剂固定枪机和铝合金框架。配备的标准瞄具为施密特本德瞄准镜（6×42 倍）。L96A1 有许多版本，其中 AW 步枪更是一支可以在极寒地区使用的狙击步枪。它原本是为了参加瑞典军队的狙击步枪测试而开发的枪，后来被瑞典和英国军队分别以 PSG90 和 L118A1 命名并采用。

42 M110SASS

半自动式狙击步枪

狙击步枪大多采用栓动式，这跟它使用的子弹是有关系的。由于自动步枪的复杂结构使射击时有发生故障的危险性，狙击步枪一般都由狙击手根据自己的喜好手制㊀子弹。

以往的自动狙击步枪，仅有由 H&K 公司的 PSG-1 和 G3 突击步枪改造而来的 G3SG-1 等枪。然而，进入

由骑士装备公司开发的半自动狙击步枪 SR-25 被美国陆军命名为 M110SASS㊁并采用。从 2008 年起，它作为狙击步枪取代 M24SWS 被配备至军中。这是因为，在伊拉克战争中，美军发现射击速度快、可以快速装填的 M110SASS 更适合用于执行城市内的狙击任务（将狙击小组部署到观测点，通过狙击行动支援友方地面部队的作战计划。与精准射手的任务不同）。然而它没有受到狙击手们的欢迎，仅被作为主力狙击步枪 M2010 的辅助使用。

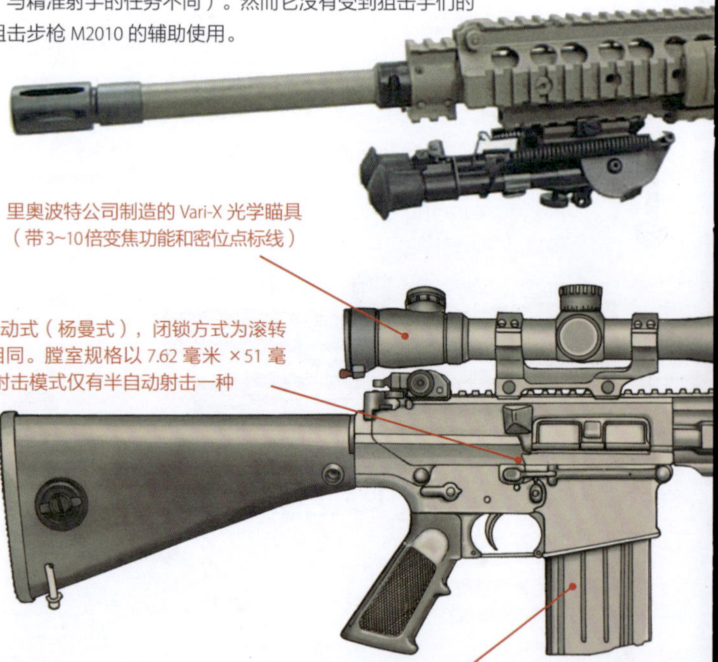
里奥波特公司制造的 Vari-X 光学瞄具（带 3~10 倍变焦功能和密位点标线）
运作方式为延迟气动式（杨曼式），闭锁方式为滚转式闭锁，与 M16 相同。膛室规格以 7.62 毫米 ×51 毫米 NATO 弹为准。射击模式仅有半自动射击一种
装弹量为 10 发，甚至 20 发的盒型弹匣

㊀ 手制：为了提高命中精度，自己动手制作枪的子弹，替换弹头，更改火药的种类和剂量等等。
㊁ SASS：Semi-Automatic Sniper System 的首字母缩写。

21 世纪后，人们无须手制，也能制造出威力足够大的子弹，自动狙击步枪的性能也得到了提升，具有杰出的连射能力的自动狙击步枪也因此被重新看待。这样一来的结果就是诞生了以 M110 为代表的狙击步枪。

以骑士装备公司的 SR-25 为原型开发的 Mk.11。被美国海军以及海军陆战队采用，使用 7.62 毫米 ×51 毫米 NATO 弹。它虽然与陆军的 M110 十分相似，但在细节处有所不同。

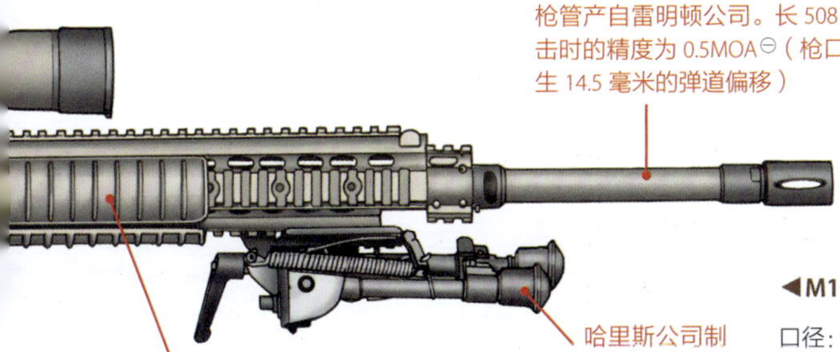

枪管产自雷明顿公司。长 508 毫米，为浮动式枪管。射击时的精度为 0.5MOA㊀（枪口和目标距离 100 米时会产生 14.5 毫米的弹道偏移）
哈里斯公司制造的两脚架
机匣上半部分和护木部分配置了 20 毫米皮卡汀尼导轨，可以安装战术附件。因为采用了浮动式枪管，所以护木只和机匣前端接合

◀M110 SASS

口径：7.62 毫米
弹药：7.62 毫米 ×51 毫米 NATO 弹
全长：1118 毫米
重量：4810 克
装弹量：5 发 /10 发 /20 发
有效射程：600 米

㊀ MOA：参照 104 页。

43 SVD德拉贡诺夫

具有代表性的俄式狙击步枪

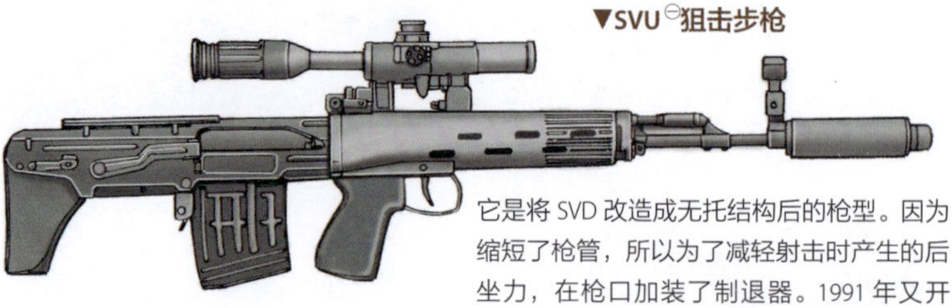

▼SVU[㊀]狙击步枪

它是将SVD改造成无托结构后的枪型。因为缩短了枪管，所以为了减轻射击时产生的后坐力，在枪口加装了制退器。1991年又开发了加入全自动射击模式的SUV-A枪型。

●SVD德拉贡诺夫的构造

❶扳机 ❷击锤 ❸击锤簧 ❹击针 ❺枪机（将子弹装填进膛室并将其闭锁，射击后开放膛室进行抛壳，内部装有击针）❻导气孔 ❼枪管 ❽导气活塞（短冲程式）❾活塞导杆（把因燃气压力后退的活塞的力量传导给枪机框，使其后退）❿枪机框 ⓫阻铁 ⓬扳机阻铁（用于固定和释放扳机）⓭复进簧（让后退的枪机框再次前进）⓮SOP-1光学瞄准镜

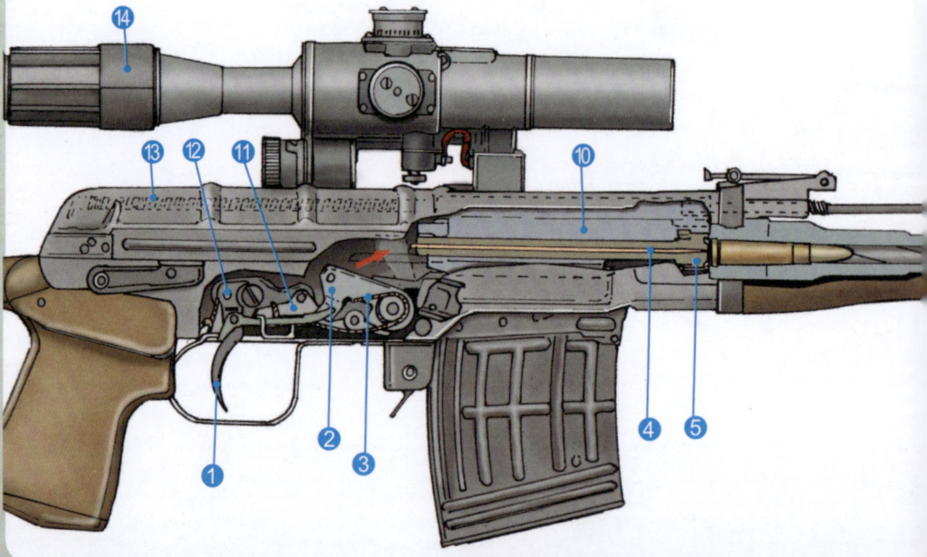

㊀ SVU：Snaiperskaya Vintovka Ukorochennaya的首字母缩写。

SVD 德拉贡诺夫是一款半自动狙击步枪，与其他狙击步枪相比它的命中精度较低，但枪身坚固，使它可以经受住一定程度的粗暴使用。它在实战中的有效射程是 800 米。由于木制零件在通过夜视装置观察时会发光，所以俄方将这些木制零件都改为使用聚合物制造，又经过了一些改良才投入使用。

▼俄罗斯联邦 MVD（内务部）国内特种部队狙击手

插图为 21 世纪初，手持德拉贡诺夫的狙击手。

❶MASKA-1Sch 头盔 ❷林地迷彩外套（外套内是防弹衣）❸肩带 ❹林地迷彩 BDU 裤 ❺RIM1 特种部队军靴 ❻德拉贡诺夫弹匣袋（可以收纳弹匣和瞄准镜）❼德拉贡诺夫狙击步枪（伊孜玛什工厂生产的德拉贡诺夫现代化枪型。整体略微缩短，握把和护木为聚合物制造。图中是采用可折叠式枪托的 SVDS 枪型）

口径：7.62 毫米
弹药：7.62 毫米 ×54 毫米 R 步枪弹
全长：1217 毫米
重量：4400 克
装弹量：10 发

44 反器材步枪

以大口径子弹准确打击目标的反器材步枪

反器材步枪是狙击步枪中的一个分支。它的口径达到了 12.7 毫米，远远大于普通的 7 毫米口径狙击步枪。

▼巴雷特 M82

口径：12.7 毫米
全长：1450 毫米
重量：14000 克
装弹量：10 发
有效射程：1800 米

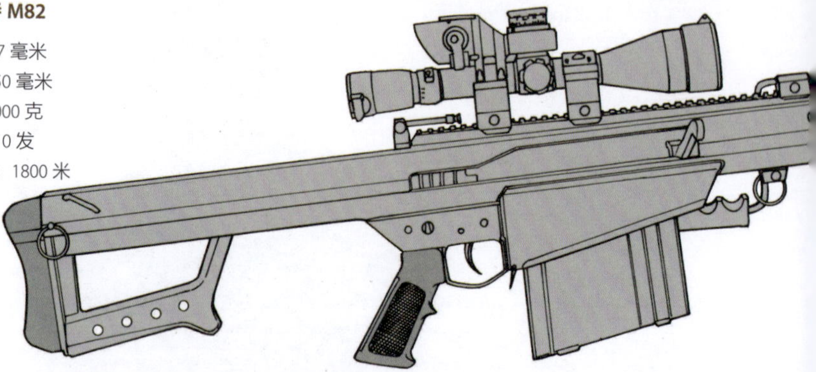

▼AW50

口径：12.7 毫米
全长：1420 毫米
重量：15000 克
有效射程：约 500 米

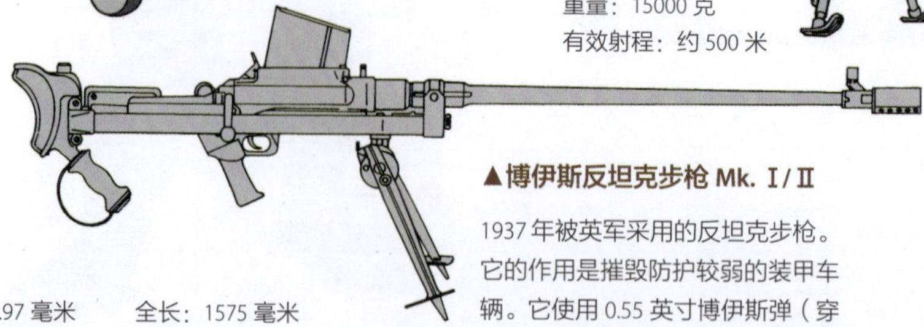

▲博伊斯反坦克步枪 Mk. Ⅰ/Ⅱ

1937 年被英军采用的反坦克步枪。它的作用是摧毁防护较弱的装甲车辆。它使用 0.55 英寸博伊斯弹（穿甲弹）可以贯穿大约 90 米远的约 18 毫米的装甲钢板。

口径：13.97 毫米
全长：1575 毫米
重量：15875 克
装弹量：5 发
有效射程：274 米

在第二次世界大战中使用的反坦克步枪也是反器材步枪中的一种，但是后坐力极强，单人射手很难连续进行射击。

现代的反器材步枪有了很大的进步，它的后坐力被减轻到了最低限度，在制造上也实现了精密射击的可能，只靠 1 名射手就可以完成连射。

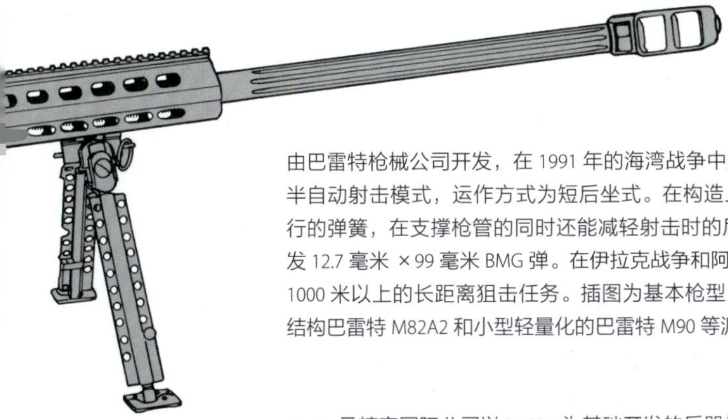

由巴雷特枪械公司开发，在 1991 年的海湾战争中受到广泛关注。它采用半自动射击模式，运作方式为短后坐式。在构造上，它有两根与枪管平行的弹簧，在支撑枪管的同时还能减轻射击时的后坐力。弹匣内装有 10 发 12.7 毫米 ×99 毫米 BMG 弹。在伊拉克战争和阿富汗战争中，它执行过 1000 米以上的长距离狙击任务。插图为基本枪型 M82A1，此外还有无托结构巴雷特 M82A2 和小型轻量化的巴雷特 M90 等派生枪型。

AW50 是精密国际公司以 L96A1 为基础开发的反器材狙击步枪。它采用栓动式，为了减轻射击时产生的强后坐力，在枪口装有巨大的枪口制动器，枪托后部则带有一个橡胶材质的后脚架。由于枪身过长，所以携行时可以对枪托部分进行折叠。

●瞄准归零

使用安装在枪上的瞄准镜射击目标时，将瞄准镜调整到能够使子弹正中目标物体中心的过程就叫作瞄准归零。假设要命中距离 300 米处的物体，那么将瞄准镜调整归零后射击出的子弹应当以微微朝上的角度离开枪口，在空中划出一条抛物线。那么在飞过 300 米的距离后，子弹即可命中目标。

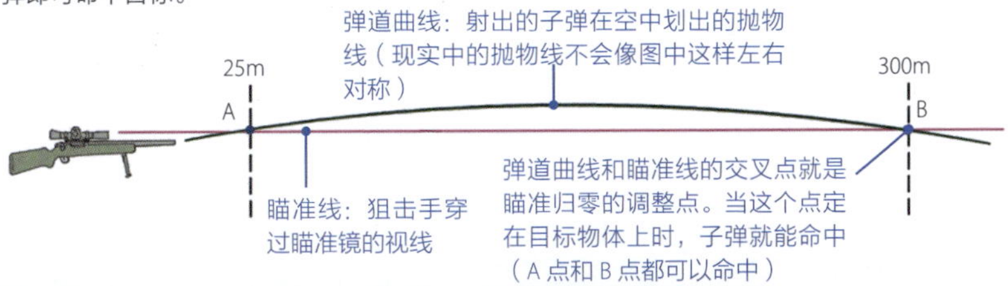

45 步枪瞄准镜

在狙击中必不可少的瞄准镜是怎样的构造?

在狙击行动中使用的步枪，都装有瞄准镜（光学瞄具）。瞄准镜可以扩大目标，使瞄准过程更加轻松，还能通过调整令瞄准线与着弹点一致，是远距离精准射击中必不可少的装备。

●瞄具的构造

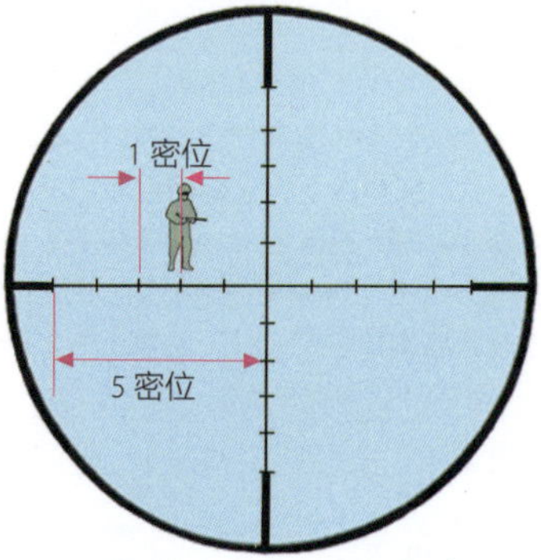

◀瞄准镜

插图为十字瞄准镜中的一种。内部有纵横的瞄准线（瞄准用标线），每条十字瞄准线上都有刻度。1 单位刻度代表 1 密位（密位：MIL 为角度单位，1 公里处的 1 米高的物体的高度角相当于 1 密位）。如插图中的人看起来约高 2 密位，而人体身高约为 1.8 米，那么与这个人的距离就约等于 900 米，可以像这样通过瞄准镜计算出距离。此外还有和 MIL 相似，用于表示射击角度的单位——MOA[㊀]。它的用法是，1MOA 代表 100 码处的 1 英寸物体的高度角，如果目标物体在 10 米处，则为 2.8 毫米。

▶瞄具的构造

通过步枪机匣部位的支架安装的瞄准镜有许多类型，在瞄准方式上也多种多样。最常见的是十字瞄准镜，它内部有用垂直线和水平线组合而成的瞄准线。这种类型瞄准镜的特征就是上半部分和中心区域很清晰，视野也很宽阔。图中的瞄准线在第一聚焦平面上，也有将瞄准线放在第二聚焦平面上的类型。

瞄准镜内部有双重构造。可以通过旋转仰角调整旋钮和风偏调整旋钮上下左右移动校正管（图中的绿色部分。内部有倒像镜片组和瞄准线），调整瞄准线

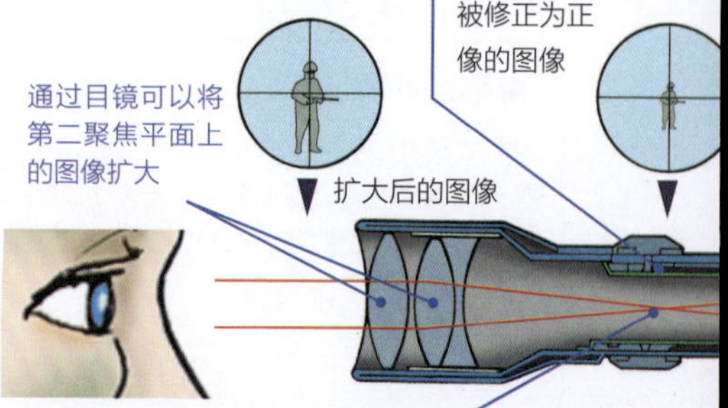

从瞄准镜的构造上来说，人眼距离目镜 5~10 厘米时看到的图像是最为清晰的，这个距离也被称为出瞳距离

通过倒像镜组在第二聚焦平面将倒像修正为正像。目标的缩小化正立图像将呈现在这里

㊀ MOA：Minute of Angle 的首字母缩写。

Rifles & Assault rifles

正在调整瞄准镜的美国海军陆战队狙击手。射击距离越长，发射出去的子弹受到风力和重力的影响就越大，狙击手需要在计入这一影响后进行瞄准。大多数狙击手都会选择带有变焦功能，倍率在 5 倍至 25 倍之间的瞄准镜。一般来说，低倍率用来监视，狙击时会使用高倍率，但高倍率会让视野变得十分狭窄，使用起来难度更大。

倍率调节环（调节焦距）

镜座环

仰角调整旋钮（调节上下角度）

锁定环

镜座

风偏调整旋钮（调整左右角度）。在瞄准镜左侧相同位置，有一个侧调焦旋钮

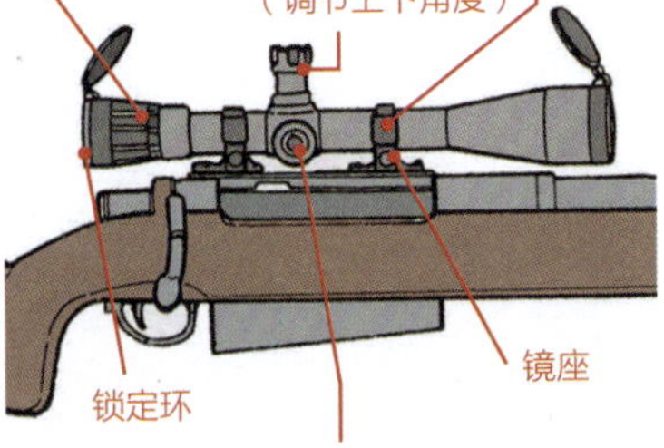

在用于精准射击的瞄准镜中，由于瞄准线在第二聚焦平面上，导致调焦时瞄准线与物镜的焦距产生偏差，即使能清晰地看见瞄准线，也会因为目标物体成像模糊无法瞄准（视差）。用于修正这个问题的就是侧调焦旋钮。

着弹点与阴影的关系▼

通过瞄准镜直视前方时，如果目标与十字线不一致，那么射出的子弹就无法命中。而当狙击手未能直视前方时，光圈的周围会出现阴影。

阴影　　　　　　　着弹点

直视前方时不会出现阴影

通过瞄准镜瞄准时，视野左侧出现阴影，着弹点将向右侧偏移

上方出现阴影时，着弹点将向下方偏移

下方出现阴影时，着弹点将向上方偏移

右侧出现阴影时，着弹点将向左侧偏移

聚光镜（作用与中继透镜类似，将第一聚焦平面的图像传递给第二聚焦平面）

物镜的倒像

第一聚焦平面位于瞄准线镜面上。换句话说，也就是瞄准线镜面上能呈现缩小的目标图像，再将图像与瞄准线镜面上的瞄准线对齐。在这种瞄准方式中，倍率越高，瞄准线的尺寸就越大，使用测距瞄准线时，不论倍率多大，都能测出正确距离

由目标折射来的光：以平行光线的形式进入瞄准镜内

物镜：实际上它是通过多枚镜片组成的。物镜越大，成像越明亮

倒像镜组：物镜捕捉到的图像是倒立的，所以需要通过倒像镜组来修正为正立图像。它还可以拉长焦距，只要调整前后距离，就可以改变焦距的倍数

物镜将光线聚集在焦点处

第 1 章 步枪/突击步枪　105

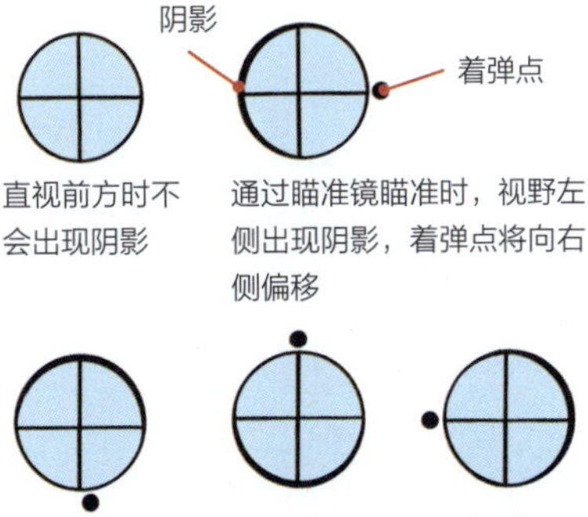

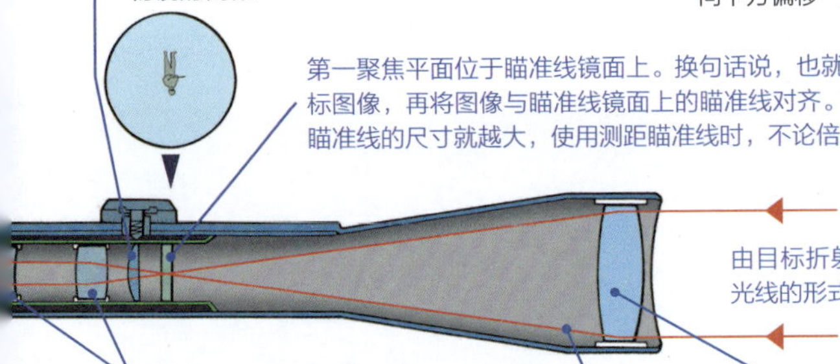

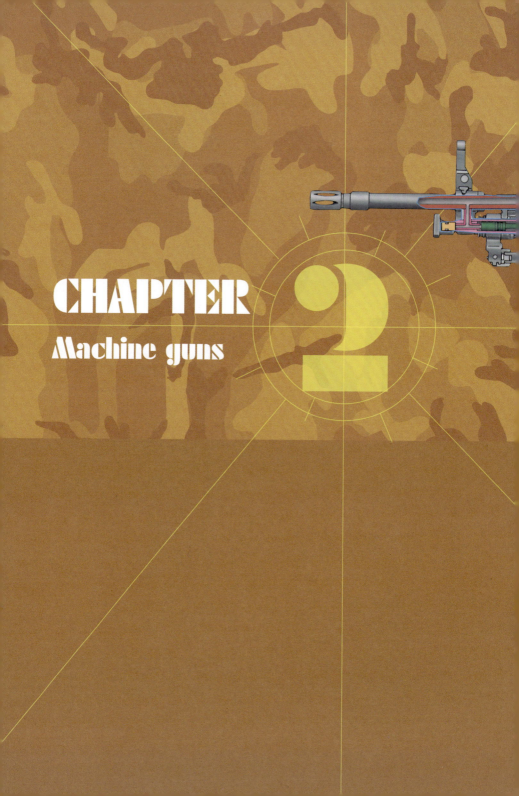

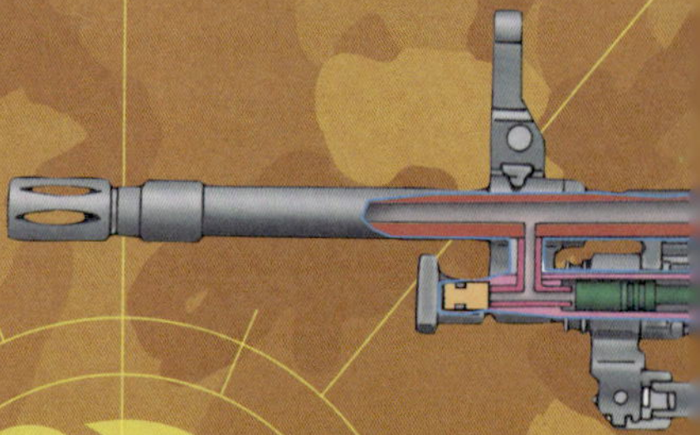

CHAPTER 2

Machine guns

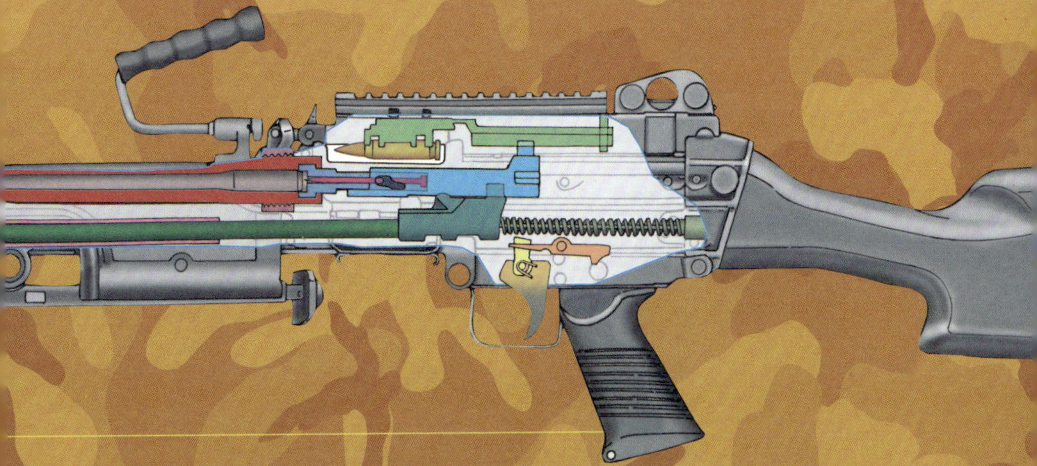

第2章

机 枪

能够连射大量子弹的机枪的登场，足以使陆上战斗的战术产生巨大的变化。

在本章中，我们将通过观看冲锋枪、重机枪、轻机枪、汲取前两者优点的通用机枪、SAW和PDW等多种多样的机枪的结构，尝试感受它在射击时的压迫力。

01 伯格曼MP18

第一次世界大战中杰出的冲锋枪

1914年8月第一次世界大战开战后，短短数月就进入了堑壕战阶段，1915年，战况始终处于胶着状态。单靠传统的步兵战术根本无法攻下由重机枪、铁丝网和战壕组成的敌方阵地。在这种情况下，为了增强堑壕战中进攻方的火力，能够全自动发射手枪子弹的冲锋枪㊀（短机枪）的开发也在不断推进。其中，德意志帝国开发制造的MP18尤为突出。

1918年3月，历史上第一支冲锋枪——MP18被德军大量投入到被称为皇帝会战的春季攻势中，MP18因此而闻名。

●M3冲锋枪

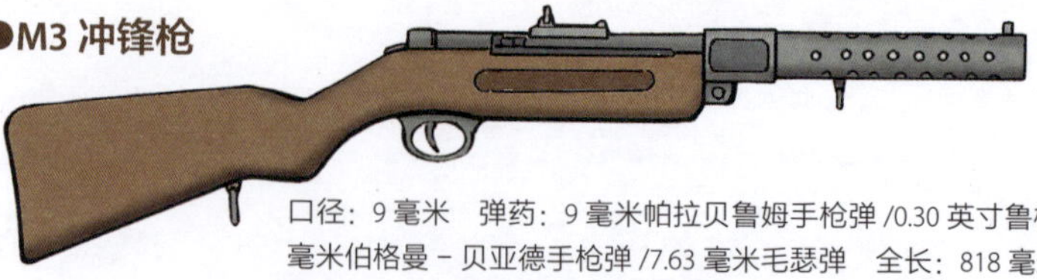

口径：9毫米　弹药：9毫米帕拉贝鲁姆手枪弹/0.30英寸鲁格弹/9毫米伯格曼－贝亚德手枪弹/7.63毫米毛瑟弹　全长：818毫米　重量：4350克　装弹量：32发　射速：350~400发/分钟（为了避免浪费子弹，射速被限制在较低水平）　有效射程：100米

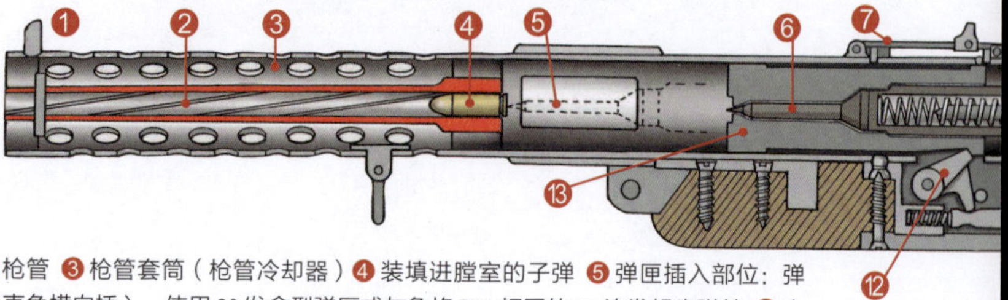

❶准星 ❷枪管 ❸枪管套筒（枪管冷却器）❹装填进膛室的子弹 ❺弹匣插入部位：弹匣与枪机呈直角横向插入。使用20发盒型弹匣或与鲁格P08相同的32连发蜗牛弹鼓 ❻击针 ❼照门 ❽复进簧和复进簧导杆 ❾枪托 ❿扳机：虽然只有全自动射击模式，但因为射速较低，所以可以通过改变扣动扳机的方式实现点射 ⓫脱扣杆 ⓬阻铁 ⓭枪机

可以在近距离以强大火力压制敌人的第一支冲锋枪是意大利的菲亚特（维勒·帕洛沙）M1915，但真正意义上拥有完整的冲锋枪职能的是德国伯格曼兵工厂开发的MP18。由雨果·施迈瑟㊁等人设计的这款冲锋枪，采取开放式枪机和自由枪机式运作方式，构造简单，适合大批量生产。

㊀ 冲锋枪：德国将它称为机关手枪。

㊁ 雨果·施迈瑟：被称为“冲锋枪之父”的枪械设计师。在伯格曼兵工厂的支持下，与父亲路易斯和创始人伯格曼一起研究开发了冲锋枪。

●德军暴风突击队的士兵

图为德军在 1915 年组建的暴风突击队（突击部队）的士兵。这支部队主要用于实施渗透战术，打破在堑壕战中胶着的战况。也就是将大量小分队投入战场，迂回至使用机枪等武器防御的敌军据点，持续以最低限度的攻击插入敌军防线后方（攻击敌军防线的薄弱处，侵入防线内部扰乱敌军部署）。在 1916 年 2 月的凡尔登战役中，他们首次进入战场，后来在 1918 年 3 月的皇帝会战中，成功地扭转了胶着的前线战况。暴风突击队的士兵为了与敌人展开近距离战斗，装备了冲锋枪、手榴弹、瞄准镜等装备。由于在攻击时需要施放毒气，为后续的炮击做准备，所以防毒面具也是他们必不可少的装备。

① M1916 钢盔　② M1915 野战服
③ 手榴弹包　④ 防毒面具盒
⑤ 刺刀　⑥ 铲子
⑦ M1915 野战裤　⑧ 绑腿
⑨ MP18 冲锋枪　⑩ 蜗牛弹鼓

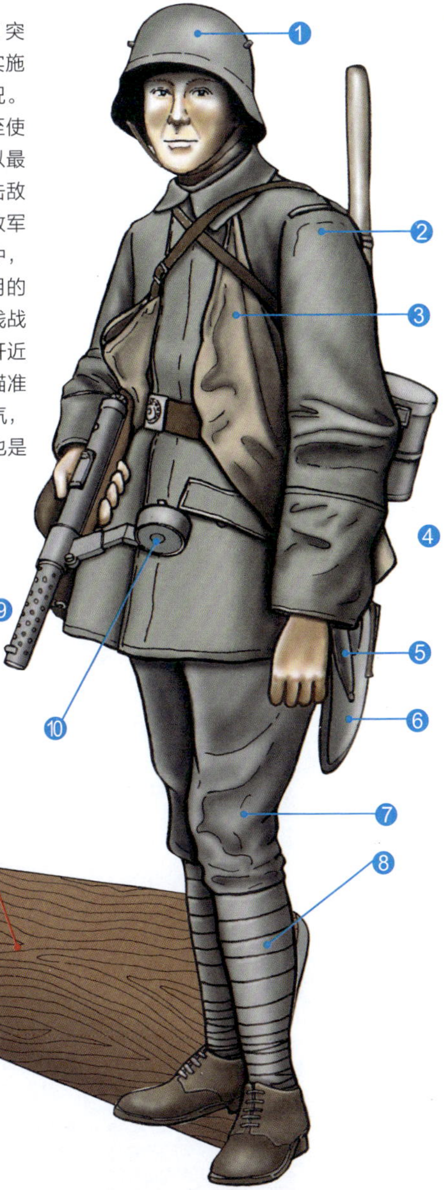

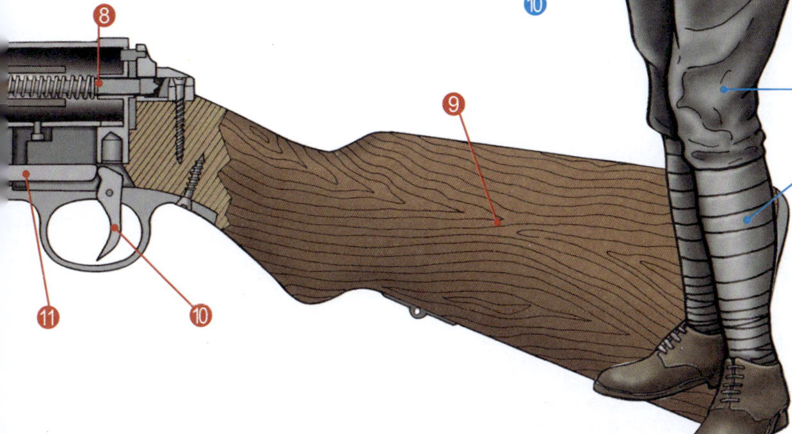

02 埃尔马兵工厂的MP38/40

第二次世界大战中具有代表性的冲锋枪

●MP40 的构造

①准星 ②枪管 ③枪管螺母 ④膛室 ⑤击针 ⑥枪机 ⑦缓冲簧 ⑧缓冲器 ⑨复进簧 ⑩照门 ⑪复进簧套管 ⑫枪托结合部 ⑬扳机簧 ⑭扳机 ⑮阻铁连杆 ⑯阻铁 ⑰下机匣固定螺栓 ⑱弹匣卡榫 ⑲弹匣：弹匣和弹匣槽同时起到可以控制后坐力的前握把的作用

口径：9 毫米
弹药：9 毫米帕拉贝鲁姆手枪弹
全长：630 毫米 /833 毫米（展开枪托时）
重量：4027 克
射速：500 发 / 分钟
装弹量：32 发
有效射程：100 米

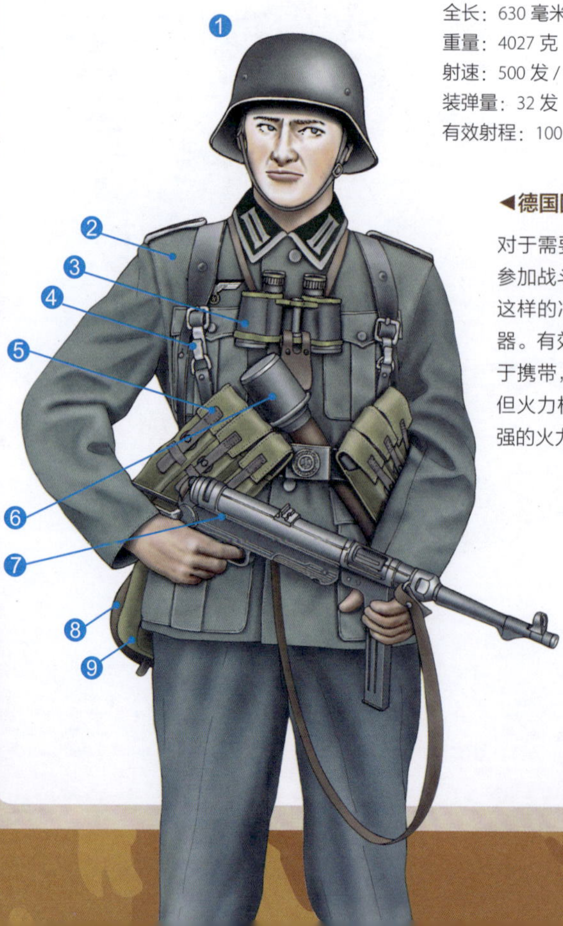

◀德国国防军下士军官

对于需要站在最前列指挥班组，参加战斗的下士军官来说，MP40 这样的冲锋枪是一种很高效的武器。有效射程短，却小巧轻便易于携带，虽然使用的是手枪弹，但火力相对集中，是一种机动性强的火力支援武器。

①1935型钢盔 ②1936型制服（在制定了 1940 型后仍有使用）③双筒望远镜 ④重型背带 ⑤弹匣袋 ⑥24型带柄手榴弹 ⑦MP40 ⑧M1938型水壶 ⑨MP408.M1931型面包袋

德军在第一次世界大战中首次将冲锋枪投入实战，在第二次世界大战中也相当重视冲锋枪的运用。被批量生产的 MP38 和 MP40 使用了大量冲压钢板和塑料，作为下士以上军衔士兵的装备，增强了以栓动步枪为主力武器的步兵部队的火力。

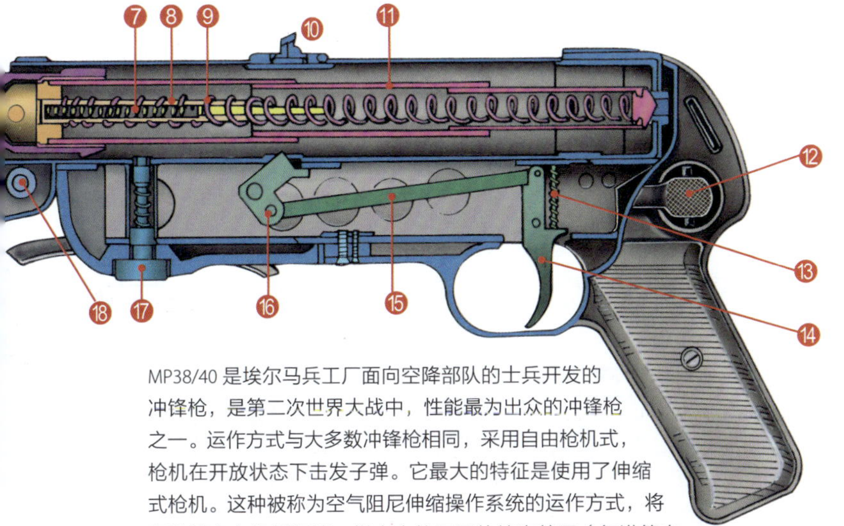

MP38/40 是埃尔马兵工厂面向空降部队的士兵开发的冲锋枪，是第二次世界大战中，性能最为出众的冲锋枪之一。运作方式与大多数冲锋枪相同，采用自由枪机式，枪机在开放状态下击发子弹。它最大的特征是使用了伸缩式枪机。这种被称为空气阻尼伸缩操作系统的运作方式，将复进簧套在像望远镜一样大小的不同伸缩套筒里（复进簧套筒），套筒前端则是击针。射击时这个装置能够像空气阻尼器一样，在限制连射速度的同时减轻后坐力，使枪控制起来更加得心应手，因此作为冲锋枪的 MP40 命中精度相当高。射击模式只有全自动一种。在以木制枪托为主流的时代，采用折叠式的金属制枪托也十分具有创新性。

MP38 ▶

于 1938 年被采用的第一版枪型。机匣使用钢管切削而成，握把框架使用铝合金材质。它的特征是弹匣槽侧面有一个圆形的孔洞，没有保险装置（为了防止走火，可以将枪机停止在前进状态的装置）。

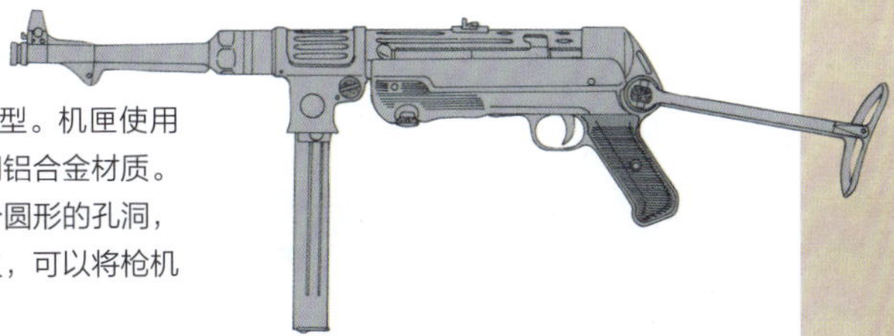

MP40 ▶

追加了保险功能，机匣和握把框架都是冲压成型后再焊接，提高了生产效率。它有多个变种枪型。

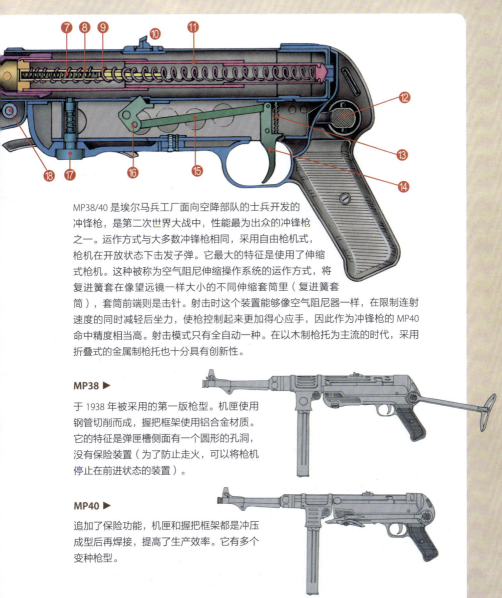

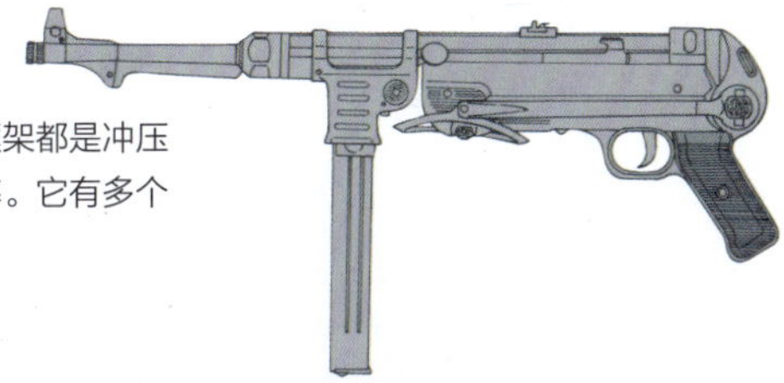

03 斯坦冲锋枪

在战争背景下大量生产的冲锋枪

第二次世界大战中，英国㊀开发的斯坦冲锋枪㊁为了能够在短时间内大量生产，彻底简化了构造，将枪的构成零件缩减到了最低数量。装备初期，因其廉价感和故障频发等原因普遍遭到士兵们的恶评。即使如此，不断改良的斯坦冲锋枪最终也生产了超过 400 万支，支撑了英军的战斗。它当时还被大量投入到了对抗德军的反轴心国战争的战场上。

斯坦冲锋枪有数个变种，还有用于特种作战的消音枪型。斯坦 Mk. Ⅵ是在斯坦 Mk. Ⅴ的基础上安装了 SOE㊂消音器的枪型，消音效果十分显著，射击时几乎听不到火药的爆炸声，只能听到枪机运作的声音。

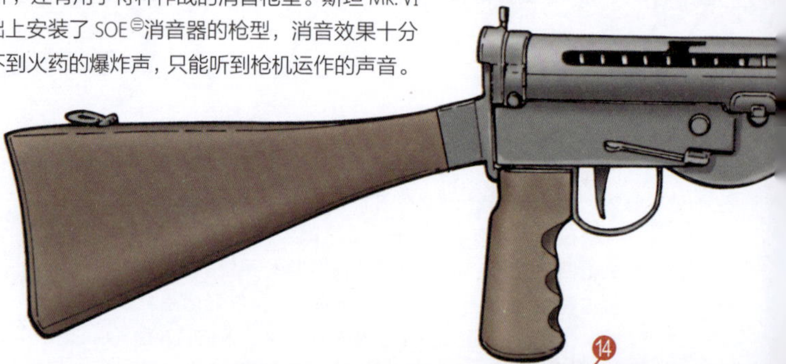

口径：9 毫米
弹药：9 毫米帕拉贝鲁姆手枪弹
全长：760 毫米
重量：3180 克
装弹量：32/50 发
有效射程：46 米

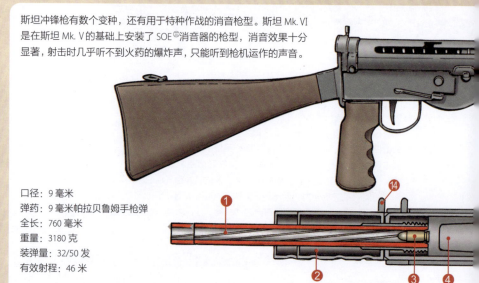

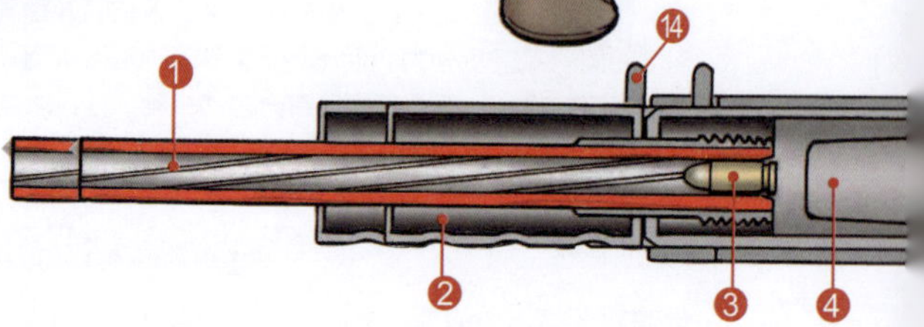

斯坦冲锋枪采用的是开放式枪机和自由式枪机等简单的运作方式。拉动拉机柄，在枪机后退的状态下扣动扳机释放阻铁，利用复进簧的力量令枪机前进，同时把子弹推进膛室并击发。在燃气压力的作用下，枪机后退并抛壳，复进簧再次将枪机向前推，通过不断重复这个过程实现连射（除了全自动射击模式以外，还可以进行单发射击）。它的送弹机构有缺陷，会在射击中自行中断，但因为它构造简单，生产效率高，所以接连诞生了 Mk. Ⅰ至 Mk. Ⅴ枪型。图为第二次世界大战中制造的斯坦冲锋枪众多枪型中产量最多的简易型斯坦 Mk. Ⅱ，由伯明翰轻武器公司生产。

㊀ 第二次世界大战中的英国：在德军手中受挫的英军，1940 年 5 月从法国敦刻尔克撤回了英国本土，此时英军已损失了多数武器弹药，急需生产大量轻武器。

㊁ 斯坦冲锋枪：以两位设计师姓名的首字母 S 和 T，以及设计制造它的恩菲尔德皇家兵工厂的 EN 命名。开发时参考了德军的 MP28 和 MP40。

㊂ SOE：Special Operation Executive 的首字母缩写。是成立于 1940 年 7 月的英国情报机构。

手持斯坦冲锋枪的英国空降部队队员。受到德军空降猎兵部队（空降部队）在第二次世界大战初期的强势表现的影响，英国也在当时的首相——温斯顿·丘吉尔的提议下创建了空降部队。这位队员手中的斯坦冲锋枪也是在德国的影响下被开发出来的。

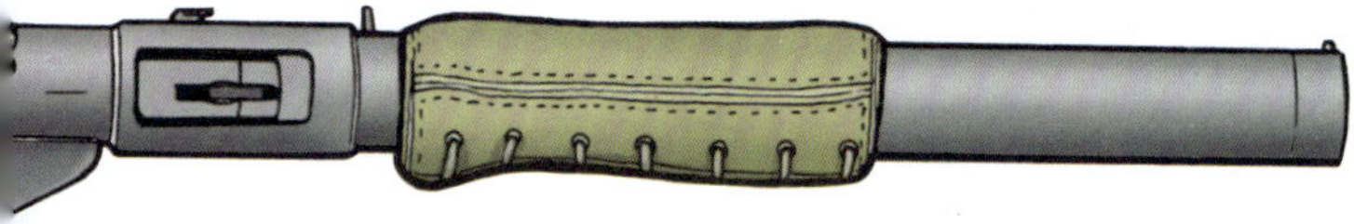

◀斯坦 Mk. Ⅱ

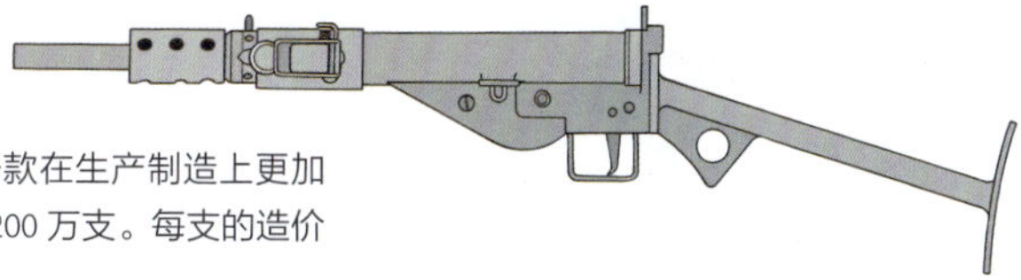

斯坦 Mk. Ⅰ

初期生产的 Mk. Ⅰ是一款在生产制造上更加简略的枪型，生产了 200 万支。每支的造价为 7 美元 50 美分。

●斯坦 Mk. Ⅱ的构造

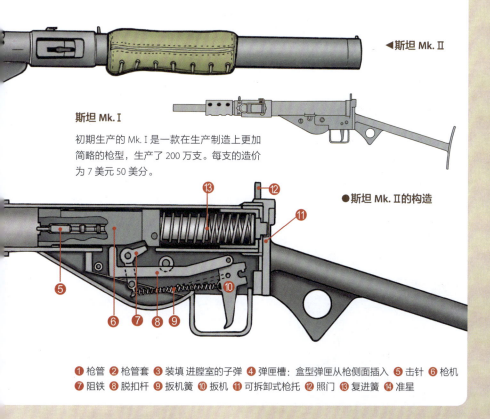

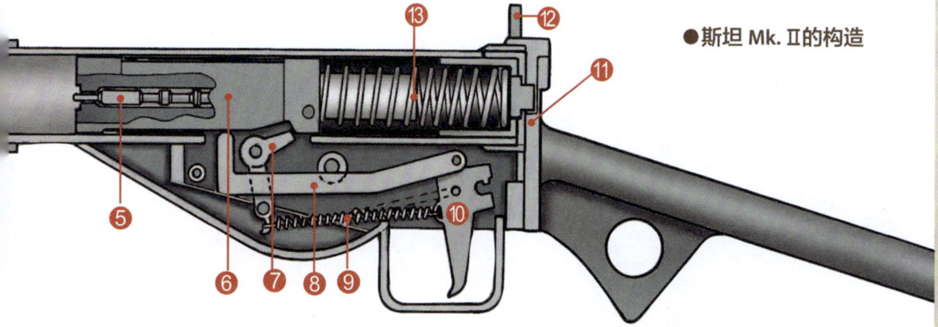

❶枪管 ❷枪管套 ❸装填 进膛室的子弹 ❹弹匣槽：盒型弹匣从枪侧面插入 ❺击针 ❻枪机 ❼阻铁 ❽脱扣杆 ❾扳机簧 ❿扳机 ⓫可拆卸式枪托 ⓬照门 ⓭复进簧 ⓮准星

04 汤普森冲锋枪

第一款被称为“冲锋枪”的枪

自1919年最早的枪型诞生以来，汤普森冲锋枪（汤米冲锋枪）直至今日都在被使用，是美国生产的最具代表性冲锋枪。由于警察和黑帮

●汤普森 M1928A 的构造

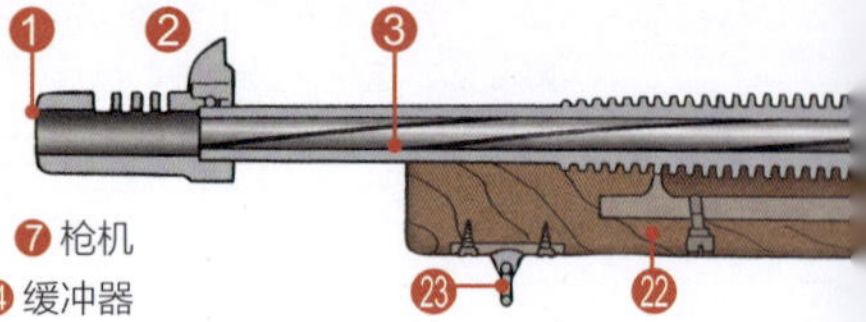

❶枪口制动器 ❷准星 ❸枪管 ❹膛室 ❺抽壳钩 ❻击针 ❼枪机 ❽拉机柄 ❾击锤 ❿闭锁件 ⓫复进簧 ⓬机匣 ⓭照门 ⓮缓冲器 ⓯保险 ⓰阻铁 ⓱保险 ⓲解脱子 ⓳扳机 ⓴弹匣卡榫 ㉑击锤销 ㉒前握把（护木） ㉓背带环：安装背带的零件 ㉔后握把螺栓 ㉕握把 ㉖枪托螺栓 ㉗枪托 ㉘用于维护的罐装润滑油

◀枪口制动器

图为手持汤普森 M1928A1（战时生产的枪型），正在射击的英国突击队队员。因为汤普森冲锋枪使用的子弹重而有威力，所以在全自动射击模式下后坐力很大，射手很难控制。为了弥补射出的子弹会偏向右上方这一点，它的枪口装有制动器。且在枪管上半部分刻有数条沟槽，使射击时本该从枪口排出的部分燃气从枪管的上半部分逸出。这样的设计能够使全自动射击时，产生一股将枪口向下压的反作用力，以此平衡子弹的偏移。但实际上效果不大，后来就被取消了。

都曾在美国禁酒时期使用它而为人所知。

汤普森冲锋枪虽然由自动武器公司开发，但制造环节却以颁发许可的方式由选定的公司进行。因此，实际上它的主要制造方是美国的柯尔特公司和萨维奇武器公司，还有英国的伯明翰轻武器公司等制造商。它的总产量约为 170 万支，但其中的大部分都是在第二次世界大战初期制造的。

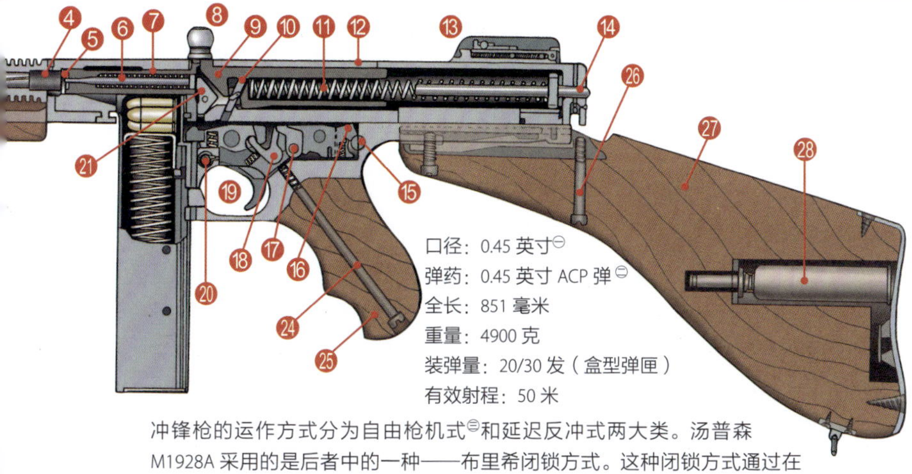
4
5
6
7
8
9
10
11
12
13
14
26
27
28
21
19
15
20
18
17
16
24
25

口径：0.45 英寸㊀
弹药：0.45 英寸 ACP 弹㊁
全长：851 毫米
重量：4900 克
装弹量：20/30 发（盒型弹匣）
有效射程：50 米

冲锋枪的运作方式分为自由枪机式㊂和延迟反冲式两大类。汤普森 M1928A 采用的是后者中的一种——布里希闭锁方式。这种闭锁方式通过在枪机上添加闭锁件㊃，在子弹飞出枪口之前，利用摩擦力延迟枪机的后退，降低射击时的燃气压力。采用这种闭锁方式是因为它使用大口径威力强的手枪弹——0.45 英寸 ACP 弹，意味着如果枪机后退的速度太快就很有可能卡住，使内部构造遭到破坏，导致无法使用（依靠这种闭锁方式，还可以在一定程度上抑制射击时的后坐力，提高集弹率）。布里希闭锁方式在汤普森 M1928 和 M1928A 中都有使用，而在战时生产的枪型 M1 和 M1A1 中则改为了自由枪机式。

M1928 ▶

M1A1 ▶

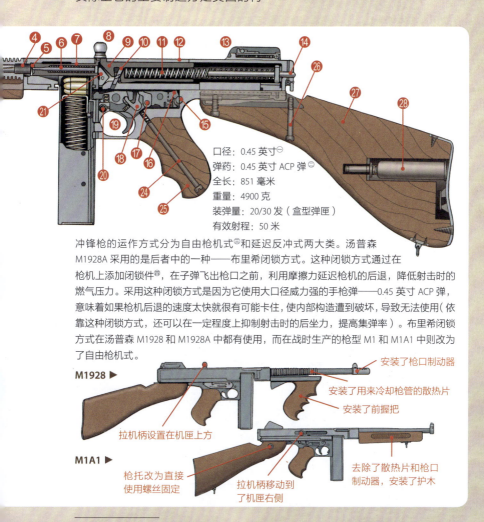

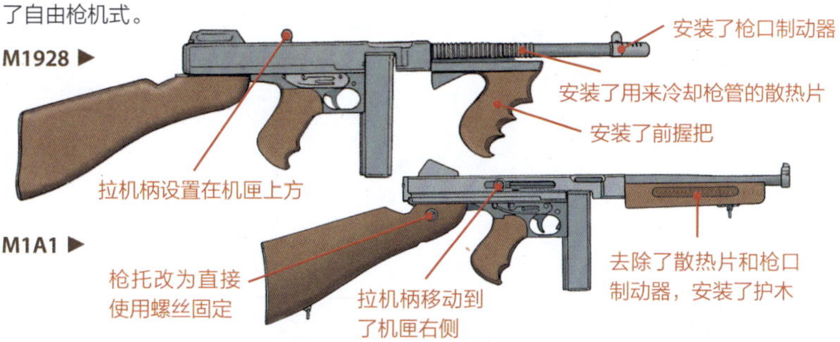
安装了枪口制动器
安装了用来冷却枪管的散热片
安装了前握把
拉机柄设置在机匣上方
枪托改为直接使用螺丝固定
拉机柄移动到了机匣右侧
去除了散热片和枪口制动器，安装了护木

㊀ 0.45 英寸：11.43 毫米。
㊁ 0.45 英寸 ACP 弹：11.43 毫米 ×23 毫米弹。ACP 是 Automatic Colt Pistol 的首字母缩写。
㊂ 自由枪机式：也被叫作直接反冲式。与延迟反冲式相比构造更简单，零件数量少。
㊃ 闭锁件：闭锁块。黄铜材质，易损耗，需要定期更换。

05 M3 冲锋枪

采用自由枪机式的 M3

自由枪机式是一种通过利用在火药燃气压力下弹壳的向后移动，直接促使枪机后退（弹壳和枪机一起后退），从而完成抛壳和装填下一发子弹的运作方式。因为没有用于闭锁枪机和开放膛室的机械结构，所以构造简单，但这也导致它无法使用强威力弹药。因此，自由枪机式多用于手枪或冲锋枪。

M3 冲锋枪采用的正是这种无法减慢枪机后退速度的自由枪机式，此外还配合开放式枪机（枪机保持开放状态）进行运作。

● M3 冲锋枪

被称为“注油枪”㊀的 M3，是为了弥补第二次世界大战中冲锋枪的数量不足㊁，由美国通用汽车公司设计开发的。以生产效率为侧重点的 M3，其构成部件基本上采用冲压方式制造，再焊接组装，这种制造方法参考了汽车量产技术。除了早期的 M3、改良型 M3A1，还有装配了枪口制动器并用于特种作战的枪型。

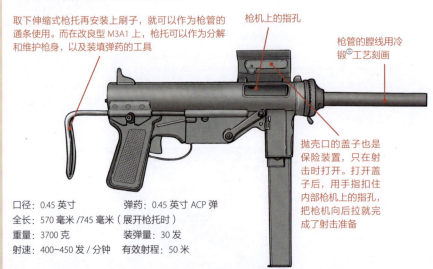

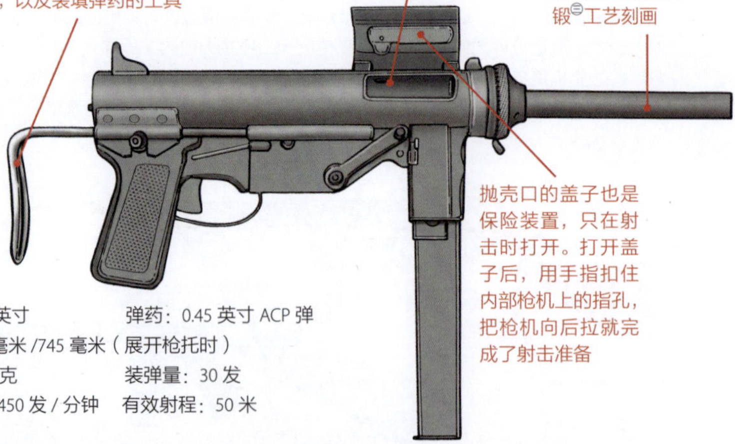
取下伸缩式枪托再安装上刷子，就可以作为枪管的通条使用。而在改良型 M3A1 上，枪托可以作为分解和维护枪身，以及装填弹药的工具
枪机上的指孔
枪管的膛线用冷锻㊂工艺刻画
抛壳口的盖子也是保险装置，只在射击时打开。打开盖子后，用手指扣住内部枪机上的指孔，把枪机向后拉就完成了射击准备

口径：0.45 英寸	弹药：0.45 英寸 ACP 弹
全长：570 毫米 /745 毫米（展开枪托时）	
重量：3700 克	装弹量：30 发
射速：400~450 发 / 分钟	有效射程：50 米

㊀ 注油枪：因外形与为机械注入润滑油的注油枪相似而得名。
㊁ 冲锋枪的数量不足：在 M3 诞生之前，美军使用的汤普森冲锋枪在构造上十分复杂，零件数量多，制造起来不但费时，成本也高，不适合在战时生产。因此军方急需生产效率更高的冲锋枪。
㊂ 冷锻：将棒状的金属材料压制成型的一种锻造加工法。冷指的是在常温状态下进行加工（与在加热后进行加工的热锻法相反）。

● M3 的自由枪机式

①装填阶段

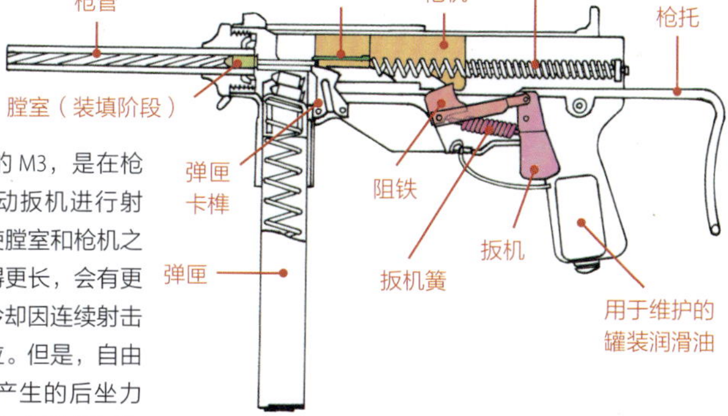

采用自由枪机式的 M3，是在枪机开放状态下扣动扳机进行射击的。这种构造使膛室和枪机之间空置的时间变得更长，会有更多的空气进入，冷却因连续射击而发热的枪机部位。但是，自由枪机式对射击时产生的后坐力没有任何抑制作用，导致射手在连射时很难控制。

②射出弹丸

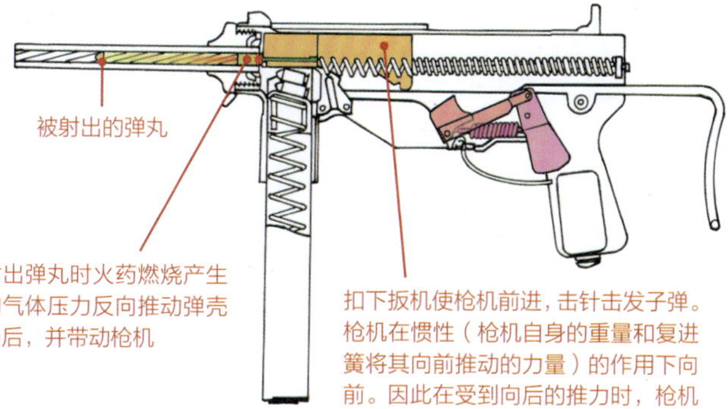

③抛壳 / 装填下一发子弹

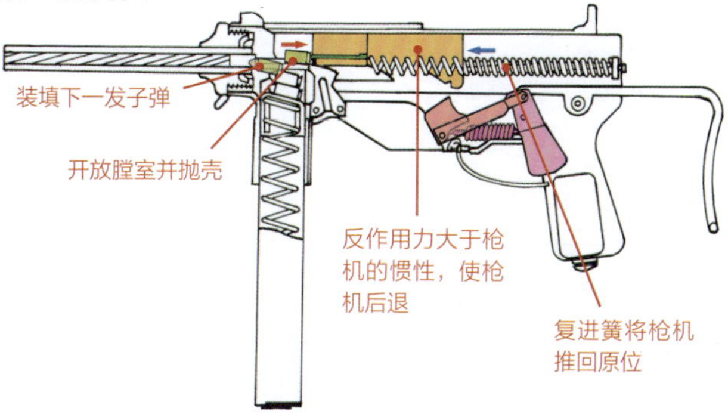

06 具有代表性的冲锋枪

充满创造性的冲锋枪

冲锋枪的构造既简单又结实。接下来要介绍的，就是在种类繁多的枪型中充分发挥了这种特性的几种具有代表性的冲锋枪。

MAT49 ▼

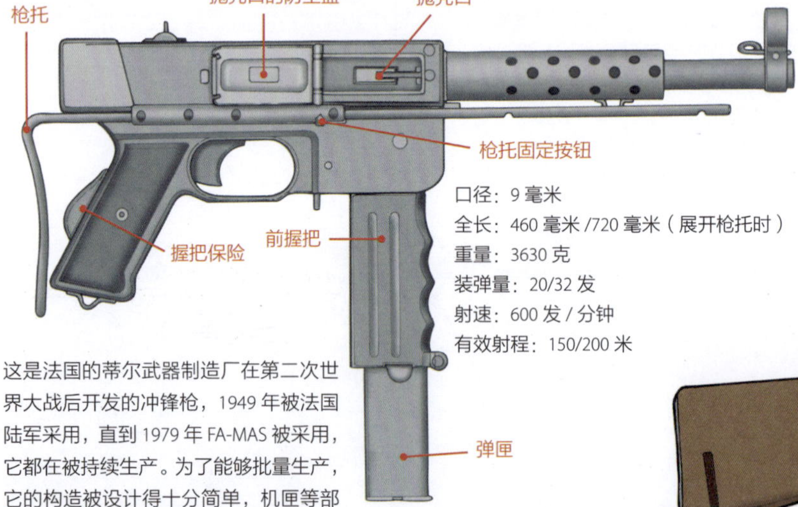

枪托
抛壳口的防尘盖
抛壳口
枪托固定按钮
握把保险
前握把
弹匣

口径：9 毫米
全长：460 毫米 /720 毫米（展开枪托时）
重量：3630 克
装弹量：20/32 发
射速：600 发 / 分钟
有效射程：150/200 米

这是法国的蒂尔武器制造厂在第二次世界大战后开发的冲锋枪，1949 年被法国陆军采用，直到 1979 年 FA-MAS 被采用，它都在被持续生产。为了能够批量生产，它的构造被设计得十分简单，机匣等部件的制造大多采用冲压成型。折起前握把后枪身缩小，空降部队也可以使用。它使用 9 毫米 ×19 毫米帕拉贝鲁姆手枪弹，运作方式采用开放式枪机和自由枪机式，仅有全自动射击模式。

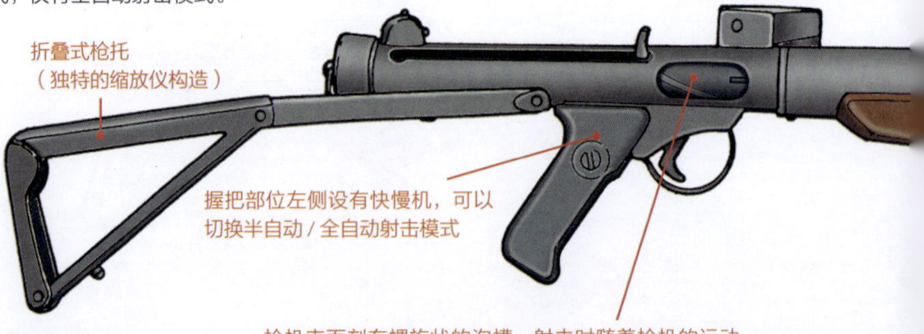

折叠式枪托
（独特的缩放仪构造）
握把部位左侧设有快慢机，可以
切换半自动 / 全自动射击模式
枪机表面刻有螺旋状的沟槽，射击时随着枪机的运动，
可以将附着在机匣内部和枪机表面的砂石和尘土甩出去

● MAT49 的构造

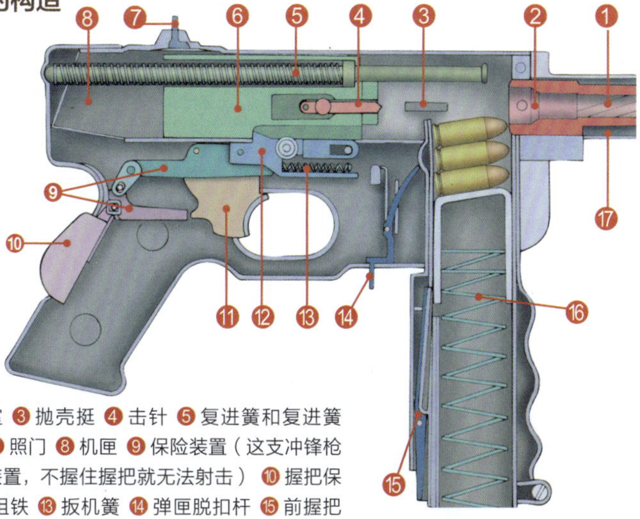

❶ 枪管 ❷ 膛室 ❸ 抛壳挺 ❹ 击针 ❺ 复进簧和复进簧导杆 ❻ 枪机 ❼ 照门 ❽ 机匣 ❾ 保险装置（这支冲锋枪中唯一的保险装置，不握住握把就无法射击） ❿ 握把保险 ⓫ 扳机 ⓬ 阻铁 ⓭ 扳机簧 ⓮ 弹匣脱扣杆 ⓯ 前握把固定杆 ⓰ 弹匣 ⓱ 枪管套筒

▼ **PPSh1941 冲锋枪**

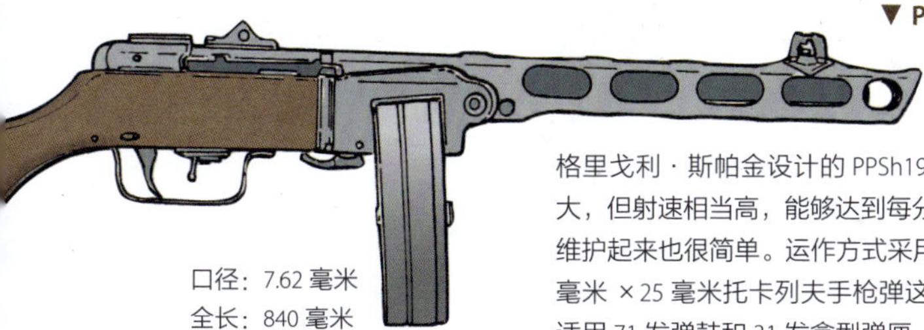

格里戈利·斯帕金设计的 PPSh1941，虽然射击时噪音很大，但射速相当高，能够达到每分钟 900 发，构造牢固，维护起来也很简单。运作方式采用自由枪机式，使用 7.62 毫米 ×25 毫米托卡列夫手枪弹这种瓶颈形手枪弹。同时适用 71 发弹鼓和 31 发盒型弹匣，可以切换半自动 / 全自动射击模式。持有该枪的坦克步兵与坦克配合，能在向前突进和近距离作战时发挥巨大的威力。

口径：7.62 毫米
全长：840 毫米
重量：5450 克
有效射程：150 米

木制护木

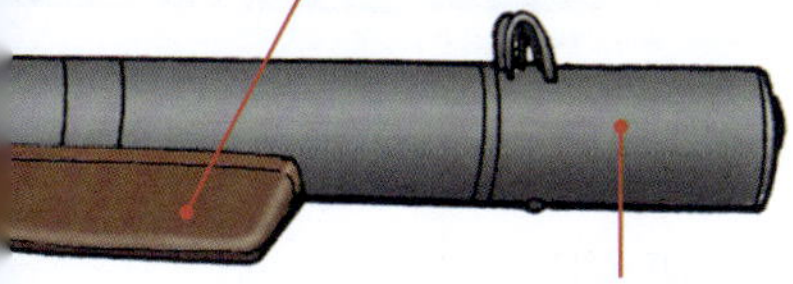

带有消音器的枪管部位。在 L2A1 等其他枪型上装备的是散热的枪管套筒

◀**斯特林冲锋枪**

它是在第二次世界大战中，由英国的斯特林军备公司开发的帕切特冲锋枪改良而来的枪型，1953 年被英国陆军以 L2A1 为名采用。运作方式为自由枪机式的开放式枪机。使用 9 毫米 ×19 毫米帕拉贝鲁姆手枪弹，射击时射速适中，容易控制。图为特种部队使用的 L34A1（斯特林·帕切特 Mk.5）。

口径：9 毫米
全长：651 毫米 /854 毫米（展开枪托时）
重量：3555 克　　装弹量：10/15/30/45 发
射速：550 发 / 分钟

07 H&K MP5（1）

销量最好的冲锋枪之一

H&K 公司的 MP5 系列在各国的特种部队和反恐部队中有着极高的人气。虽然它有多个版本，但枪机部分基本上是相同的，都采用滚轮延迟反冲式结构。

口径：9 毫米
弹药：9 毫米帕拉贝鲁姆手枪弹
全长：680 毫米（展开枪托时）
重量：2500 克

▲MP5N

提供给美国海军的海豹突击队的枪型。以 MP5A3 为基础，改良了扳机机构。射击模式有半自动 / 全自动 /3 发点射 3 种。

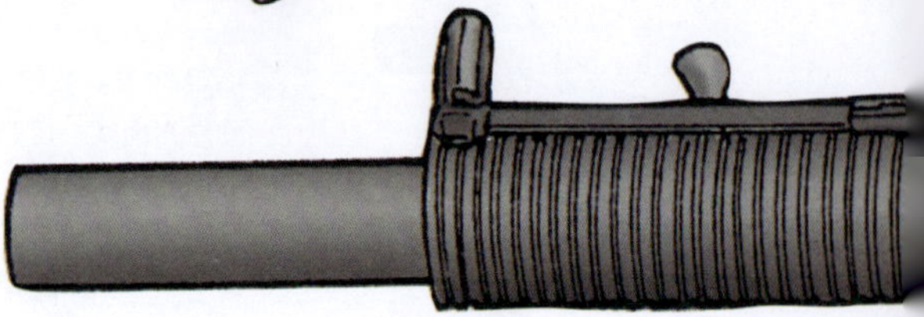

MP5SD3 ▶

用于德国特种作战的枪型——带消声器的 MP5SD。SD 有 3 种型号，图为安装了金属折叠枪托的 SD3。这个型号是根据德国反恐部队的要求开发的。

全长：610 毫米 /780 毫米（展开枪托时）
重量：3400 克

▲MP5K

被称为“乌兹（Kurz）”的枪型，用于特种作战，因此缩短了枪身，加上了前握把，并取消了枪托。

全长：325 毫米
重量：2000 克

08 H&K MP5(2)

独有的运作结构能够提高射击精度

MP5冲锋枪的滚轮延迟反冲式（延迟后坐式），带有能降低射击时产生的燃气压力并延迟枪机后退的结构。这种结构可以抑制射击时的后坐力，提高弹丸的命中精度。

● MP5A2 的构造

1 拉机柄
2 拉机柄导槽
3 装填进膛室的子弹
4 导杆环结构
5 机头和闭锁滚轮
6 机框
7 击针
8 复进簧
9 旋转式照门
10 枪托锁销
11 扳机座
12 保险
13 扳机
14 阻铁
15 击锤
16 抛壳挺
17 弹匣解脱杆
18 解脱杆
19 弹匣
20 枪管延伸部
21 枪管
22 护木
23 枪口附件卡榫

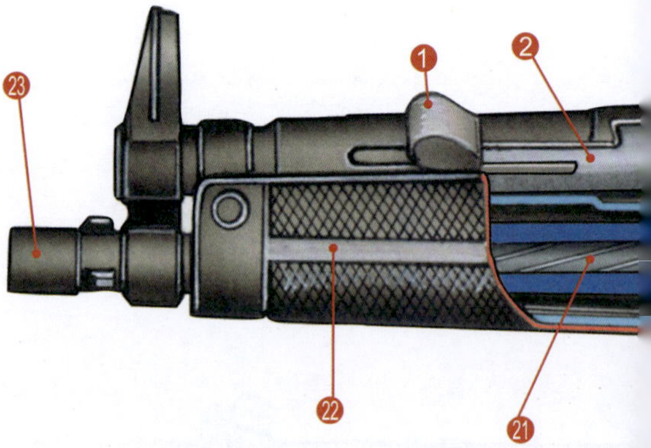

MP5冲锋枪采用的运作方式与G3突击步枪相同，都为滚轮延迟反冲式，以及能够在枪机闭锁膛室的状态下运转的封闭式枪机。常见的冲锋枪枪机是从它后退时所处的位置开始运转的（扣动扳机的瞬间枪机前进，击发弹药）。MP5采用的方式与其不同，它是在枪机闭锁膛室的状态下进行射击，提高了火药的燃烧效率，也不会因为枪机的移动导致枪重心转移，所以射击精度（特别是第一发子弹的命中精度）也更高。

▼滚轮延迟反冲式下的枪机运动

图 1

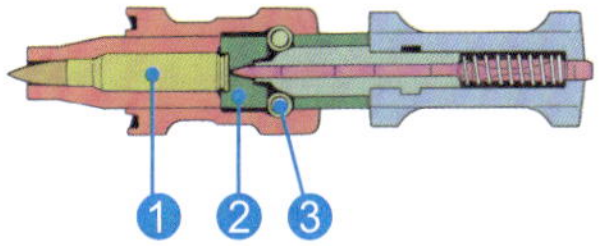

图 2

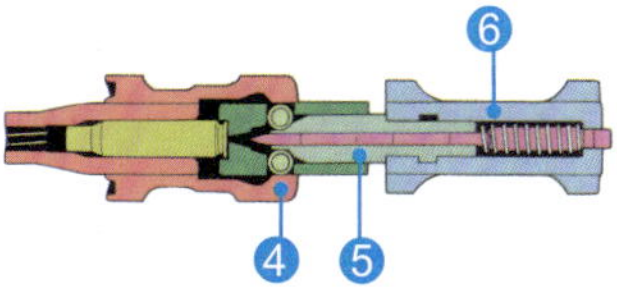

（图 1）两张插图均为俯视图。❶ 子弹装填进膛室以后，枪机闭锁膛室的一幕。❷ 机头与凹陷处嵌合，被 ❸ 闭锁滚轮固定。

（图 2）射出弹丸后的状态。弹壳被推往后方的同时，机头也被向后推。此时，与 ❹ 枪管延伸部里的凹陷处嵌合的闭锁滚轮，能够短暂避免 ❺ 枪机框和机头在锁扣的作用下共同后退。❻ 这样一来，机头的后退时间会稍晚于枪机框。随着闭锁滚柱抵挡不住反作用力，从凹陷处被推出，枪机框和机头再次共同后退，从膛室中抽出弹壳。

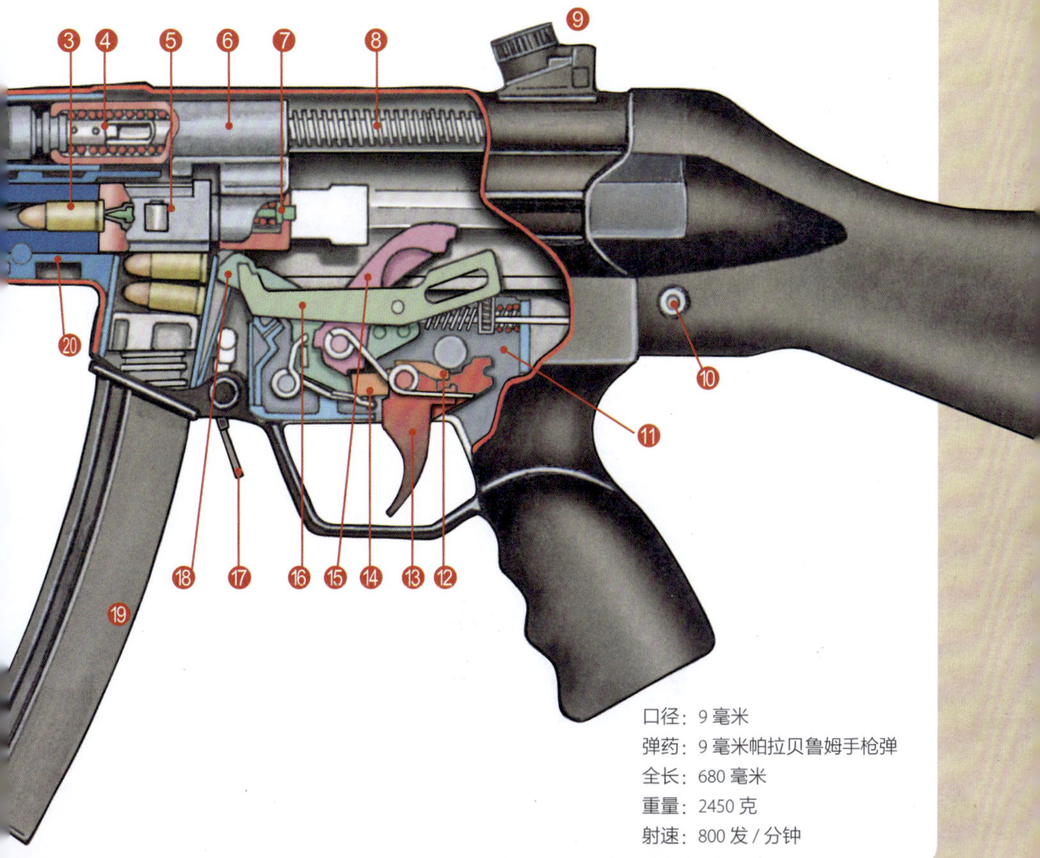

口径：9 毫米

弹药：9 毫米帕拉贝鲁姆手枪弹

全长：680 毫米

重量：2450 克

射速：800 发 / 分钟

09 特殊冲锋枪

以特殊构造克服缺点

几乎所有的冲锋枪都或多或少有缺点，比如全自动射击模式下极难保持枪身稳定等。接下来就让我们来了解一些通过加入特殊构造来弥补自身缺点的冲锋枪。

▶PP2000

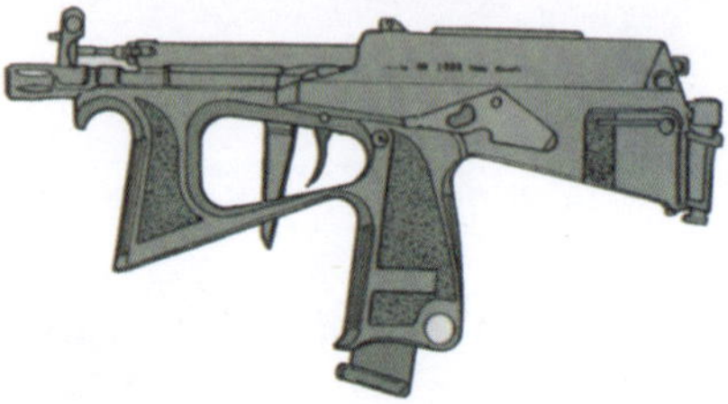

俄罗斯图拉仪器设计局为军队和执法机构的特种部队开发的冲锋枪。除了使用 9 毫米帕拉贝鲁姆手枪弹以外，还可以发射能够贯穿距离 30 米处的 8 毫米钢板的 9 毫米穿甲弹（7N31）。机匣上半部分安装了皮卡汀尼导轨。

口径：9 毫米　全长：340 毫米 /555 毫米（展开枪托时）
重量：1500 克　装弹量：20/44 发　有效射程：200 米

▶AEK-919K

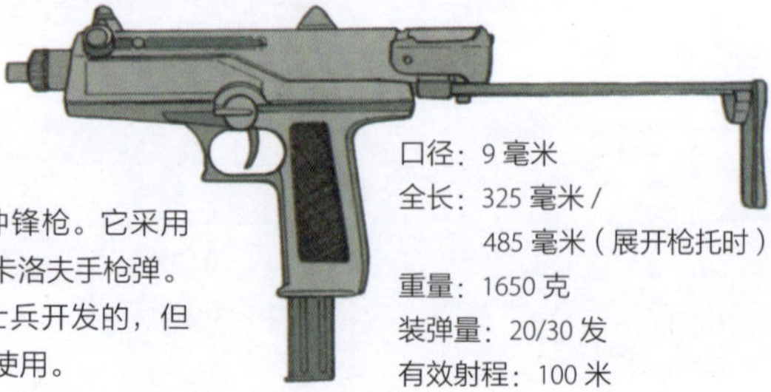

俄罗斯的科若库基础机械设计局以奥地利的斯太尔 MPI-96 为原型开发的冲锋枪。它采用包络式枪机。使用 9 毫米马卡洛夫手枪弹。它是为搭乘坦克和飞机的士兵开发的，但俄罗斯警察的特种部队也有使用。

口径：9 毫米
全长：325 毫米 /
485 毫米（展开枪托时）
重量：1650 克
装弹量：20/30 发
有效射程：100 米

●冲锋枪的射程和命中精度

突击步枪的结构经过调整，可以命中射程 300 米处的目标中心，除了全自动射击模式以外，只要目标在 300 米距离以内，几乎都可以命中。另一方面，冲锋枪的构造使它能够在近距离发挥威力，射程为 300 米时子弹的散布面相当大。如果距离在 50 米以下，就可以使着弹点集中在一定范围内。

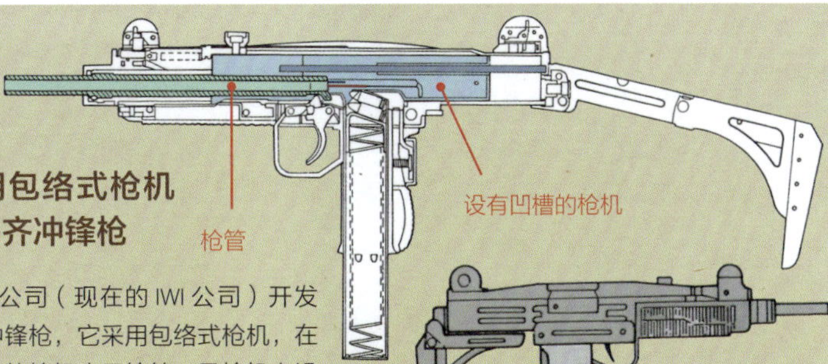

●采用包络式枪机的乌齐冲锋枪

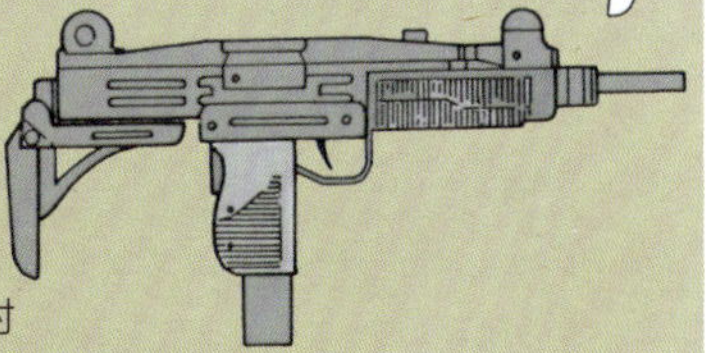

图为 IMI 公司（现在的 IWI 公司）开发的乌齐冲锋枪，它采用包络式枪机，在设计上它的枪机大于枪管，且枪机上设有凹槽，通过将一部分枪管收纳在凹槽内，可以缩短枪的整体长度。它的构造比较简单，对泥沙抗性较强，有效射程也达到了 200 米，长于常见的冲锋枪。这样的设计，也使射手对后坐力的把握更加得心应手。

▶维克托冲锋枪

这是美军与 KRISS-USA 公司合作试开发的冲锋枪，使用 0.45 英寸 ACP 弹。采用 KRISS SuperV 系统，可以抑制枪口上跳。运作方式为自由枪机式。

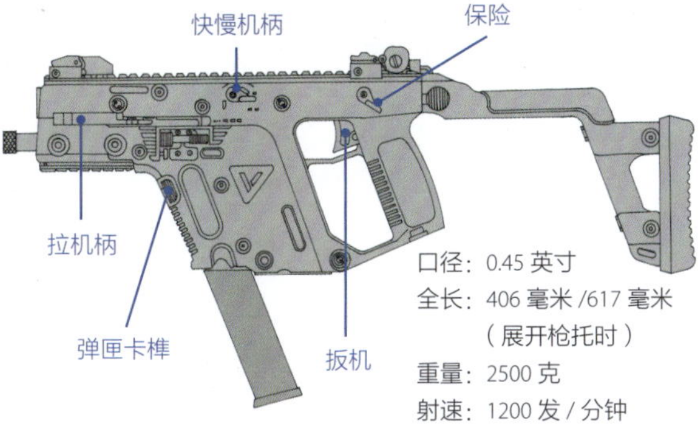

口径：0.45 英寸
全长：406 毫米 /617 毫米（展开枪托时）
重量：2500 克
射速：1200 发 / 分钟
有效射程：45 米

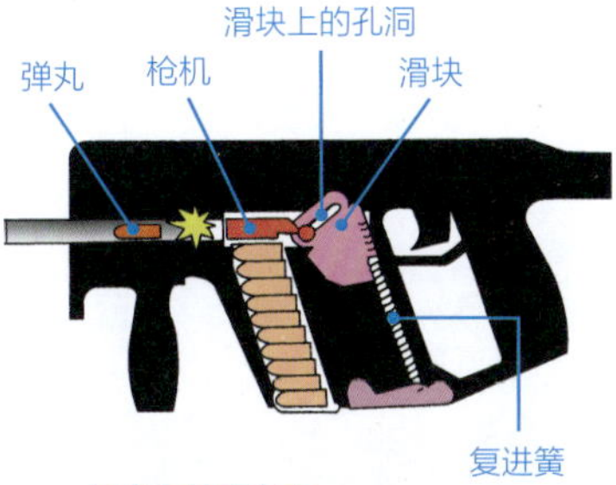

▼ KRISS SuperV 系统

（1）发射弹丸

枪机前进，在膛室闭锁的状态下击发子弹。射击时的反冲力促使枪机后退，但却被滑块卡住动弹不得，在弹丸停留在枪管内的这段时间里，膛室无法开放。滑块起到了延迟枪机后退的作用。

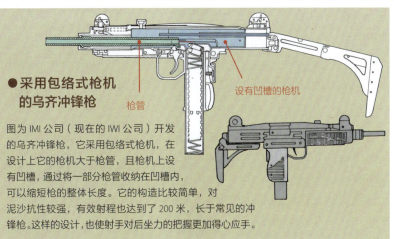

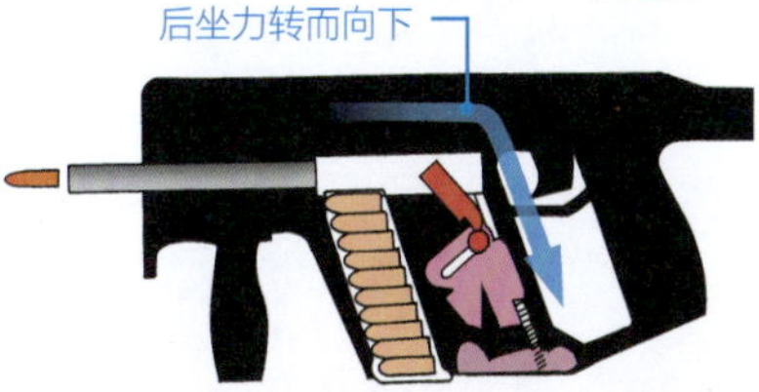

（2）在枪机的推动下滑块开始运动

弹丸离开枪管之后，膛室内的压力被释放，此时滑块被后退的枪机推动。伴随着滑块向下移动，通过枪机传来的后坐力也向下转移，从而抑制枪口上跳。

冲锋枪的特征

冲锋枪早已过时?

冲锋枪（短机枪）利用射击时产生的燃气压力完成枪机后退、抛壳、装填、再射击等一系列动作的循环，它所发射出的子弹会散射到相当大的范围内，自然很难命中目标。由于使用的子弹是 9 毫米子弹或 0.45 英寸 ACP 等手枪弹，子弹本身威力较小，有效射程只有 100 米左右。不过，它每分钟可以射出 400~700 发子弹，因此在近距离战斗中是足以威慑敌人的强力武器，这也正是它的威力所在。

在第二次世界大战中，为了弥补轻型武器的数量不足，这种可以通过冲压成型简单制造，且造价低廉的冲锋枪被大量生产。并提供给普通步兵、突击队一类的敢死队、搭乘坦克或装甲车的士兵以及同盟国抵抗活动的参与者，等等。在大多数情况下，冲锋枪都在近距离战斗中使用，命中精度的不足也就不成问题了。

第二次世界大战结束后，没过多久，能够切换半自动 / 全自动射击模式的高性能突击步枪诞生，冲锋枪也因为威力不足和命中精度较差而遭到舍弃。

威力不足却大有用处

然而，到了 20 世纪 70 年代，恐怖袭击和枪支暴力犯罪日渐猖獗，冲锋枪也开始被重新审视。这是因为它在某些特定的任务中大有作为，特别是特种部队和反恐部队的任务。例如，营救人质的行动需要潜入建筑物或室内，甚至进行巷战，在这些环境中，冲锋枪射程短，子弹威力弱，恰好能让子弹停留在目标体内令其无法行动，避免了跳弹和子弹的过度穿透，防止人质和己方人员死伤。并且，枪的短小也有利于持枪者在狭小的空间里自由行动。此外，由于冲锋枪使用的是手枪弹，因此可以与备用手枪共用子弹。小型轻量化的子弹可以增加携带的弹药数量，这也是它的优点之一。

话虽如此，冲锋枪也并不是毫无缺点。比如：一旦在使用过程中卡弹，它就会失去射击功能；射击时枪的后坐力太大难以控制；命中精度很低以至于毫无作用。在 20~30 米左右的距离进行连射，能够将子弹落点集中在半径 10 厘米范围内。另外，根据不同的使用目的，它需要安装枪口制动器和红点瞄准镜等战术附件。

能够满足这些要求的冲锋枪种类极为有限，而H&K公司开发的MP5冲锋枪又是这之中的佼佼者。事实上，它是各国在特种作战任务中最常用的冲锋枪。MP5冲锋枪虽然拥有超高的人气，但是为了提高命中精度，设计师将结构复杂化，导致在战斗中如果使用手法粗暴就很容易发生故障，并且造价昂贵也是它的缺点之一。

与MP5冲锋枪相比命中精度较低，然而坚固程度足以耐受沙漠等极端环境的乌齐冲锋枪，还有同时具备相当好的命中精度和耐用性的伯莱塔M12冲锋枪都在特种任务中占有一席之地。由此可见，并不是只有命中精度高且制作精良的枪才能派上用场。

口径：9 毫米
弹药：9 毫米帕拉贝鲁姆手枪弹
全长：660 毫米
重量：3480 克
装弹量：20/30/40 发
射速：550 发 / 分钟
有效射程：200 米

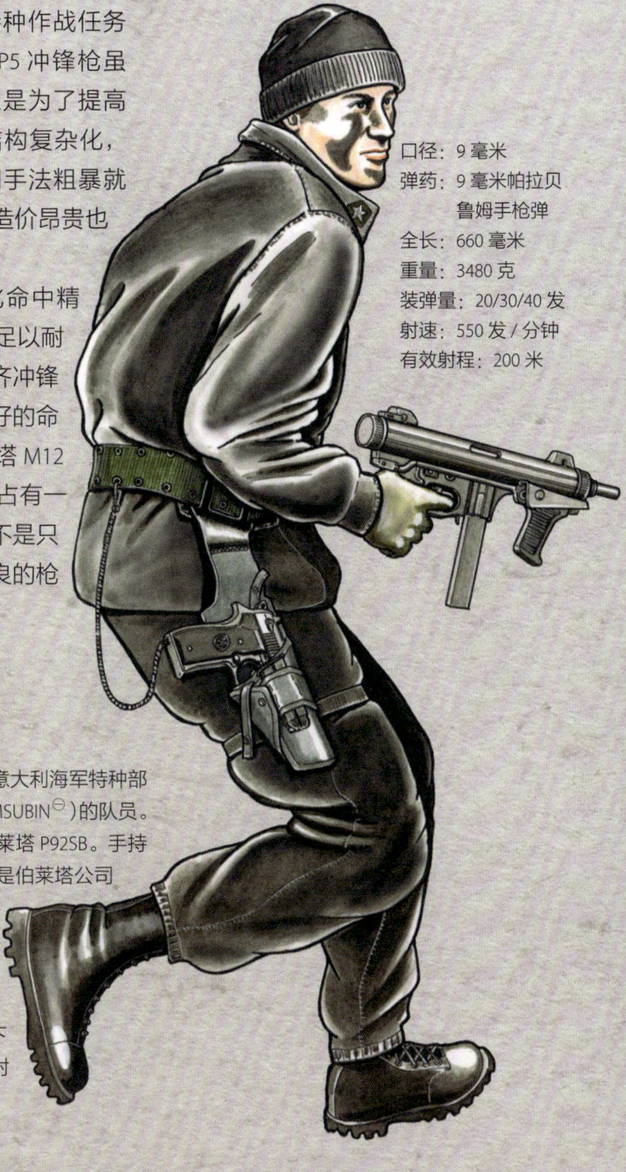

图为身穿全套黑色战斗服的意大利海军特种部队——海军潜水突击队（COMSUBIN㊀）的队员。腿部战术枪套中收纳的是伯莱塔P92SB。手持的是伯莱塔M12冲锋枪，这是伯莱塔公司在1959年开发的冲锋枪，有着与粗糙的外观毫不匹配的精确性和易操作性。运作方式采用开放式枪机和自由枪机式。半自动射击模式下的射击精度相当高，全自动射击模式也在接受范围内。

㊀ COMSUBIN：COMando SUBacquei INcursori的简称，意为潜水突击队。据说有着与英国皇家海军特别舟艇中队和美国海军海豹突击队相匹敌的实力。

10 H&K MP7

基于全新概念的 MP5 的继任者

● H&KMP7 的构造

口径：4.6 毫米
弹药：4.6 毫米 ×30 毫米子弹
全长：340 毫米 /541 毫米（展开枪托时）
重量：1600 克
射速：950~1000 发 / 分钟

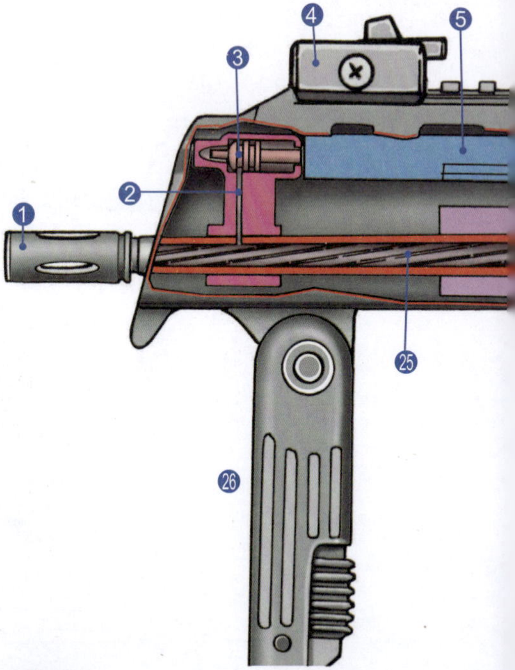

MP7 使用的是一种特殊的 4.6 毫米 ×30 毫米子弹，运作方式与 H&K 公司在 G3 和 MP5 中采用的滚转闭锁式的延迟后坐式枪机不同，改为使用滚转闭锁式的短冲程活塞式枪机㊀。比起 MP5 使用的 9 毫米帕拉贝鲁姆手枪弹，4.6 毫米 ×30 毫米子弹的威力更强，甚至可以贯穿凯夫拉头盔和防弹衣。

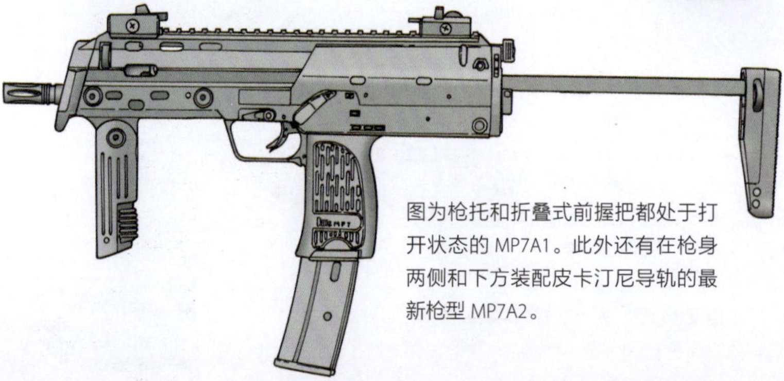

图为枪托和折叠式前握把都处于打开状态的 MP7A1。此外还有在枪身两侧和下方装配皮卡汀尼导轨的最新枪型 MP7A2。

㊀ 滚转闭锁式的短冲程活塞式枪机：和 G36 采用相同的运作方式，正因为在 G36 上取得了成功，所以选择在 MP7 上使用同样的运作方式（但是 MP7 与 G36 不同，未加入 3 发点射系统）。

MP5是一支被各国特种部队纷纷采用的优质冲锋枪，而H&K公司开发的MP7则被人们视作MP5的继任者。它是一款以诞生于20世纪90年代的新概念——PDW㊀（个人防卫武器）为原理开发的枪型。

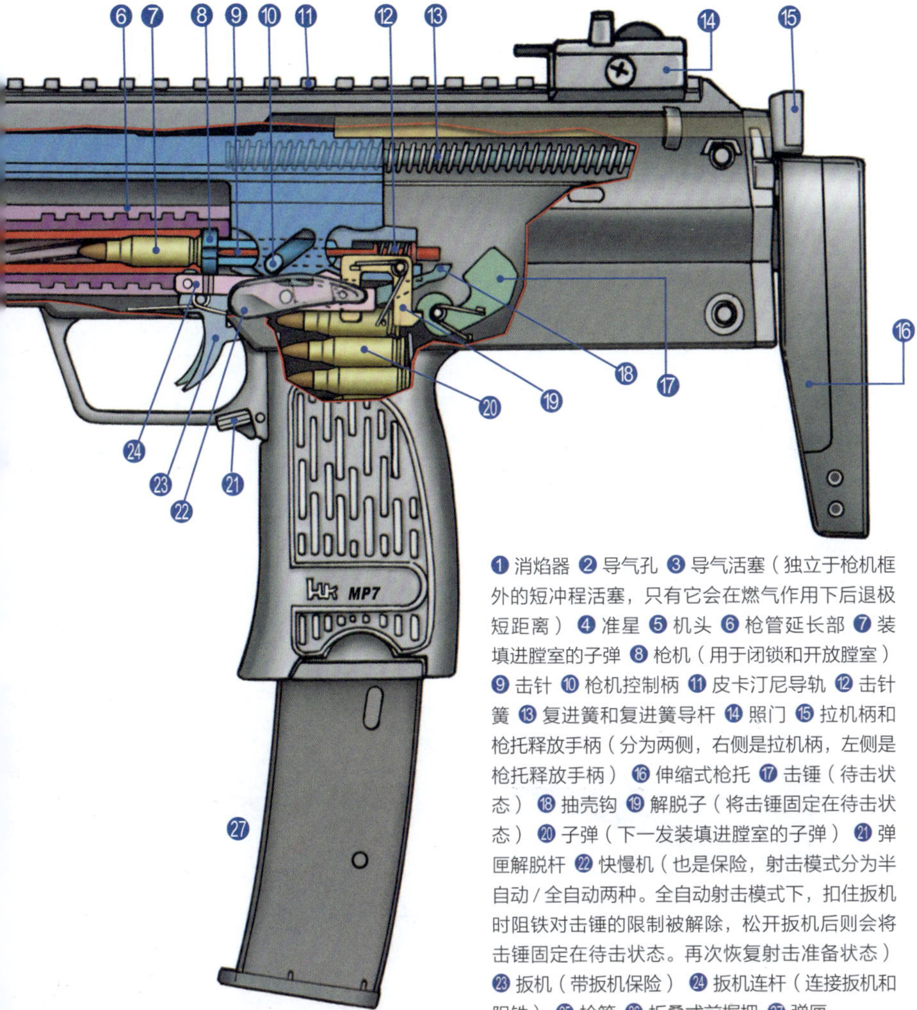

❶消焰器 ❷导气孔 ❸导气活塞（独立于枪机框外的短冲程活塞，只有它会在燃气作用下后退极短距离） ❹准星 ❺机头 ❻枪管延长部 ❼装填进膛室的子弹 ❽枪机（用于闭锁和开放膛室） ❾击针 ❿枪机控制柄 ⓫皮卡汀尼导轨 ⓬击针簧 ⓭复进簧和复进簧导杆 ⓮照门 ⓯拉机柄和枪托释放手柄（分为两侧，右侧是拉机柄，左侧是枪托释放手柄） ⓰伸缩式枪托 ⓱击锤（待击状态） ⓲抽壳钩 ⓳解脱子（将击锤固定在待击状态） ⓴子弹（下一发装填进膛室的子弹） ㉑弹匣解脱杆 ㉒快慢机（也是保险，射击模式分为半自动/全自动两种。全自动射击模式下，扣住扳机时阻铁对击锤的限制被解除，松开扳机后则会将击锤固定在待击状态。再次恢复射击准备状态） ㉓扳机（带扳机保险） ㉔扳机连杆（连接扳机和阻铁） ㉕枪管 ㉖折叠式前握把 ㉗弹匣

㊀ PDW：Personal Defense Weapon的首字母缩写。

11 PDW

冲锋枪与 PDW 有何不同？

PDW[㊀]（个人防卫武器）在开发初期的定位并不是成为前线作战部队持有的攻击性武器，而是作为包括非作战人员在内的后勤部队使用

▼P90

比利时 FN 公司开发的无托结构 PDW。使用弹头形状与步枪弹相似的 5.7 毫米 ×28 毫米小口径子弹，射速高，贯穿力强，可以穿透防弹衣，所以也被各国特种部队用于弥补冲锋枪的威力不足。

口径：5.7 毫米　弹药：5.7 毫米 ×28 毫米子弹
全长：500 毫米　重量：2680 克（未装填弹药时）
装弹量：50 发　有效射程：200 米

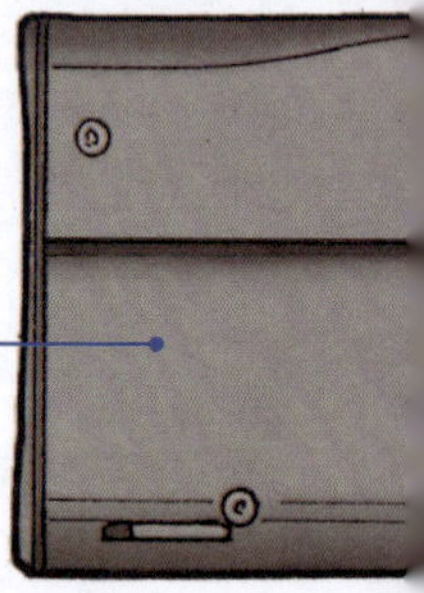
因为是无托结构，击锤等枪机部分的零件被收纳在普通枪的枪托部位

▼KAC 6 毫米 ×35 毫米 PDW

美国骑士装备公司开发的 PDW，兼具 MP5 等使用 9 毫米帕拉贝鲁姆手枪弹的冲锋枪和 M1A1 等使用 5.56 毫米 ×45 毫米 NATO 弹的卡宾枪的功能。采用 6 毫米 ×35 毫米口径的专用子弹，射击时产生的后坐力与 M1A1 卡宾枪相比减少了 50%，但威力却不减甚至更强。

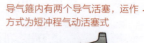

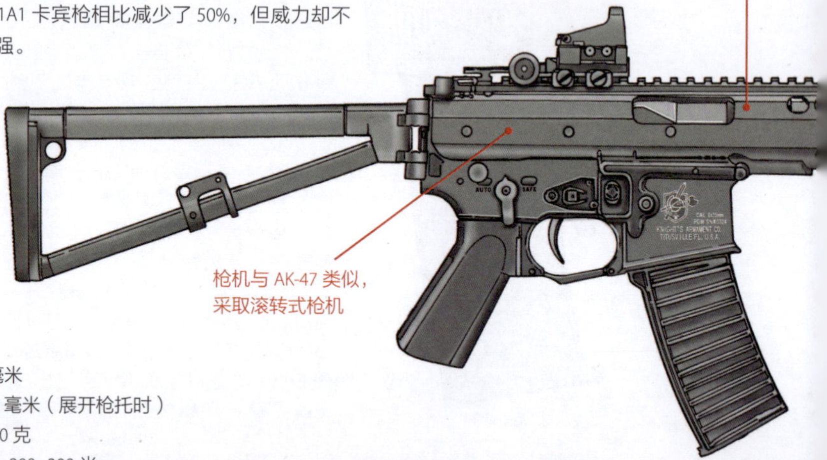
导气箍内有两个导气活塞，运作方式为短冲程气动活塞式
枪机与 AK-47 类似，采取滚转式枪机
AUTO
SAFE

口径：6 毫米
全长：710 毫米（展开枪托时）
重量：2300 克
有效射程：200~300 米

㊀ PDW：Personal Defense Weapon 的首字母缩写。

的防卫性武器。PDW 在设计上想要的结果是大小与冲锋枪相仿，使各个兵种都能携带，射击产生的后坐力凭单手足以控制，具备在近距离范围内贯穿防弹衣的威力。

弹药放置方向与枪口方向不同，是横向的。在被装填进膛室之前会旋转 90 度。弹匣材料为工程塑料，内部的弹药余量一目了然

有可以安装战术附件的导轨座

有红点瞄准镜

扳机：根据扣动扳机的力度不同，可以切换半自动 / 全自动射击模式

握把

拉机柄设置在机匣两侧。因此不管常用手在哪一侧都可以使用。此外，拉机柄和抛壳口不产生联动

抛壳口下。因此枪手无须根据自己的常用手选择持枪方向，但若不多加注意，可能会因为踩到被抛出的空弹壳而摔倒

两手都可操作的快慢机

前握把

枪管有两种型号：10 英寸（25.4 毫米）和 8 英寸（20.54 毫米），图中为 10 英寸

▲FN57

作为与 P90 配套的随身武器而开发的手枪，使用 5.7 毫米 × 28 毫米子弹。

口径：5.7 毫米
全长：208 毫米
重量：645 克
装弹量：20+1 发
有效射程：50 米

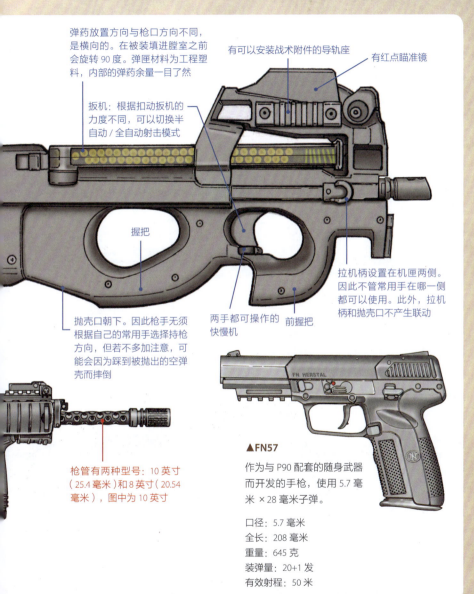

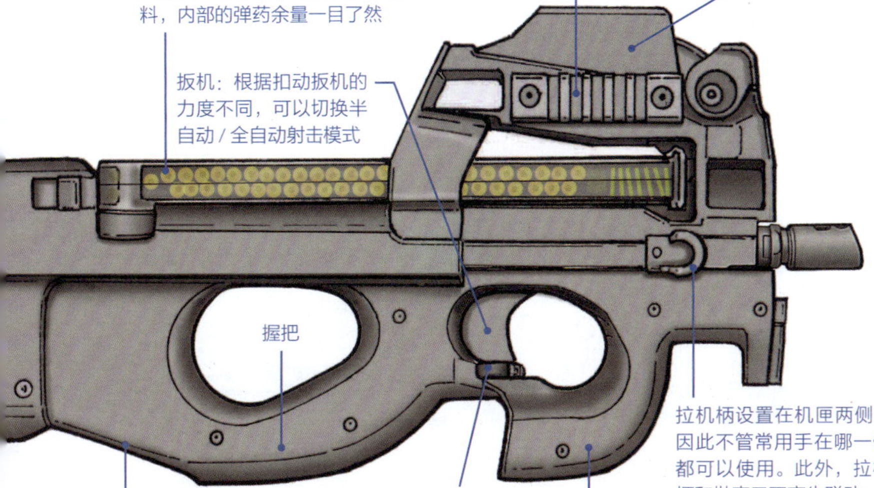

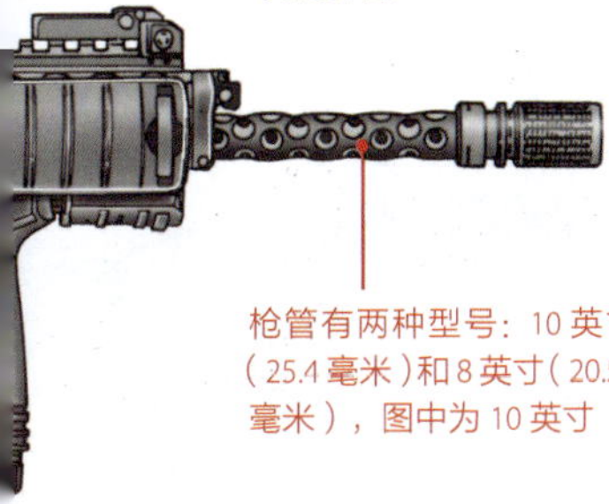

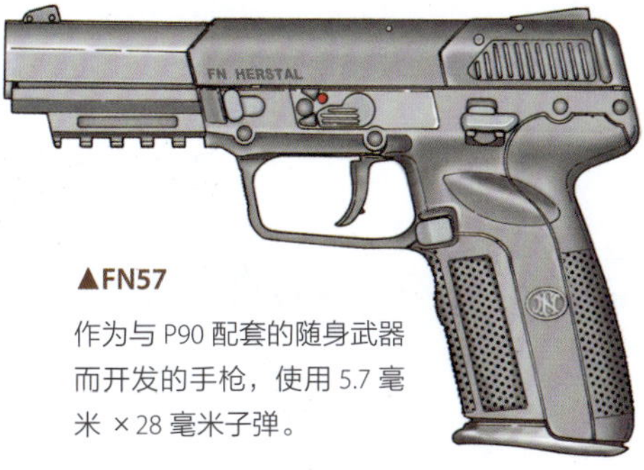

12 MG34/42

杰出的德制通用机枪

“不区别轻机枪和重机枪，在同一支枪上实现上述两类枪的性能”，在德国军方的要求下，MG34 诞生了。紧随其后又开发了继承其优越性能，提高了在恶劣条件下的可靠性和生产效率的 MG42。在第二次世界大战中，德国主要将它作为通用机枪[一]来使用。

▼MG42

作为 MG34 的继任者而被开发的 MG42[二]，在机匣和枪管套筒的制作过程中大量采用冲压工艺，提高了生产效率和可靠性。运作方式为短后坐式[三]，但闭锁方式由 MG34 的滚转式改为了滚柱闭锁式。它使用弹链供弹方式，射速极快，因此在连射时会发出撕裂布匹一般的独特声音。

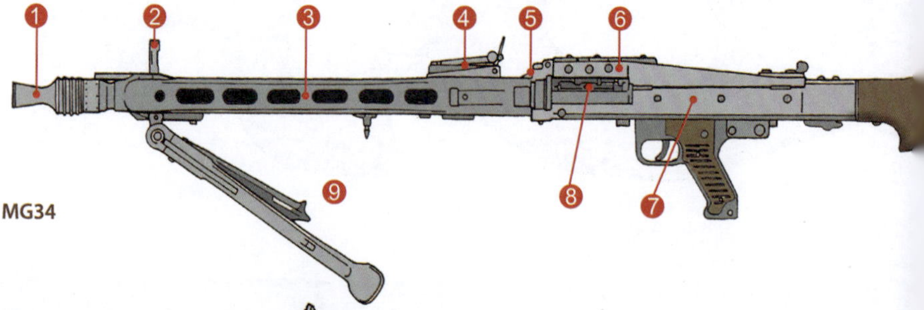
1
2
3
4
5
6
7
8
9

▼MG34

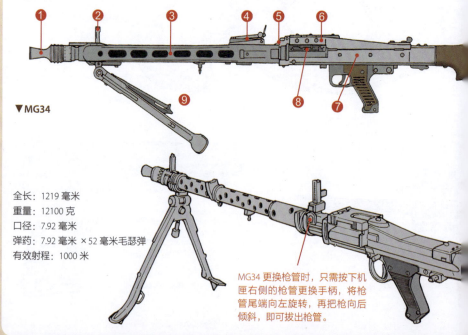

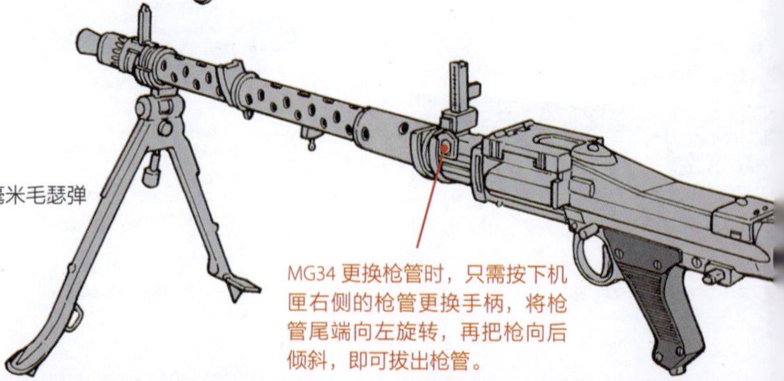
MG34 更换枪管时，只需按下机匣右侧的枪管更换手柄，将枪管尾端向左旋转，再把枪向后倾斜，即可拔出枪管。

全长：1219 毫米
重量：12100 克
口径：7.92 毫米
弹药：7.92 毫米 ×52 毫米毛瑟弹
有效射程：1000 米

㊀ 通用机枪：大多数国家将它分别作为班组支援轻机枪和阵地防守重机枪使用。
㊁ MG42：格罗斯富斯公司（Metall und Lackierwarenfabrik Johannes Großfuß AG）开发，1942 年以后由格罗斯富斯公司和毛瑟公司等厂家生产并提供。
㊂ 短后坐式：利用弹丸发射时的后坐力自动完成抛壳和装填。射击后到子弹离开枪管的这段时间，枪管略微后退，枪机与膛室嵌合将其闭锁。

MG42 获得的评价极高，战后被西德军队以 MG3 之名采用时也没有多加改动，仅仅将使用的子弹更换成了 7.62 毫米 ×51 毫米子弹。后来还派生出了许多枪型。照片中的就是现在德国联邦国防军使用的 MG3。

❶ 膛口罩（能够以 1200~1500 发 / 分钟的速度高速连射） ❷ 准星 ❸ 枪管套筒 ❹ 弧形座表尺 ❺ 枪管更换手柄（每射出 150 发子弹换一次枪管） ❻ 机匣盖板内部是受弹器（弹链供弹机构） ❼ 滚柱闭锁式的枪机（闭锁滚柱延缓机头的后退，在弹丸离开枪管，膛室内部压力下降之前闭锁膛室。MG42 是首次采用这种结构的枪） ❽ 进弹口㊀ ❾ 两脚架（安装在枪管下方，可以折叠收起）

口径：7.92 毫米
弹药：7.92 毫米 ×52 毫米毛瑟弹
全长：1220 毫米
重量：11600 克
有效射程：1000 米

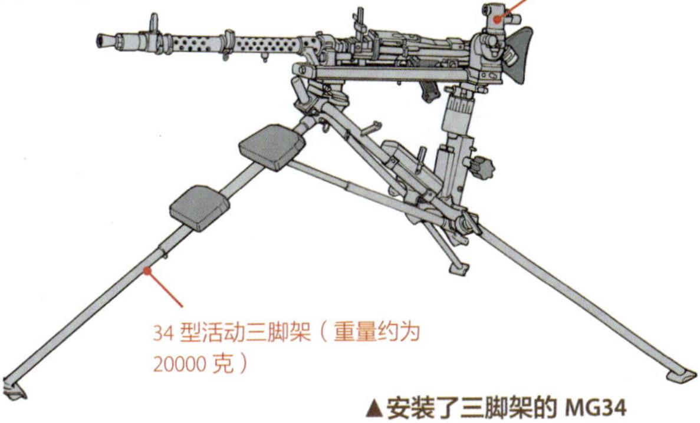

▲安装了三脚架的 MG34

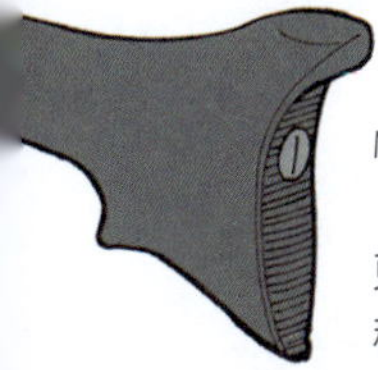

MG34 使用 7.92 毫米 ×57 毫米毛瑟弹，为了加强火力，射速比其他机枪更快（800~900 发 / 分钟），枪管过热的情况十分严重，因此设计成了可以轻松更换枪管的构造。安装三脚架后的重机枪枪型，可以缓和射击时枪身的振动，稳定性更高，从而提高射击时的命中精度。安装两脚架的轻机枪枪型便于运输，可以作为班组支援武器。

㊀ 进弹口：子弹用弹链串起，每射出 30 发左右的子弹会短暂停止射击。

13 布朗式轻机枪

杰出的英制轻机枪

英军在第二次世界大战中使用的布朗式轻机枪㊀，是在取得了捷克斯洛伐克的 ZBvz.26 轻机枪的生产执照后改良生产的轻机枪。枪型 Mk.1—4㊁原本使用 0.303 英寸步枪弹，但在 1958 年以后，经过重新设计，诞生了适用 7.62 毫米 NATO 弹的 L4A1—A6 以及 A9。

●布朗式轻机枪的构造

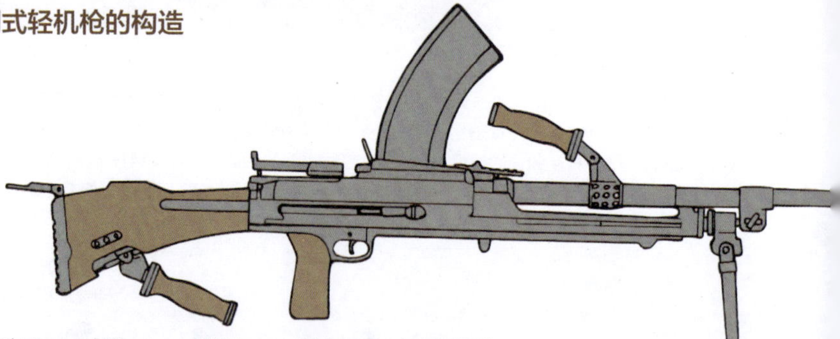

图上是诞生于 1944 年的 Mk.3。性能与 Mk.1 基本相同，仅仅做了缩短枪管等减轻重量的改造。布朗式轻机枪的可靠性虽然高，但弹匣簧弹力过大，如果装填 30 发子弹，就容易引发送弹不顺畅或卡弹。因此士兵们在使用时都默认它的装弹量为 28 发。

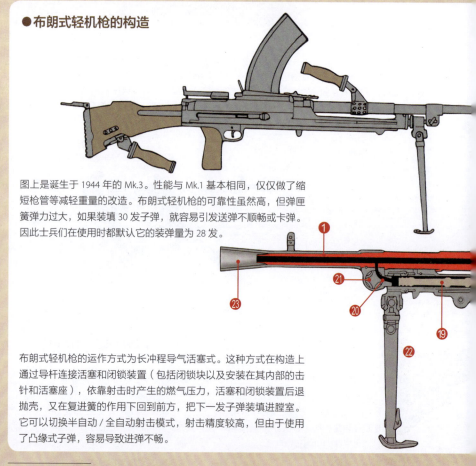

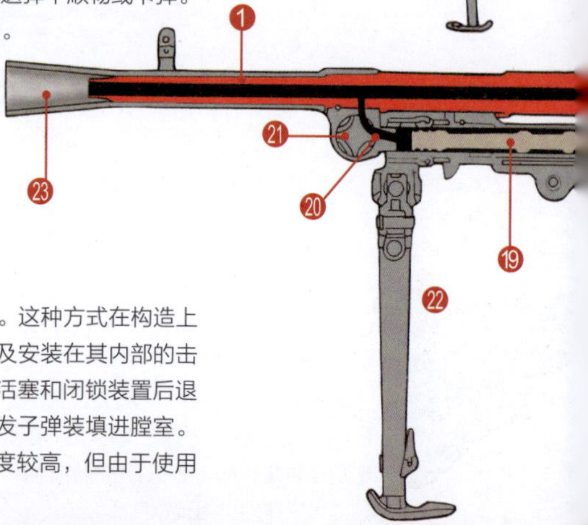

布朗式轻机枪的运作方式为长冲程导气活塞式。这种方式在构造上通过导杆连接活塞和闭锁装置（包括闭锁块以及安装在其内部的击针和活塞座），依靠射击时产生的燃气压力，活塞和闭锁装置后退抛壳，又在复进簧的作用下回到前方，把下一发子弹装填进膛室。它可以切换半自动/全自动射击模式，射击精度较高，但由于使用了凸缘式子弹，容易导致进弹不畅。

㊀ 布朗式轻机枪：英文名 BREN 取自 ZBvz.26 的原开发制造商布尔诺国营兵工厂和恩菲尔德皇家兵工厂的名称。

㊁ Mk.1—4：使用英式 0.303 英寸步枪弹的旧枪型，可以通过曲型弹匣来分辨。

正在操作安装了对空射击枪架的布朗式轻机枪的印度士兵。射手左侧是装填手，负责执行更换弹匣，以及在枪管过热时更换枪管等任务。布朗式轻机枪在设计上使枪管的更换变得更加容易。每个步兵班组（8名士兵）中配备1挺，作为班组支援武器使用。搭载于车辆上使用的情况也十分多见。

口径：7.7毫米
弹药：0.303英寸步枪弹
全长：1150毫米
重量：10150克
装弹量：30发
射速：500发/分钟
有效射程：550米

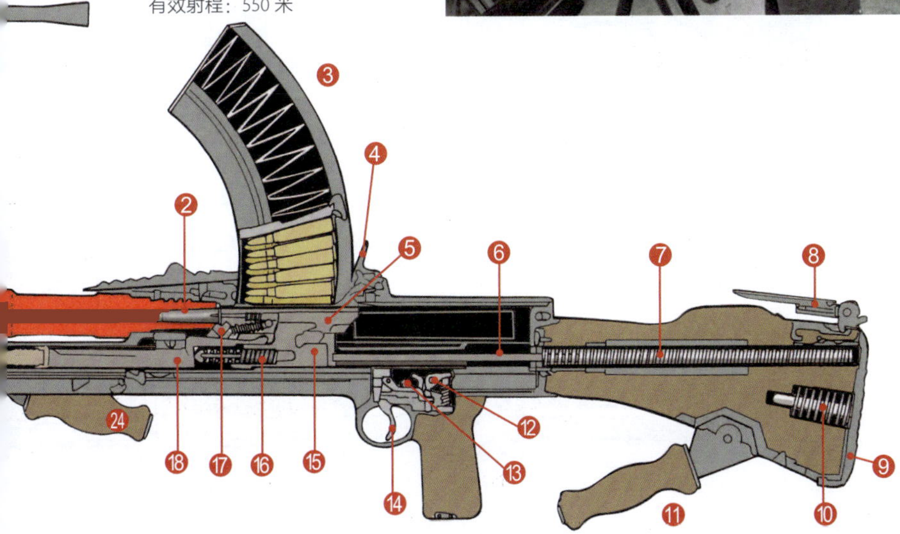

❶枪管 ❷膛室 ❸弹匣 ❹弹匣卡榫 ❺闭锁块（一个位于枪管末端，可以堵住膛室的零件，代替了枪机的作用） ❻复进簧导杆 ❼复进簧 ❽肩托 ❾枪托底板 ❿枪托底板弹簧缓冲器 ⓫后置握把 ⓬阻铁 ⓭快慢机 ⓮扳机 ⓯活塞座 ⓰复进簧 ⓱抽壳钩 ⓲导杆 ⓳导气活塞 ⓴导气孔 ㉑排气口 ㉒两脚架 ㉓消焰器 ㉔提把

14 机枪的运作方式

被广泛采用的长冲程活塞式

长冲程活塞式属于气动式运作方式中的一种，它的活塞与枪机框连为一体，会在运作过程中移动同等距离。在ZB26和布朗轻机枪，以及FN MAG等枪中都有使用。

▼九六式轻机枪

口径：6.5毫米
弹药：三八式步枪弹
全长：1070毫米
重量：9000克
装弹量：30发（盒型弹匣）
射速：550发/分钟
有效射程：1000米

日军在第二次世界大战中使用的主力机枪之一。以捷克产ZB VZ.26为原型，但进行了一些日本独有的改造，比如在枪管内部镀铬以延长使用寿命。

▼ZB VZ.26（捷克产轻机枪）

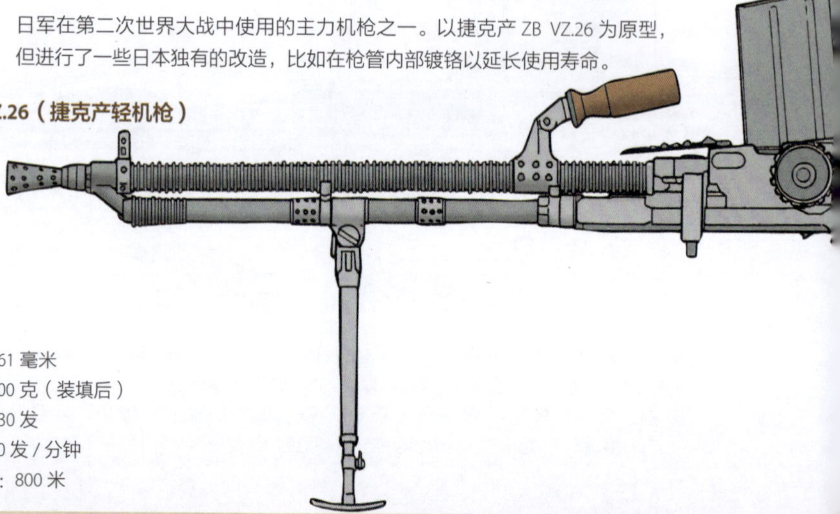

全长：1161毫米
重量：9600克（装填后）
装弹量：30发
射速：550发/分钟
有效射程：800米

●长冲程活塞式

①装填中

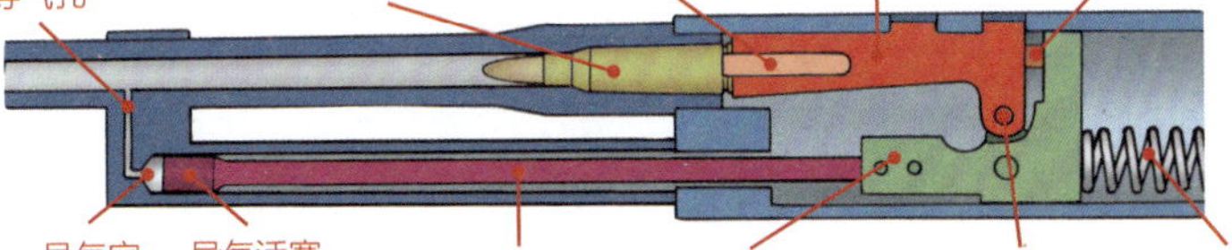
枪机（被用于锁定
枪机的缺口固定）
抛壳挺
枪机连接臂
导气孔
膛室（子弹装填中）
导气室
导气活塞
活塞连杆
枪机框
枪机连接栓
复进簧

②发射弹丸

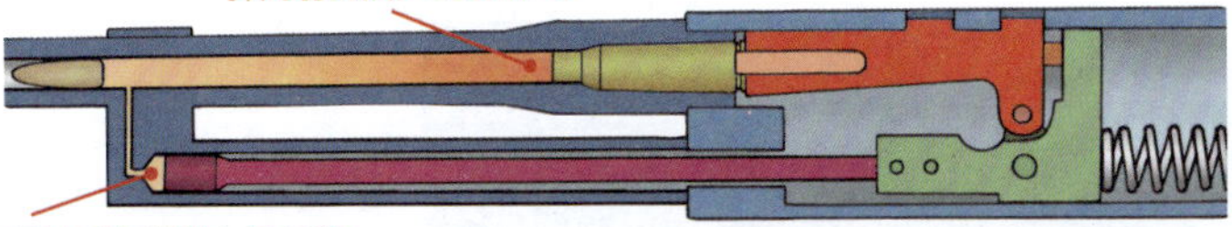
弹丸射出后产生的燃气
燃气通过导气孔进入导气室

③抛壳

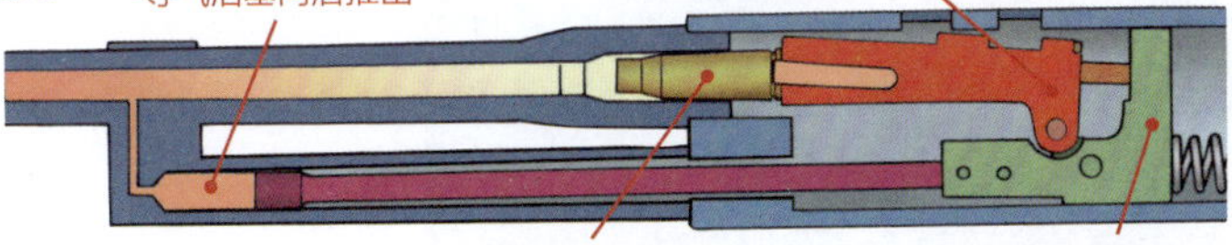
进入导气室的燃气将
导气活塞向后推出
弹丸离开枪口后，枪管内部的压力降低。枪机
连接臂松动解锁，枪机在后退的同时开放膛室
抽出空弹壳
导气活塞将枪机框向后推

④装填下一发子弹

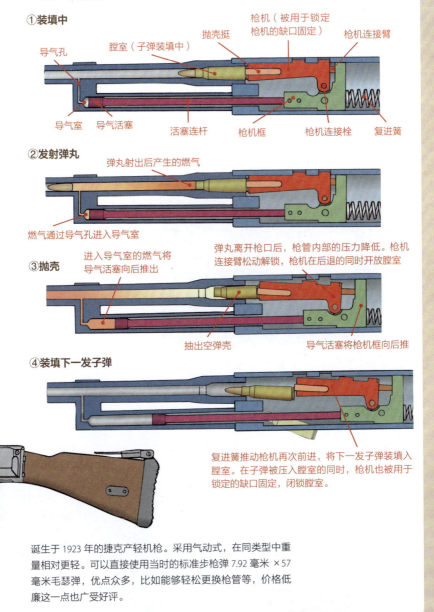

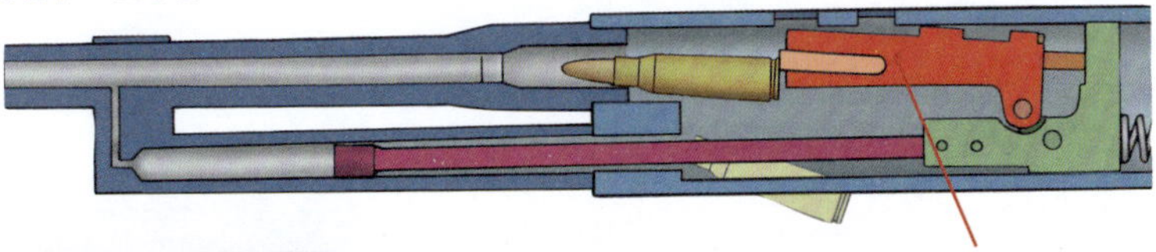
复进簧推动枪机再次前进，将下一发子弹装填入
膛室。在子弹被压入膛室的同时，枪机也被用于
锁定的缺口固定，闭锁膛室。

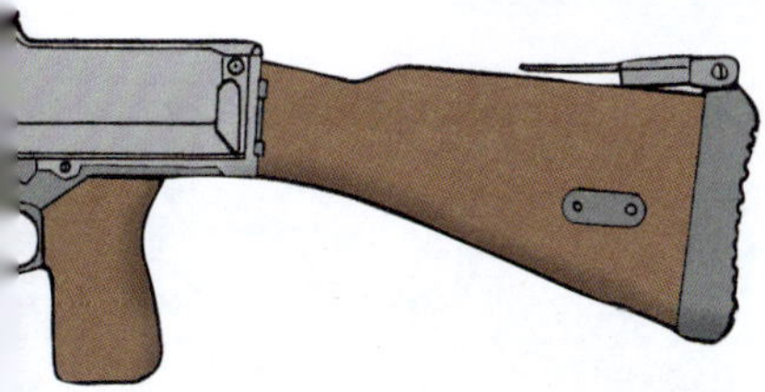

诞生于 1923 年的捷克产轻机枪。采用气动式，在同类型中重量相对更轻。可以直接使用当时的标准步枪弹 7.92 毫米 ×57 毫米毛瑟弹，优点众多，比如能够轻松更换枪管等，价格低廉这一点也广受好评。

15 M60 通用机枪

被投入多场战斗进行实战的机枪

1957 年，M60 冲锋枪被美军采用为制式枪后，立刻就被投入到越南战争的战场上。后来又诞生了 M60E1、M60E2、M60E3、M60E4、M60B~D 等改良后的派生枪型。M60 用途广泛，不仅适用于步兵班组支援，还可以作为车辆和直升机的搭载武器。不过目前美军正在将其更换为 M240（FN MAG）。

手持 M60 的美国陆军士兵（20 世纪 90 年代）。为了保证射击时的稳定性，M60 可以安装两脚架，除此之外，还可以安装三脚架，以固定式重机枪的形式使用。

● M60 各部位名称

图为 M60 基础枪型。它在 1957 年被采用以后，服役了相当长一段时间。由于存在多个制造商，因此即便都是 M60，也会在细部有所不同。

口径：7.62 毫米
弹药：7.62 毫米 ×51 毫米 NATO 弹
全长：1105 毫米
重量：10510 克（枪本身）
射速：550 发 / 分钟
有效射程：1500 米

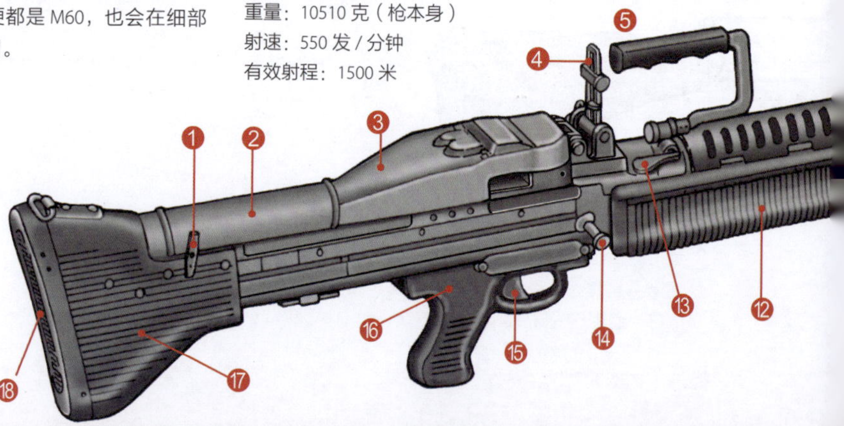

●供弹系统

M60 在构造上直接采用了 FG24 的运作系统（利用燃气压力的转拴式枪机）和 MG42 的供弹系统。供弹系统负责将子弹送进膛室，由促使连在一起的子弹在供弹盘上横向移动的枪机供弹杆，以及保证枪机供弹杆运转的进给凸轮杆和进给凸轮组成。子弹被金属制弹链连接在一起，每两条弹链固定一发子弹。适用于 M60 的子弹有 M61 穿甲弹、M62 曳光弹、M80 普通弹、M82 空包弹、M63 惰性弹。

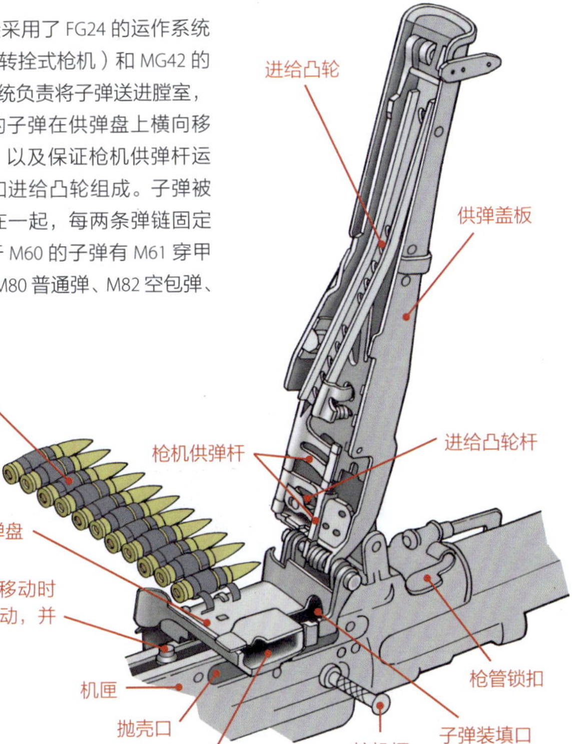

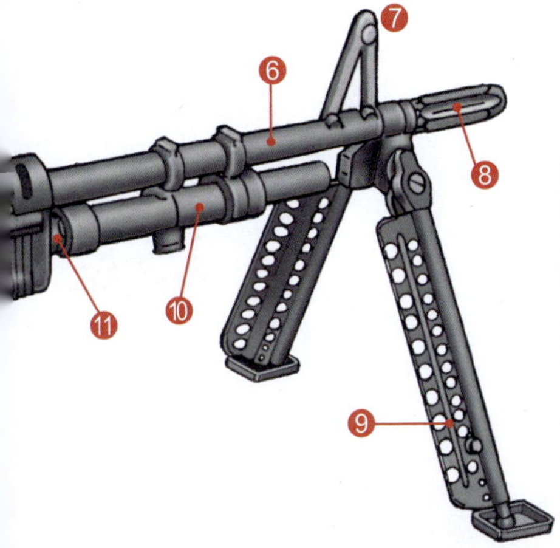

❶ 盖板锁扣 ❷ 盖板 ❸ 供弹盖板（弹药供给口盖板）❹ 照门 ❺ 提把 ❻ 枪管（连射状态下，每射出 200 发子弹就必须更换枪管，更换时需要戴上隔热手套）❼ 准星 ❽ 消焰器 ❾ 两脚架 ❿ 导气室（内藏导气活塞，运作方式为短冲程活塞式）⓫ 导气室接合部 ⓬ 下护木 ⓭ 枪管锁扣（更换枪管时，向上提起锁扣，抓住两脚架向上拔就能拆下枪管了。此时必须将枪本身撑起悬空，直到换好新枪管为止）⓮ 拉机柄 ⓯ 扳机 ⓰ 扳机机构 ⓱ 枪托（内藏用于缓和射击时产生的后坐力的缓冲器）⓲ 肩托

16 FN MAG（1）

被 80 多个国家采用的通用机枪

在第二次世界大战中被德国占领，并被迫生产枪械的比利时 FN 公司㊀，在战后开发出了 FN MAG㊁通用机枪。它使用质量较轻，生产效率

●FN MAG 的构造

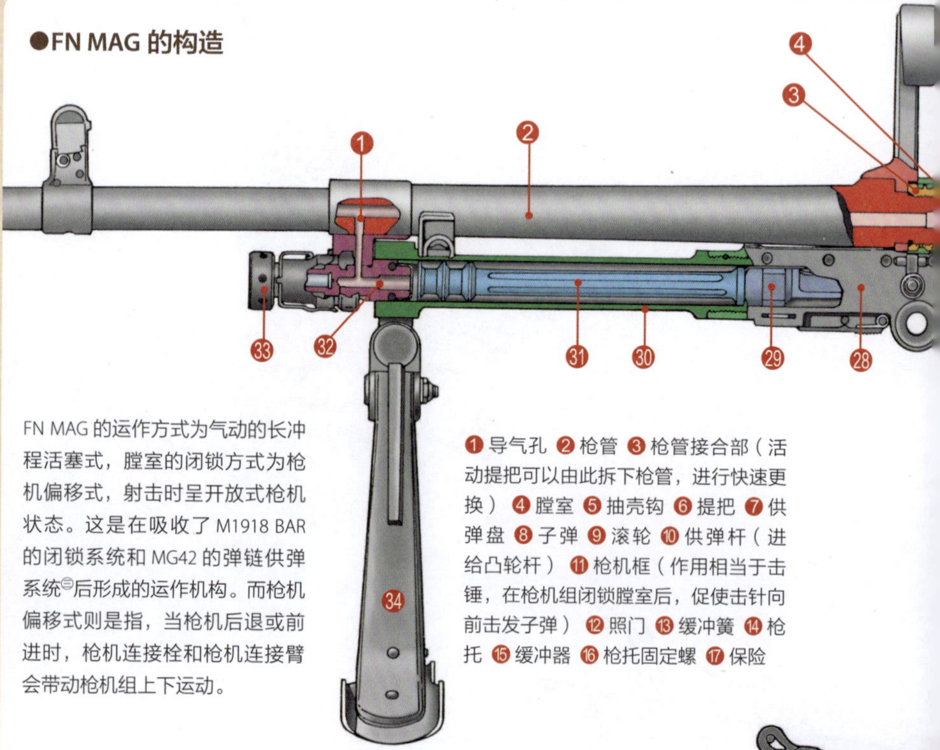

FN MAG 的运作方式为气动的长冲程活塞式，膛室的闭锁方式为枪机偏移式，射击时呈开放式枪机状态。这是在吸收了 M1918 BAR 的闭锁系统和 MG42 的弹链供弹系统㊂后形成的运作机构。而枪机偏移式则是指，当枪机后退或前进时，枪机连接栓和枪机连接臂会带动枪机组上下运动。

❶导气孔 ❷枪管 ❸枪管接合部（活动提把可以由此拆下枪管，进行快速更换） ❹膛室 ❺抽壳钩 ❻提把 ❼供弹盘 ❽子弹 ❾滚轮 ❿供弹杆（进给凸轮杆） ⓫枪机框（作用相当于击锤，在枪机组闭锁膛室后，促使击针向前击发子弹） ⓬照门 ⓭缓冲簧 ⓮枪托 ⓯缓冲器 ⓰枪托固定螺 ⓱保险

►L7A1 GPMG㊃

图中是被英军作为制式枪采用的 FN MAG。皇家轻武器兵工厂取得了生产许可后，进行了部分改良。主要在陆军和海军中使用，目前将留存下来的一部分改良成了 L2 GPMG 并投入使用。

㊀ FN 公司：开发 FN MAG 时还是半国营的列日市赫斯塔尔国家兵工厂，现在一般称为 FN 赫斯塔尔公司。
㊁ MAG：命名来自法语的 Mitrailleuse d' Appui General（通用机枪）的首字母缩写。
㊂ 弹链供弹系统：为了防止枪管过热膨胀，每条弹链的子弹数量被限制在 100 发。
㊃ GPMG：General Purpose Machine Gun（通用机枪）的首字母缩写。

高的冲压成型的零件，反映出了当时德国的机枪制造技术。在战后开发的机枪中，FN MAG 的性能可以进入第一梯队。自 1955 年（也有说法称是 1958 年）第一版枪型诞生以后，又断断续续做了一些改造，随后被以英国和美国为首的 80 多个国家采用。

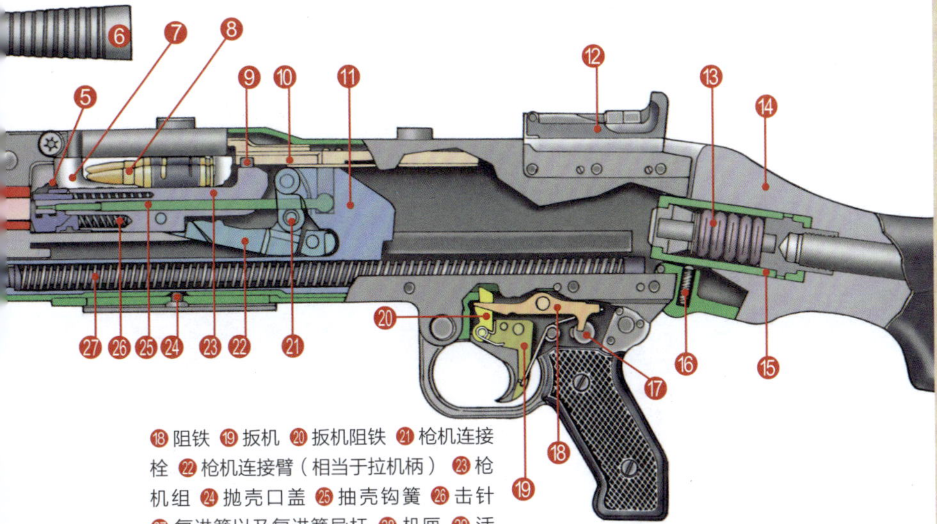

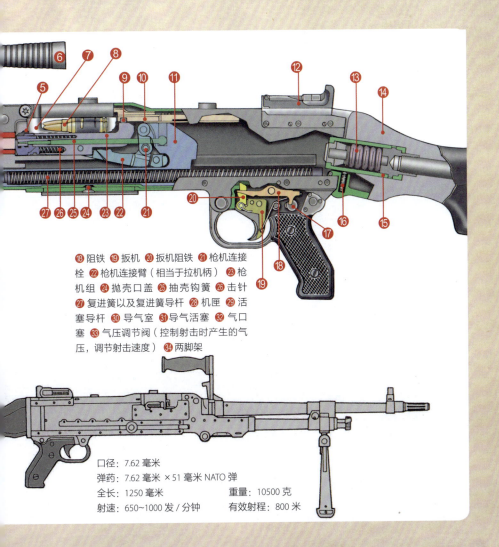

⑱阻铁 ⑲扳机 ⑳扳机阻铁 ㉑枪机连接栓 ㉒枪机连接臂（相当于拉机柄） ㉓枪机组 ㉔抛壳口盖 ㉕抽壳钩簧 ㉖击针 ㉗复进簧以及复进簧导杆 ㉘机匣 ㉙活塞导杆 ㉚导气室 ㉛导气活塞 ㉜气口塞 ㉝气压调节阀（控制射击时产生的气压，调节射击速度） ㉞两脚架

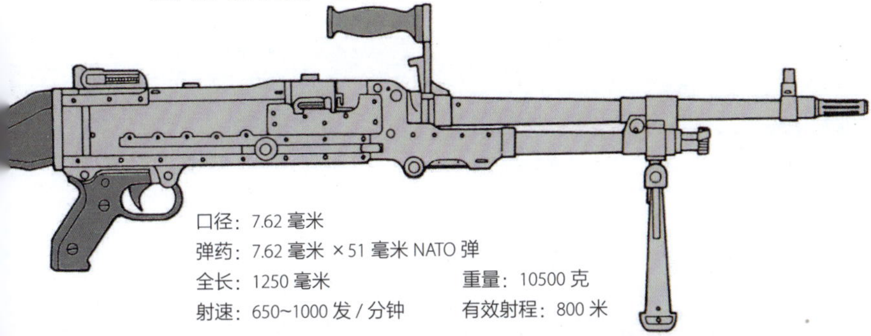

口径：7.62 毫米
弹药：7.62 毫米 ×51 毫米 NATO 弹
全长：1250 毫米　　重量：10500 克
射速：650~1000 发 / 分钟　　有效射程：800 米

17 FN MAG（2）

被美军采用并命名为 M240 的 FN MAG

美军在 20 世纪 70 年代，对 FN MAG 进行了重新设计并命名为 M240，作为坦克的同轴机枪使用。而它的良好性能，也使它被广泛运用于飞机和车辆搭载以及步兵携行中。

安装在装甲增强型悍马的机枪座上的 M240。可以看出它配备了伸缩式枪托。

▼M240L

全长：1050 毫米 /1230 毫米（展开枪托时）
重量：10100 克
有效射程：1100 米

美军从 2012 年开始发放给空降部队和特种部队使用的枪型。特征是短枪管和折叠式枪托。由钛合金机匣和聚合物扳机框等部件组装而成，稍稍减轻了重量。机匣外层是含有碳化铬材料的特殊涂层。

▼M240B

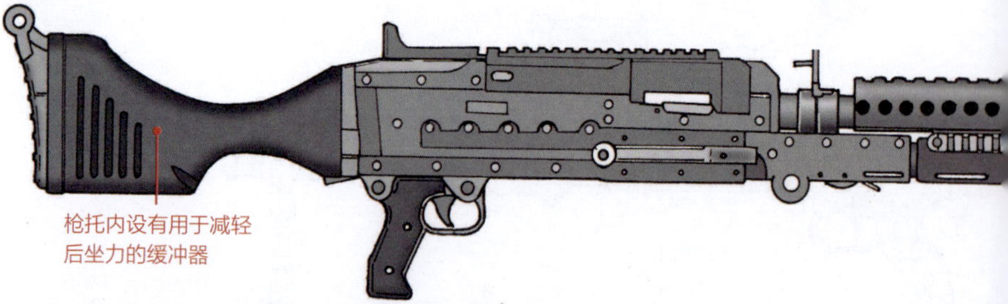

自 1991 年起，它替代 M60 成为美国陆军和海军陆战队中的步兵装备。它被施以在枪管上半部分安装隔热罩等改良，但基本上直接复制了 FN MAG 的构造。M240 有多款变种和派生枪型，枪身零件可以互换。采用弹链供弹系统，使用金属制 M13 弹链㊀。

㊀ M13 弹链：美军使用的弹链，将 7.62 毫米 ×51 毫米 NATO 弹使用弹链连接，射击后自动解体。

▼M240B 的野战拆卸

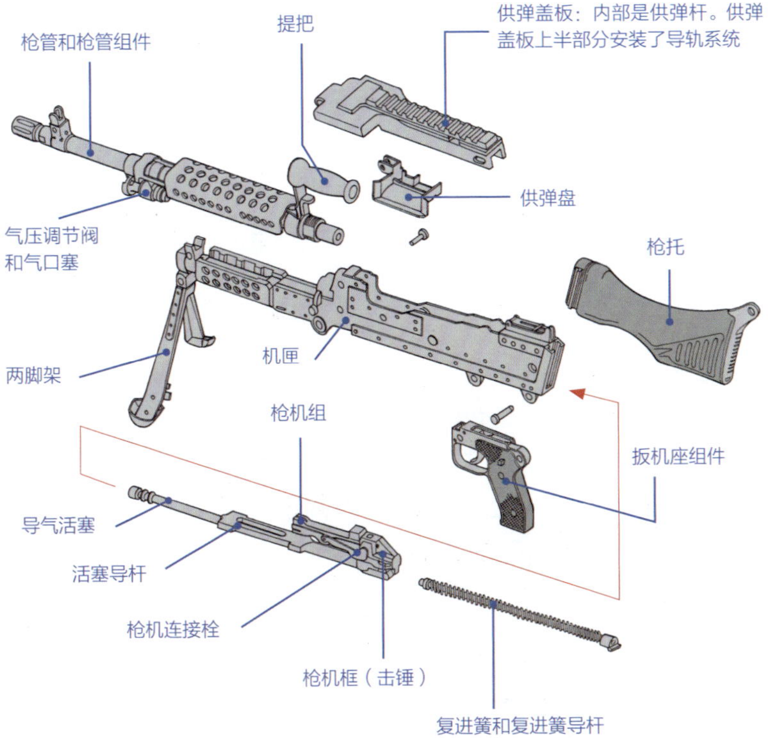

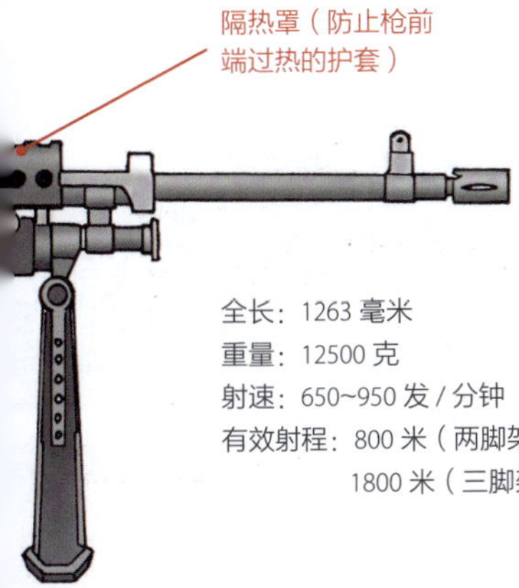

全长：1263 毫米
重量：12500 克
射速：650~950 发 / 分钟
有效射程：800 米（两脚架）
1800 米（三脚架）

被 M13 弹链连接起来的 7.62 毫米 ×51 毫米 NATO 弹（枪为 M60）.

18 各国的机枪

逐步向着 FN MAG 单一化发展的机枪

▼62 式 7.62 毫米口径机枪

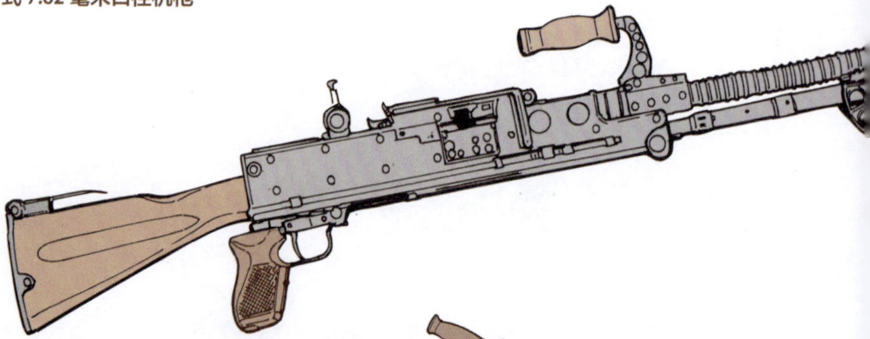

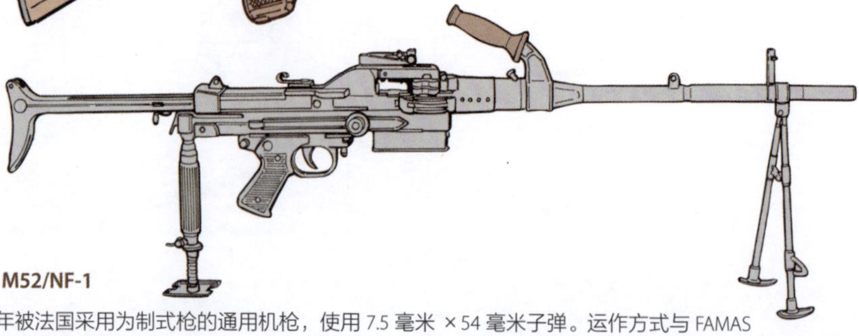

▲AA M52/NF-1

1952 年被法国采用为制式枪的通用机枪，使用 7.5 毫米 ×54 毫米子弹。运作方式与 FAMAS 相同，采用枪机延迟后坐式。由于不使用气动式，枪管也就使用了裸露在外的简单构造。使用 7.5 毫米 ×54 毫米法制子弹的枪型是 AAM52，用于出口的枪型则使用 7.62 毫米 ×51 毫米 NATO 弹，被称为 AA7.62NF-1。

口径：7.5 毫米 /7.62 毫米　全长：1145 毫米　重量：9970 克　射速：700 发 / 分钟

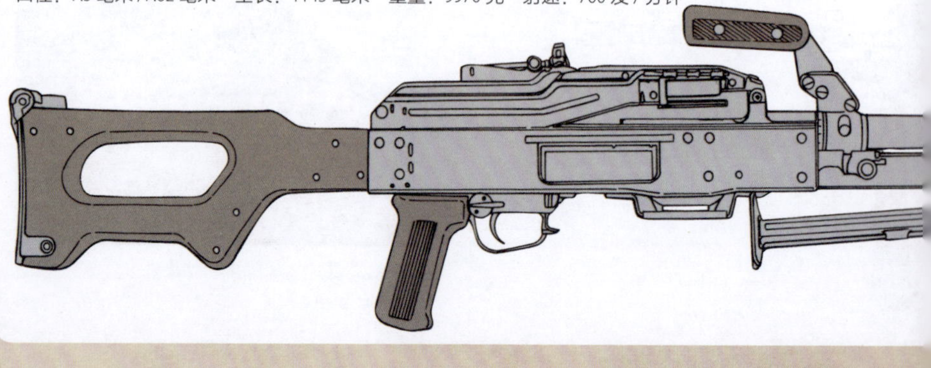

本小节将介绍各国军队使用的代表机枪。

1962 年被日本自卫队采用的机枪，至今还在服役。它是一种安装两脚架时可以作为轻机枪使用，安装三脚架时则作为重机枪使用的通用机枪。运作方式为长冲程气动活塞式。膛室的闭锁和开放使用枪机偏移式闭锁，弹药则采用 7.62 毫米 ×51 毫米子弹。

口径：7.62 毫米　全长：1200 毫米　重量：10200 克
射速：600 发 / 分钟　有效射程：800 米

▲RPK72N 班组支援机枪

随着苏联军队在 1974 年将口径为 5.45 毫米的 AK-74 采用为制式突击步枪，使用相同口径子弹的班组支援武器也应运而生。枪的外形基本承袭了 RPK。图中的枪型是其中的最新款 RPK-74N，由俄罗斯的莫洛特公司制造。枪身安装了聚合物护木和枪托，弹匣（45 发）也是塑料材质。

口径：5.45 毫米　全长：1060 毫米　重量：4600 克　射速：600 发 / 分钟

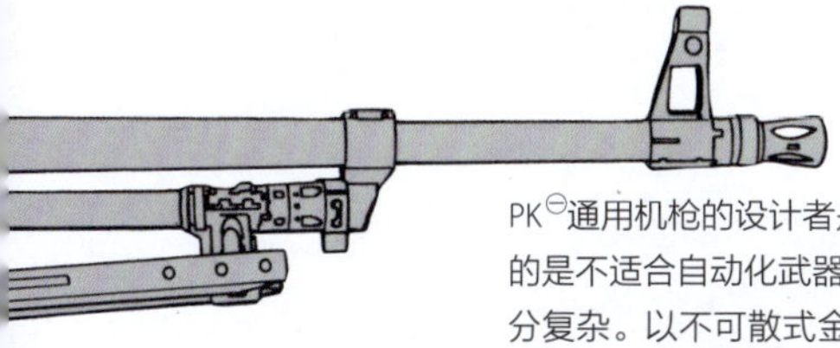

◀PK 通用机枪

PK㊀通用机枪的设计者是米哈伊尔 · 卡拉什尼科夫。它的威力很大，使用的是不适合自动化武器的旧式 7.62 毫米 ×54 毫米 R 弹，因此供弹系统十分复杂。以不可散式金属弹链连接子弹，进弹时由弹链向后拔出子弹，然后再将其装填进膛室。枪本身获得的评价极高，目前仍在使用。

口径：7.62 毫米　全长：1173 毫米　重量：9000 克　射速：650 发 / 分钟

㊀ PK：Pulemyot Kalashnikova 的首字母缩写，意思是卡拉什尼科夫机枪。

机枪的分类与应用

重 / 轻机枪的划分

机枪包括重机枪（HMG）和轻机枪（LMG），以及冲锋枪（SMG：短机枪）。目前最常见的是以一挺机枪同时实现重 / 轻机枪功能的通用机枪（GPMG）。此外，与机枪有关的划分方式，还有 SAW（班组支援武器）。它正如其名，不依靠重量来划分，而是侧重于应用范围。

重机枪指的是单人无法携带的大型机枪，通常以大口径为主，能够持续射击，具有强大的火力压制能力。自轻机枪在第一次世界大战的战场上出现后，机枪才开始划分为重机枪和轻机枪（第一次世界大战及以前安装在三脚架和步枪座上的机枪，都被划分在重机枪范围内）。

轻机枪指的是单人即可携带的轻量化机枪，在第二次世界大战中，大部分国家的陆军都会以班组为单位配备一挺左右的轻机枪，并以它为核心组成射击小组（射手和负责携带弹药的副射手），用于班组作战时的火力支援。它的重量约为 10 千克，是相对较轻的空冷式机枪，连续射击后枪管会过度发热，因此被设计成了可以在射击中更换枪管的构造。常见的运作方式有利用后坐力的方式（有长后坐式和短后坐式）和利用燃气压力的方式（在这种方式中使用长冲程活塞式的枪较多）。大多数轻机枪使用的都是盒型弹匣，有效射程在 500~800 米，甚至更远，能够支撑起强火力弹幕，比起致敌死伤，更主要的目的是使敌人在猛烈的火力下动弹不得，无法进行反击，因此，它作为火力压制武器是十分有效的。在第二次世界大战中，英国军队的布朗式轻机枪、苏联的 DP28、日本的九九式轻机枪、法国的沙泰勒罗 FMmle1924/29 等轻机枪都很有名。

而在第二次世界大战中，德国还开发了安装两脚架时可作为轻机枪使用，需要进行精密射击时则安装三脚架作为重机枪使用的通用机枪的雏形——MG34 和 MG42。以此为契机，战后的机枪开发纷纷以它们为蓝本，重机枪和轻机枪之间的区别也逐渐消失。

另一方面，冲锋枪则是一种用途与其他机枪完全不同的武器，它使用手枪弹，在威力和射程上都相当有限，更多地被看作是一种威慑敌人的武器。

当今时代机枪的运用

目前，步兵的主力武器是突击步枪。步兵班组一般由 10 多名士兵组成，因此，每个人所持有的突击步枪的综合火力就是班组的火力。然而，这样的火力还不足以突破防守严密的敌方阵地，也无法与有装甲车掩护的敌军交战。所以，需要使用机枪来弥补这一缺陷。

简单地说，机枪包括能够由单人操作，为班组提供火力支援的班组支援武器，以及使用比 5.56 毫米子弹（班组支援武器）威力更强的 7.62 毫米子弹的通用机枪（被负责支援排和连的机枪小队所使用）。此外，还有使用威力更大的 12.7 毫米子弹和 14.5 毫米子弹的枪型，相当于重机枪，但这类机枪一般搭载于车辆和飞机上。因此，普通步兵使用的大多是通用机枪。

德国联邦国防军使用的 H&K MG4 轻机枪。正在更换为使用 7.62 毫米 ×51 毫米 NATO 弹的 MG3。德军将 MG4 作为班组支援武器使用，而采用这种轻机枪的原因是它能够与使用 5.56 毫米 ×45 毫米 NATO 弹的 G36 突击步枪共用子弹。运作方式为气动的长冲程活塞式。膛室的闭锁和开放通过滚转式枪机进行。（图片来源：Bundeswehr）

口径：5.56 毫米　全长：1030 毫米
重量：8150 克　射速：775~885 发 / 分钟
有效射程：1000 米

▼九九式轻机枪

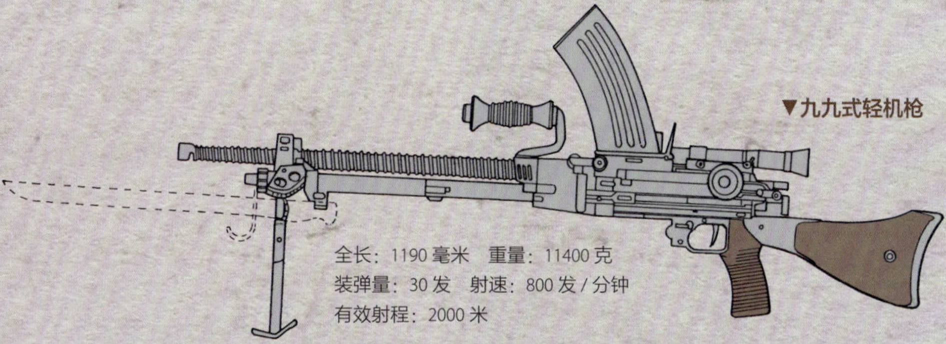

全长：1190 毫米　重量：11400 克
装弹量：30 发　射速：800 发 / 分钟
有效射程：2000 米

因为从 1938 年开始配备的 6.5 毫米口径的九六式威力不足，日军将它的口径扩大为 7.7 毫米以增强火力，并诞生了九九式轻机枪。它基本上承袭了九六式的结构，外观也十分相似。轻机枪原本是对敌人进行火力压制，用于支援班组作战的武器，但日本陆军会在作战中使用它跟随班组一同突击，因此被设计成了能够安装刺刀的构造。

19 机枪的应用

通用机枪的特性和射击方法

▶ **H&K MP5**

这种是 MG4 的放大版枪型，使用 7.62 毫米 ×51 毫米子弹的通用机枪。图中是安装了前握把的步兵用枪型。2014 年被德国联邦国防军采用为制式枪。运作方式和闭锁结构都和 MP4 一样。此外，为了能够使士兵徒手更换连射时发热的枪管，将提把当作更换枪管的把手这点也与 MG4 相同。

▼机枪射程与致死范围之间的关系

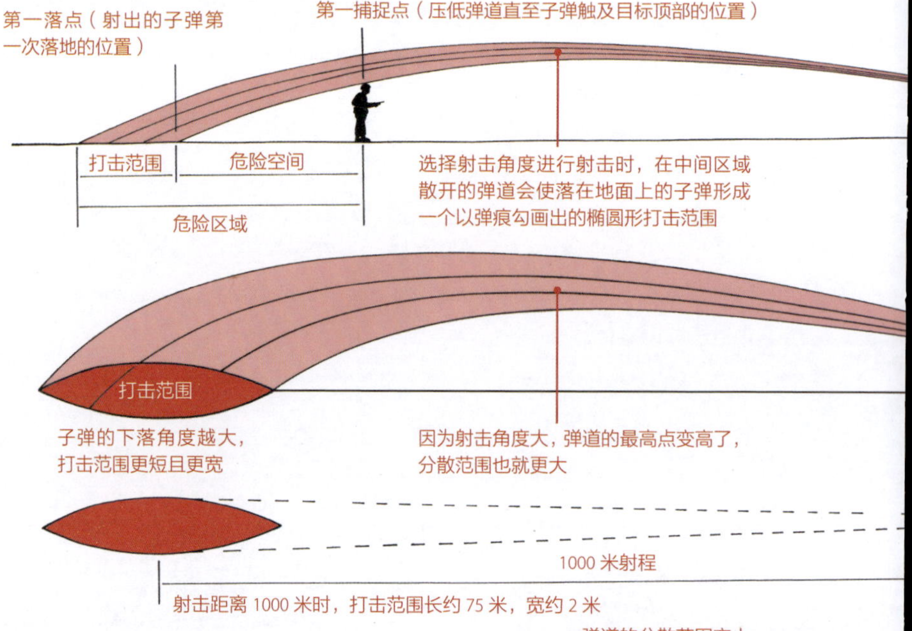
第一落点（射出的子弹第一次落地的位置）
第一捕捉点（压低弹道直至子弹触及目标顶部的位置）
打击范围
危险空间
危险区域
选择射击角度进行射击时，在中间区域散开的弹道会使落在地面上的子弹形成一个以弹痕勾画出的椭圆形打击范围
打击范围
子弹的下落角度越大，打击范围更短且更宽
因为射击角度大，弹道的最高点变高了，分散范围也就更大
1000 米射程
射击距离 1000 米时，打击范围长约 75 米，宽约 2 米

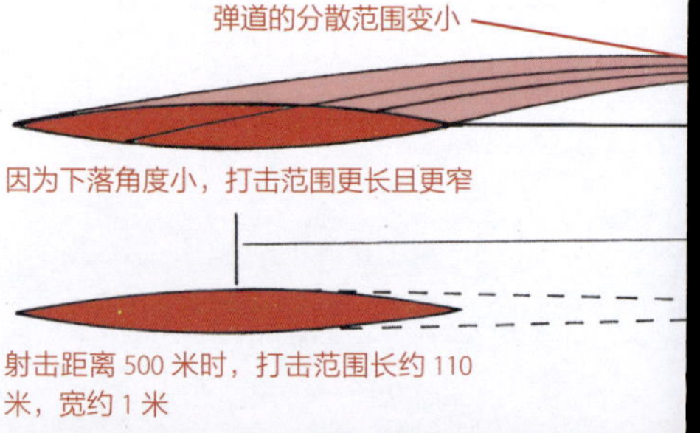
弹道的分散范围变小
因为下落角度小，打击范围更长且更窄
射击距离 500 米时，打击范围长约 110 米，宽约 1 米

要使射出的子弹到达更远的距离，必须加大射击角度，机枪的最大射程约为 3000 米。与一点为目标的突击步枪不同，机枪在射击时，锁定的是位于打击范围内的目标。即使目标距离在 600 米以内，是子弹能够直射的距离，也要选取射击角度，考虑打击范围后再进行射击，这样才更能发挥机枪的威力。

目前，7.62 毫米口径通用机枪已经是步兵战斗中不可或缺的武器了。但是，要想完全发挥出它的威力，还必须熟知机枪的特性和使用方法。

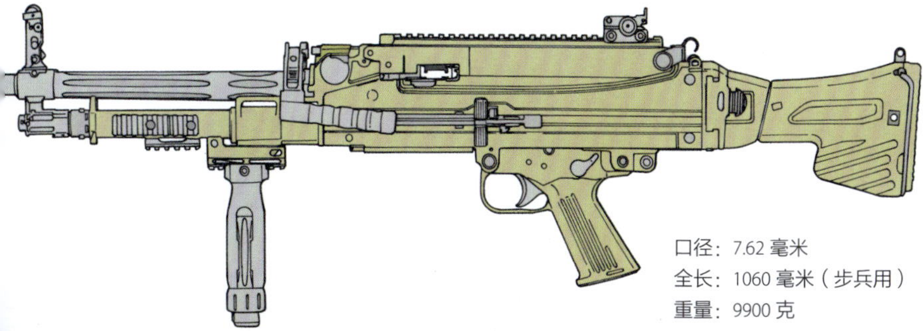

口径：7.62 毫米
全长：1060 毫米（步兵用）
重量：9900 克

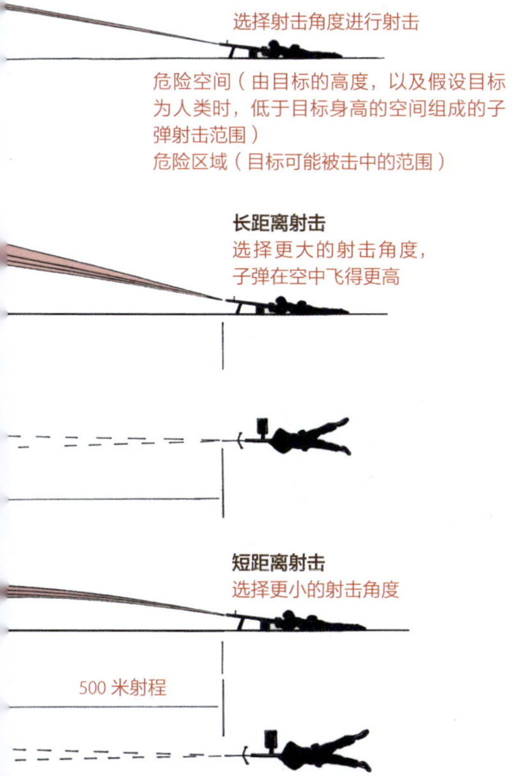
选择射击角度进行射击
危险空间（由目标的高度，以及假设目标为人类时，低于目标身高的空间组成的子弹射击范围）
危险区域（目标可能被击中的范围）
长距离射击
选择更大的射击角度，子弹在空中飞得更高
短距离射击
选择更小的射击角度
500 米射程

安装在三脚架上的 M240。FN MAG 和 MG3 等通用机枪使用的都是口径为 7.62 毫米的大威力枪弹，因此在正确的射击方式中两脚架或三脚架是必不可少的。M240 的有效射程在使用两脚架或三脚架时能达到 800~1800 米，在 600 米左右的距离内子弹可以直射。

20 班组支援武器

能以一人之力为班组提供火力支援的机枪

越南战争中，越南人民军装备的是子弹口径（7.62 毫米 ×39 毫米）与 AK47 相同，重量比轻机枪更轻，可以单人操作的班组支援武器（RPD 等）。

对这种火力极强的班组支援武器深感头痛的美军意识到了开发新型班组支援武器的必要性。

到了 20 世纪 70 年代，美军开

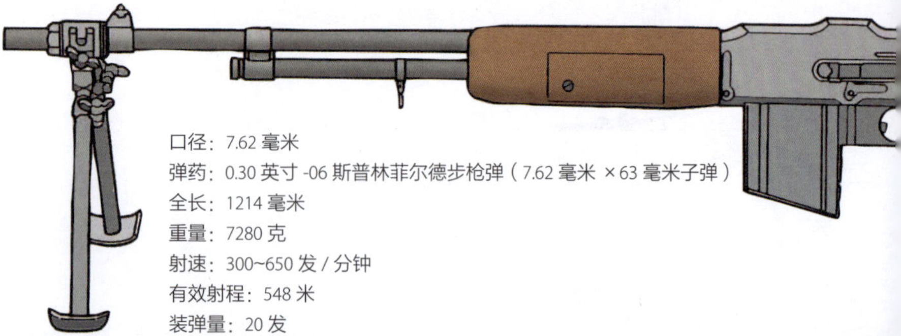

口径：7.62 毫米
弹药：0.30 英寸 -06 斯普林菲尔德步枪弹（7.62 毫米 ×63 毫米子弹）
全长：1214 毫米
重量：7280 克
射速：300~650 发 / 分钟
有效射程：548 米
装弹量：20 发

RPK 班组支援机枪▶

RPK㊀是 1961 年被苏联军队采用的班组支援武器。它以 1959 年被采用的 AKM 为原型，在设计时几乎完全复制了 AKM 的枪机部分。它的枪管被延长，以提高枪口初速并延长射程，同时，为了应对射击时的发热现象，枪管被改造得更厚。此外还可以装备两脚架来保证射击时的稳定性，枪托也改为使用耐久度更高的设计。它的优势之一是操作方式和 AKM 相同，即使没有接受过 RPK 针对性训练的士兵也可以很快上手。除了苏联军队以外，华约成员国以及其他一些国家也都取得了生产许可并大量装备。它的运作方式为利用燃气压力的长冲程活塞式，膛室的闭锁和开放则通过滚转式枪机实现。最初的主要制造商为维亚茨基耶波利亚内机械制造公司。

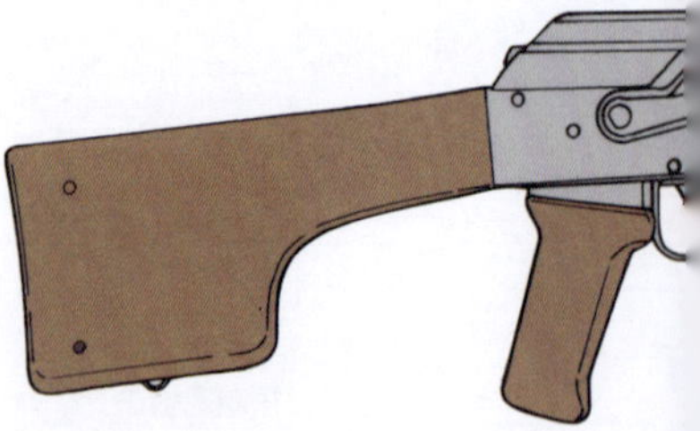

㊀ RPK：Ruchnoy Pulemyot Kalashinikova 的首字母缩写，意为卡拉什尼科夫携行机枪。

始着手研究开发与 M16 步枪使用相同子弹的班组支援武器。1974 年，美军将 FN 公司提交的枪型命名为 XM249，并进行了各种试验和改良，最终于 1982 年将 M249SAW㊀采用为制式枪。

美军虽然赋予了它 M249 的制式名称，但原开发制造商 FN 公司仍将其作为米尼米机枪㊁出售，现在已经成为全球 40 多个国家的军队都在使用的畅销轻机枪。

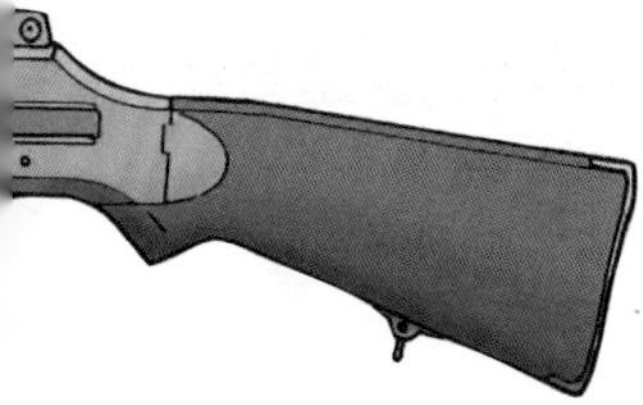

◀ M1918 式勃朗宁自动步枪

被称为 BAR㊂的这款自动步枪，是在 1917 年由约翰·摩西·勃朗宁设计的。运作方式为导气后坐式，可以切换半自动 / 全自动射击模式，也可以作为轻机枪使用。因此 BAR 并没有被划分到自动步枪的范畴内，而是被视为轻机枪中的一员。由于使用弹匣供弹，BAR 在连续射击时效果不如其他轻机枪，并且因为枪管是固定式的，存在枪管过热时不能简单更换的问题，然而它只需要 1 名射手就可以操作，所以在士兵中颇有人气。从第一次世界大战到朝鲜战争期间，它都是美军的班组支援武器。存在以下枪型：M1918、M1918A1（左图）、M1918A2（可以调节射速的全自动枪型）。

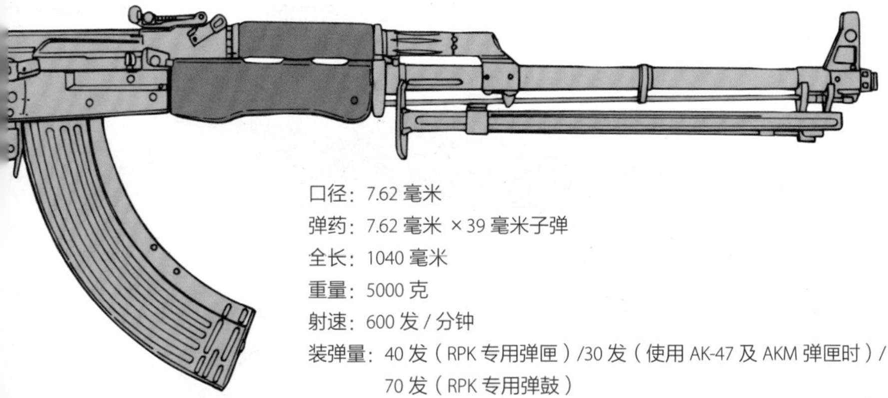

口径：7.62 毫米
弹药：7.62 毫米 ×39 毫米子弹
全长：1040 毫米
重量：5000 克
射速：600 发 / 分钟
装弹量：40 发（RPK 专用弹匣）/30 发（使用 AK-47 及 AKM 弹匣时）/70 发（RPK 专用弹鼓）

㊀ SAW：Squard Automatic Weapon 的首字母缩写，意为班组支援武器。
㊁ 米尼米机枪：参照 155 页。
㊂ BAR：Browning Automatic Rifle 的首字母缩写，意为勃朗宁自动步枪。

21 FN 米尼米

与以往的轻机枪有何不同？

● FN 米尼米的构造

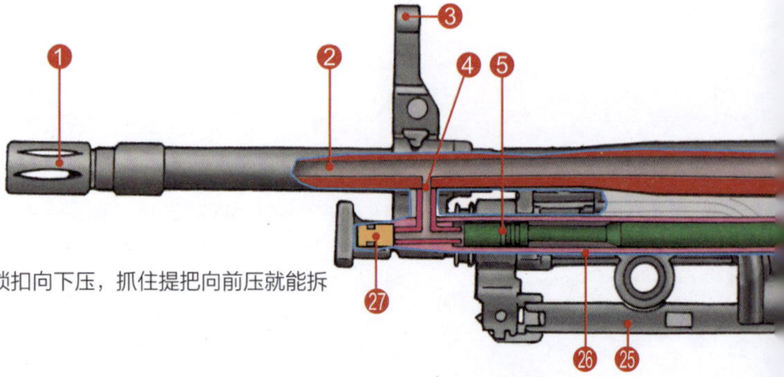

▼米尼米标准枪型

上了保险后，将枪管锁扣向下压，抓住提把向前压就能拆下枪管进行更换。

口径：5.56 毫米
全长：1040 毫米
重量：7100 克
射速：弹链供弹时 725 发 / 分钟，弹匣供弹时 1000 发 / 分钟
有效射程：1000 米

通过气压调节阀，射速可以在 700 发 / 分钟至 110 发 / 分钟之间调节

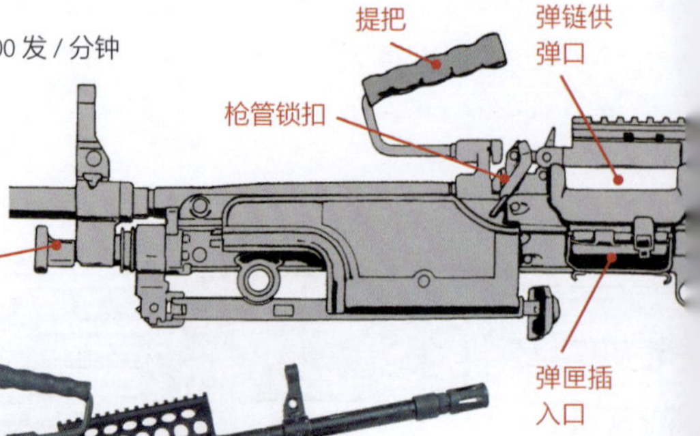

▼ MK48

全长：1000 毫米
重量：8170 克
最大射程：3600 米

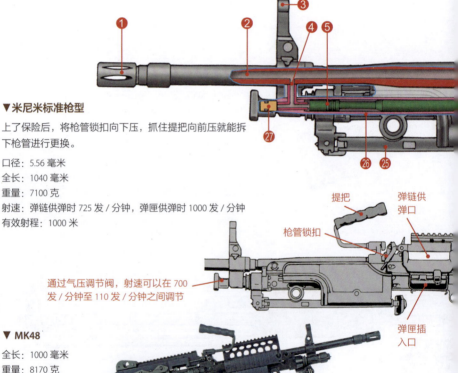

FN 公司应美国特种作战部队的要求，开发面向特种部队的枪型，使用 7.62 毫米 ×51 毫米 NATO 弹。对于可携带装备十分有限的特种部队来说，使用相同子弹的 M240 重量太大，M249 虽然足够轻，但使用的 5.56 毫米 ×45 毫米 NATO 弹却可能威力不足，MK48 正是能够替代它们的作战装备。

FN 米尼米[一]机枪是比利时的 FN 赫斯塔尔公司[二]在 1974 年开发的 SAW（班组支援武器）。与以往的轻机枪在使用思路上有些许不同，小型轻量化的米尼米机枪可以由单人携行，随着班组战斗队形的展开，为班组提供火力支援。

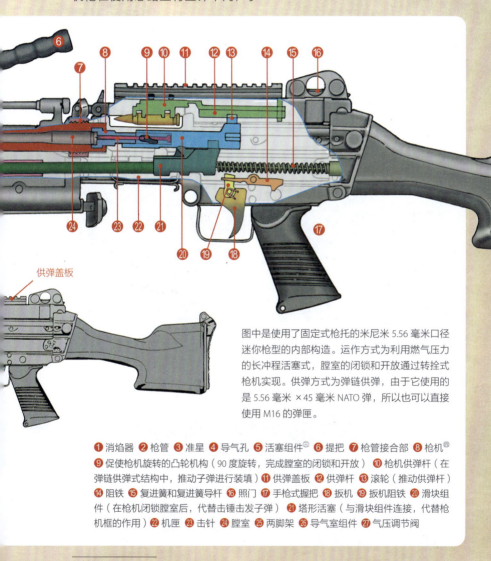

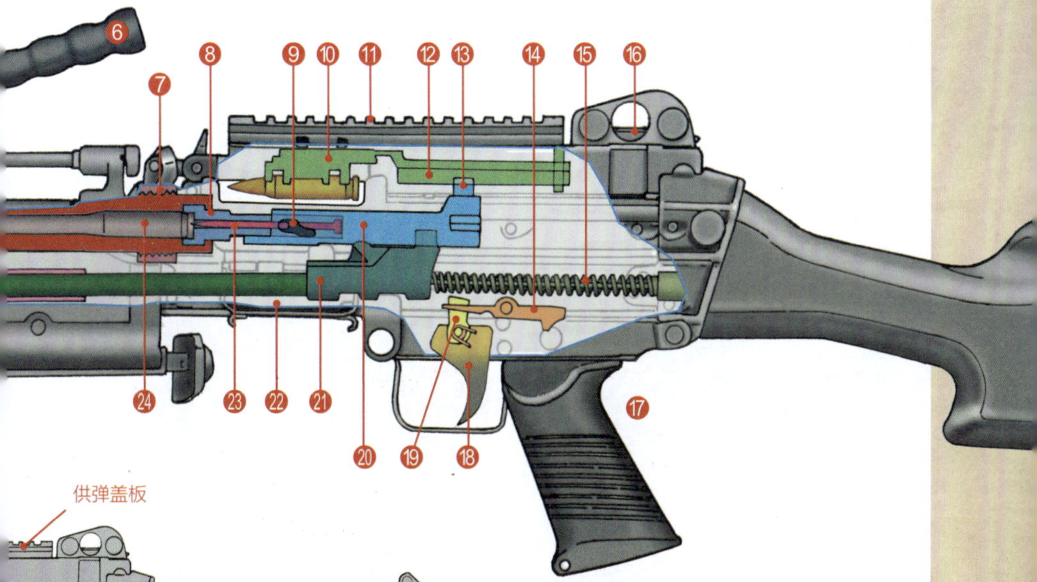

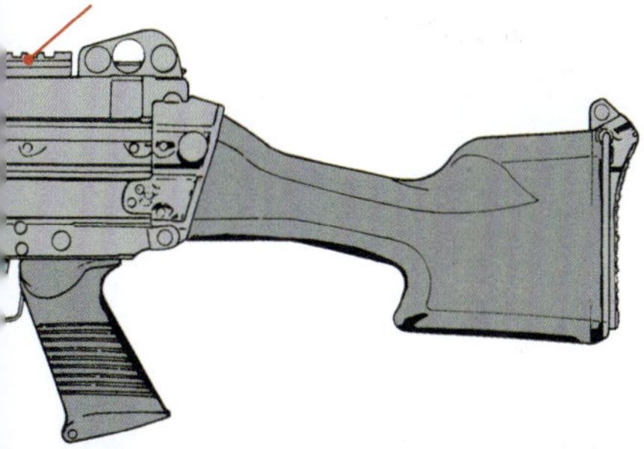

图中是使用了固定式枪托的米尼米 5.56 毫米口径迷你枪型的内部构造。运作方式为利用燃气压力的长冲程活塞式，膛室的闭锁和开放通过转拴式枪机实现。供弹方式为弹链供弹，由于它使用的是 5.56 毫米 ×45 毫米 NATO 弹，所以也可以直接使用 M16 的弹匣。

❶消焰器 ❷枪管 ❸准星 ❹导气孔 ❺活塞组件[三] ❻提把 ❼枪管接合部 ❽枪机[四] ❾促使枪机旋转的凸轮机构（90 度旋转，完成膛室的闭锁和开放）❿枪机供弹杆（在弹链供弹式结构中，推动子弹进行装填）⓫供弹盖板 ⓬供弹杆 ⓭滚轮（推动供弹杆）⓮阻铁 ⓯复进簧和复进簧导杆 ⓰照门 ⓱手枪式握把 ⓲扳机 ⓳扳机阻铁 ⓴滑块组件（在枪机闭锁膛室后，代替击锤击发子弹）㉑塔形活塞（与滑块组件连接，代替枪机框的作用）㉒机匣 ㉓击针 ㉔膛室 ㉕两脚架 ㉖导气室组件 ㉗气压调节阀

㊀ 米尼米：MINI Mitrailleuse（法语）的略称，意为“迷你机枪”。
㊁ FN 赫斯塔尔公司：开发这款机枪时还是半国营的列日市赫斯塔尔国家兵工厂。
㊂ 活塞组件：同时实现导气活塞和活塞导杆的作用，内部嵌入了复进簧和复进簧导杆的一部分。
㊃ 枪机：前端用于闭锁膛室，尾部有数个用于辅助枪机旋转的凸起。

22 勃朗宁 M2

0.50 英寸口径的强火力重机枪

利用射击子弹时产生的后坐力㊀抛壳并装填下一发子弹的运作方式被称为后坐式。勃朗宁 M2 和 M1919 等重机枪，都使用了一种被称为枪管摆动式㊁的短后坐式闭锁结构。

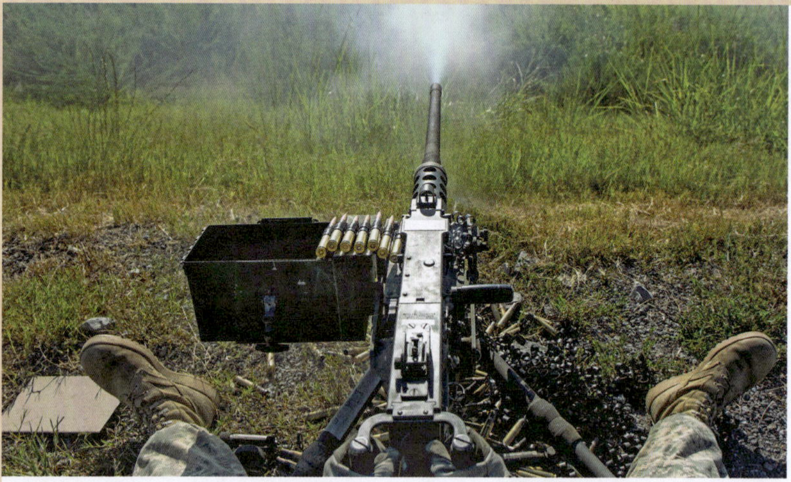

勃朗宁 M2 重机枪自 1933 年被美军采用为制式枪以来，至今仍在被广泛使用。除了配置在三脚架上使用以外，还可以安装在车辆和潜艇的枪架上，也可以搭载在飞机上。目前正在逐渐更新为可以快速更换枪管的改良型 FN M2HB-QCB。

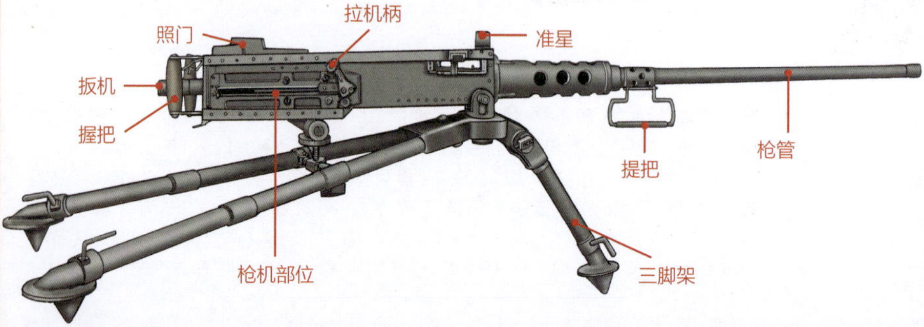

㊀ 后坐力：从严格意义上来说，这里所说的后坐力与射手受到的后坐力不同。

㊁ 枪管摆动式：零件数量极多，且缩小到了极限，所以虽然这种运作方式多用于重机枪，但在瓦尔特 P38 和伯莱塔 M92 等自动手枪中也有使用。

●后坐式（利用后坐力的方式）

图中显示了勃朗宁 M2 的枪管摆动式和短后坐式的运作过程。枪管和枪机的结合，则是通过枪管上的枪管锁扣和枪机上的枪机锁扣完成。

弹丸还停留在枪管内部时，内部气压高，如果这时候开放膛室促使枪机后退就极有可能引发故障。因此采用了后坐式结构，使枪管和枪机在弹丸离开枪口、内部气压下降之前一同后退，直到子弹离开枪口，二者才会分开。

①为装填状态。子弹被装填进膛室后，枪机将其闭锁。此时，枪管和枪机在枪机锁扣的作用下结合，膛室也被闭锁。

②弹丸被射出的同时，射击时产生的后坐力试图使枪机后退，但枪机在枪机锁扣的作用下与枪管（枪管和枪管锁扣被固定）紧密结合，二者被迫开始一起后退（膛室仍处于闭锁状态）。此时枪机加速器旋转敲击枪机，加速它的后退，使抛壳过程更加顺畅。

①装填状态

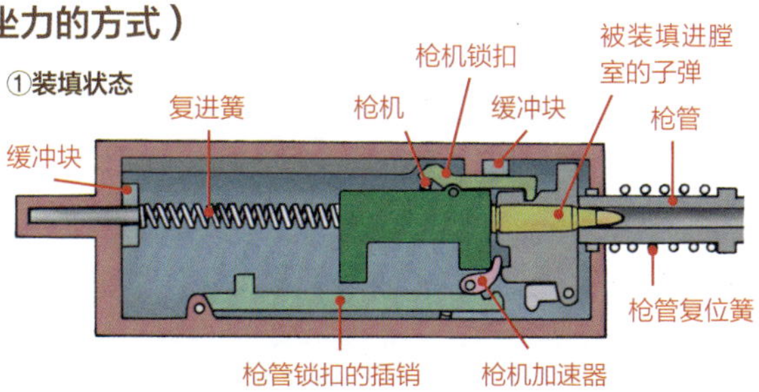

②发射弹丸

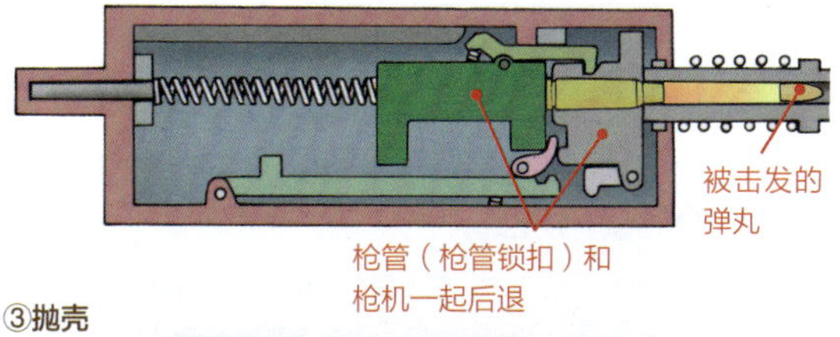

③抛壳

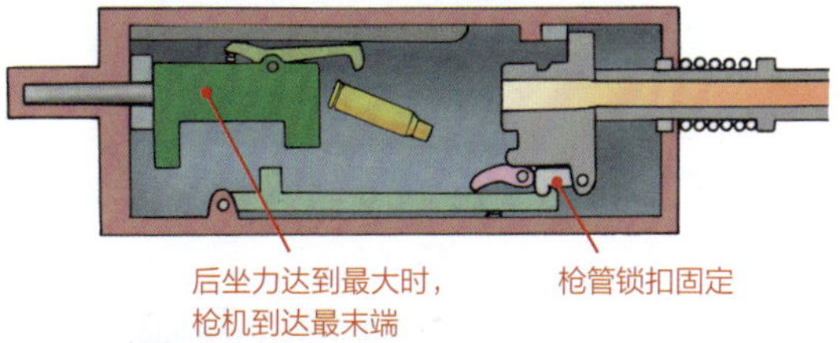

④装填下一发子弹

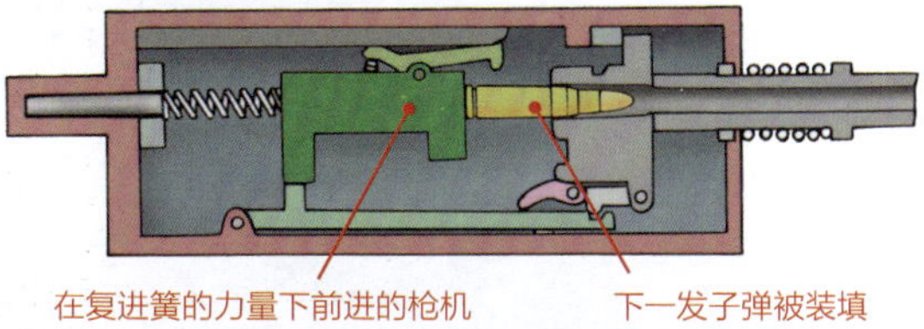

③弹丸离开枪管后，内部的压力下降到一定程度，枪机锁扣就会松开，枪管被松开（膛室也被开放）。此时枪管在枪管复进簧的作用下试图回到原本的位置，但由于被枪管锁扣限制，无法动弹。另一方面，枪机在后坐力的作用下进一步后退，膛室中的弹壳被抛出。

④枪机后退到最末端时，在复进簧的作用下再次前进，同时将下一发子弹压进膛室。不断前进的枪机按下枪管锁扣的插销，解开枪管锁扣，让枪管回到原本的位置。而当枪管复位，枪机前进到最前端时，枪机锁扣会将两者紧密结合，闭锁膛室，完成射击准备。

◀勃朗宁 M2

口径：0.50 英寸（12.7 毫米）
弹药：12.7 毫米 ×99 毫米子弹
全长：1645 毫米
重量：38100 克（枪本身）/ 58000 克（含三脚架）
射速：485~635 发 / 分钟（M2HB）
有效射程：2000 米

23 重机枪的出现

改变陆上战争的机枪

1884年，海勒姆·马克沁[一]开发了世界上第一支全自动机枪。虽然重量较重，使用时也需要耗费不少精力，但是它能在战场上发挥惊人的威力。在马克沁之后，各国也开始开发重机枪，并正式投入第一次世界大战的战场，深刻改变了陆上战争的战斗方式。

由于当时的重机枪本身以及三脚架等附件极为沉重，在使用和移动时必须有3~4名士兵参与，所以重机枪无法跟上步兵的快速机动，但在阵地防御一类的战斗中能发挥极大的威力。

●重机枪的使用方式

当时最能发挥重机枪威力的是防御战，通常结合步枪使用。重机枪配置在阵地的两翼，利用长射程夹击进攻的敌人。如果使用它的射手足够熟练，便能够通过间接瞄准射击（距离越长，子弹就越容易在重力的影响下以极大的角度下落，因此无法直接瞄准目标），令距离在最大射程2700米以内的敌人沐浴在弹雨中。另一方面，由于步枪的战斗距离在600~700米左右，因此在战术上，需要先使用机枪将火力集中在从远处向我方突击的敌人身上，再用步枪解决穿过机枪弹幕的敌人。

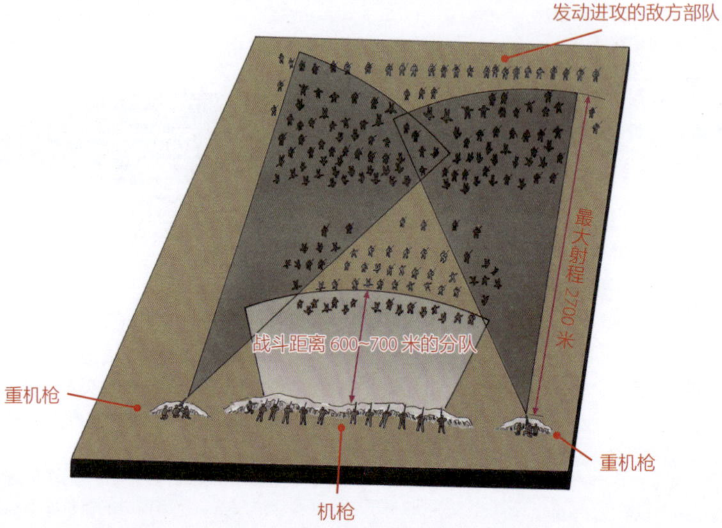

㊀ 海勒姆·马克沁：美国发明家，后来移民到了英国。

重机枪第一次投入实战是在日俄战争(1904年)中。为了防守要塞，俄军将马克沁机枪投入了战场。特别是在两军争夺胜负关键的203高地时，采取密集的直线散兵阵型发动进攻的日军在俄军的机枪下死伤无数。图为设置在俄军要塞内部的马克沁机枪，它使用弹链供弹，每分钟可以射出500发子弹。

24 常用的重机枪

作为防御武器活跃于战场上的重机枪

▼维克斯重机枪

这种英军在 1912 年至 1956 年期间，使用的枪型。运作方式为短后坐式（机枪运作方式中最传统的类型），水冷式枪管。每分钟可以连射 450~500 发子弹，具体来说是每间隔 6~8 秒进行一轮出弹量为 25~30 发的 4 秒连射，快速射击则需要间隔 3~4 秒。1 台重机枪需要配备 6 名操作人员，并且必须接受 2 个月的培训。图为维克斯 303 in Mk. Ⅰ。它有 Mk. Ⅰ—Mk. Ⅲ 3 种枪型。

口径：7.7 毫米
全长：1100 毫米
重量：50000 克（整备质量）
装弹量：250 发（帆布弹链）
有效射程：740 米

❶ 瞄准器 ❷ 扳机 ❸ 握把 ❹ 拉机柄 ❺ 弹链 ❻ 射击角度调整盘 ❼ 三脚架 ❽ 储水罐 ❾ 底座固定杆 ❿ 底座 ⓫ 水管连接处 ⓬ 枪口盖 ⓭ 枪管套筒（起到水冷套筒的作用，可容纳 4.3 升水用于冷却枪管。射击时水被加热蒸发，迅速射出大约 600 发子弹后水就会沸腾。蒸汽通过内部的蒸汽管，经由水管连接处，在水管的引导下进入储水罐，冷却后恢复成液态水。一旦水冷套筒内的冷水减少，就使用储水罐里的水来补充）

虽然重机枪的重量决定了它不适合携带，但它在阵地防御战等情况下能发挥出极大的威力。第二次世界大战爆发之前，它多被当作区域防御武器使用，是主要武器中的一种。以下介绍几种著名的重机枪。

九二式重机枪▶

❶增强冷却效果的散热片 ❷扳机（使用大拇指的按压式扳机）❸折叠式握把 ❹每根支架都可以插入用于搬运的提把，需要 3 名士兵才能搬动

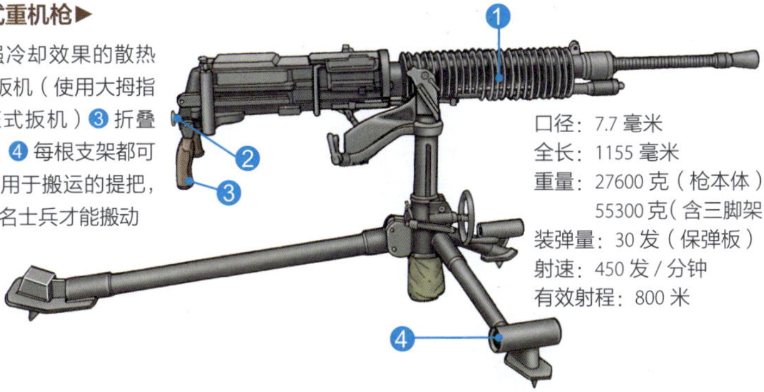

口径：7.7 毫米
全长：1155 毫米
重量：27600 克（枪本体）/ 55300 克（含三脚架）
装弹量：30 发（保弹板）
射速：450 发 / 分钟
有效射程：800 米

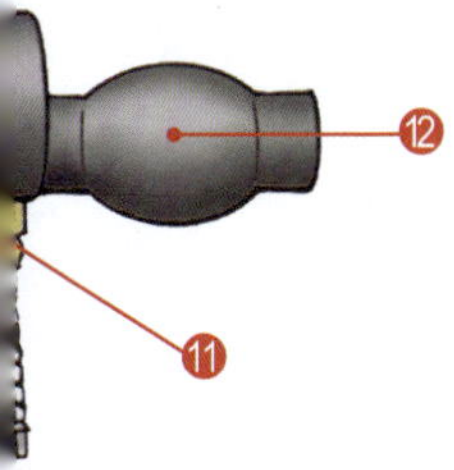

大正三年式重机枪是第一支由日本独立开发的重机枪，于 1914 年被采用为制式枪，虽然使用的是口径 6.5 毫米的三八式步枪弹㊀，但仍然威力不足。为了弥补这个缺点，日本后来又开发了使用 7.7 毫米九二式步枪弹（7.7 毫米 ×58 毫米 SR 弹）的九二式重机枪，并于 1932 年将其采用为制式枪。它在第二次世界大战中都是日本陆军的主力重机枪。运作方式为气动式，闭锁结构采用枪机偏移式。

▼马克沁 PM1910

俄罗斯帝国通过本国的图拉兵工厂改良生产的马克沁㊁重机枪。安装在被称为索科洛夫枪架的两轮式可移动枪架上，能够通过圆桌式的底座实现 360 度旋转。枪架可以仅靠人力牵拉移动。

口径：7.62 毫米
全长：1107 毫米
重量：64300 克
装弹量：250 发（弹链供弹）
射速：550 发 / 分钟

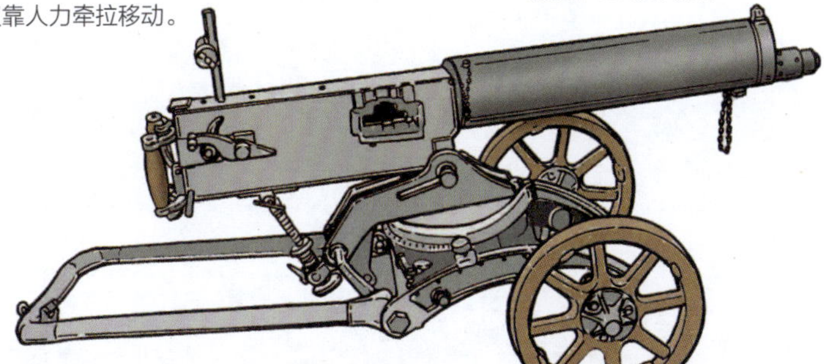

㊀ 三八式步枪弹：三八式步枪通用的 6.5 毫米 ×50 毫米 SR 弹。SR 意为半凸缘式，即在弹壳底部有一圈半凸起底缘。

㊁ 马克沁：1905 年从英国维克斯公司购入。

CHAPTER 3

Hand guns

第3章

手枪

在军队中，手枪一直被视为辅助性武器，但近年来，作为特种作战和近身战斗武器，它的有效性再次被人们正视。

在本章中，我们将介绍曾经被视为“权力象征”和护身武器的手枪、实战手枪以及执法机构使用的手枪，在了解手枪的原理的同时，探寻它的魅力。

01 军用左轮手枪（1）

军用手枪并不全是半自动式

采用半自动式的军用手枪的数量占绝大多数。这其中的原因不止一个，但最关键的一点必然是装弹量多。在一发子弹就足以决定生死的战场上，能够装填的子弹数量自然是越多越好。

然而，也有一些左轮手枪作为军用枪被使用了很长一段时间，如恩菲尔德左轮手枪、柯尔特 M1917、S&W M1917 等。原因是它们相当结实可靠。

●恩菲尔德 No.2 Mk. Ⅰ

以 1879 年被采用为制式枪的韦伯利斯科特左轮手枪为原型开发的双动式左轮手枪（也可以进行单动式射击）。在 1938 年到 1957 年期间，是英军的制式左轮手枪。它有一个以转轮座前方的抽壳钩顶杆为中心的折叠结构（顶部开膛），优点是抛壳速度快。但是，与一体成型的无缝隙转轮座相比，这种方式降低了枪的强度。此外，由于扳机力较大，就结果来说，会导致命中精度下降。除了图中的 No.2 Mk. Ⅰ以外，还有取消了击锤上的指扣，提供给随车人员使用的双动式枪型。

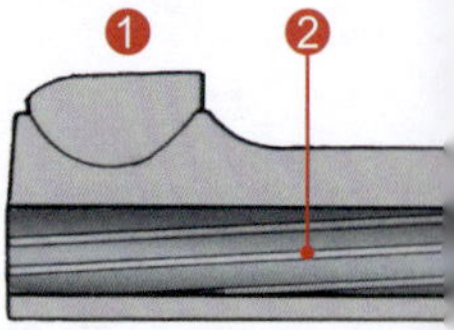

1
2

折叠结构▶

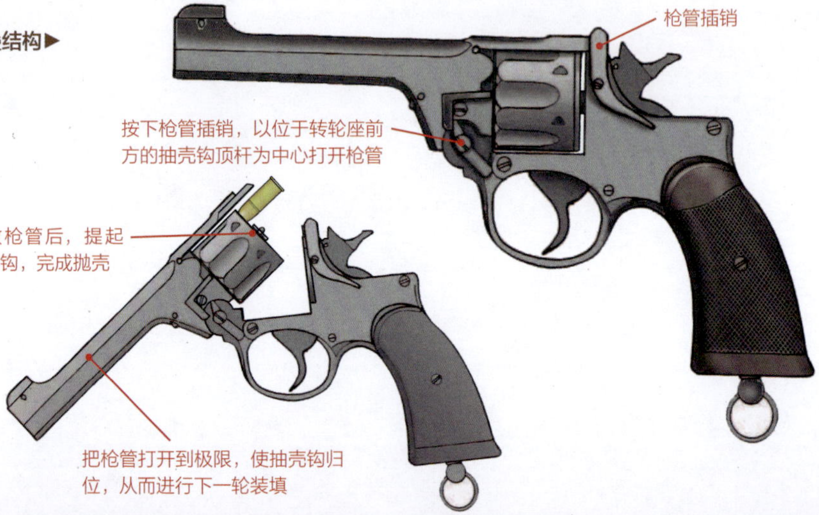

枪管插销
按下枪管插销，以位于转轮座前方的抽壳钩顶杆为中心打开枪管
开放枪管后，提起抽壳钩，完成抛壳
把枪管打开到极限，使抽壳钩归位，从而进行下一轮装填

●柯尔特 M1917 左轮手枪

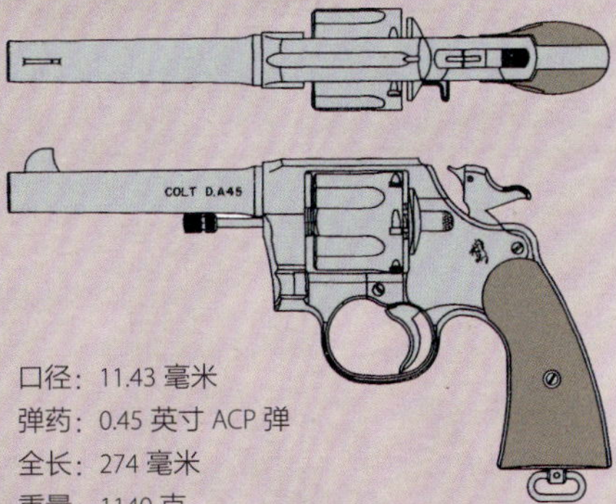

在第一次世界大战中，为了弥补 M1911 的不足之处，诞生了使用 0.45 英寸柯尔特自动手枪弹的左轮手枪。并于 1917 年和史密斯·维森 M1917 左轮手枪一同被美国陆军采用。为了使用 0.45 英寸 ACP 弹（无缘弹㊀），它的转轮尺寸被更改，还可以使用一种叫作半月形桥夹的辅助装填工具，防止子弹从转轮中滑脱。

口径：11.43 毫米
弹药：0.45 英寸 ACP 弹
全长：274 毫米
重量：1140 克
装弹量：6 发

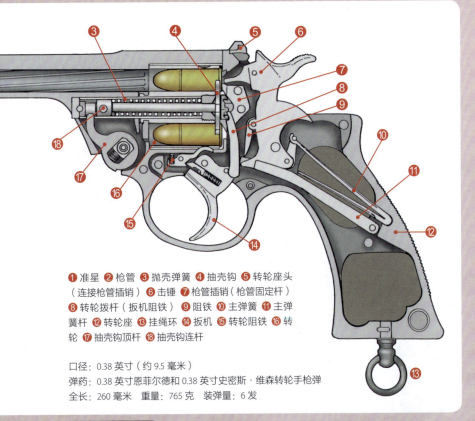

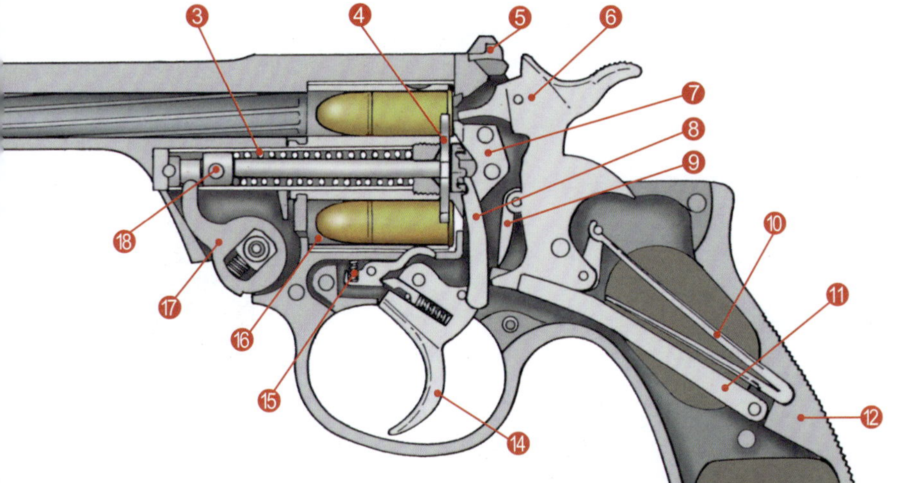

❶ 准星 ❷ 枪管 ❸ 抛壳弹簧 ❹ 抽壳钩 ❺ 转轮座头（连接枪管插销）❻ 击锤 ❼ 枪管插销（枪管固定杆）❽ 转轮拨杆（扳机阻铁）❾ 阻铁 ❿ 主弹簧 ⓫ 主弹簧杆 ⓬ 转轮座 ⓭ 挂绳环 ⓮ 扳机 ⓯ 转轮阻铁 ⓰ 转轮 ⓱ 抽壳钩顶杆 ⓲ 抽壳钩连杆

口径：0.38 英寸（约 9.5 毫米）
弹药：0.38 英寸恩菲尔德和 0.38 英寸史密斯·维森转轮手枪弹
全长：260 毫米　重量：765 克　装弹量：6 发

㊀ 无缘弹：弹壳底部的突出部位被称为底缘，无缘弹指的是弹壳底缘与弹壳的半径相同的子弹，左轮手枪无法直接使用这种子弹。左轮手枪使用的子弹是凸缘弹，底缘半径大于弹壳半径。反之，自动手枪也无法使用凸缘弹。

02 军用左轮手枪（2）

曾是军官的“权力象征”

第二次世界大战爆发以前，手枪是军官携带的武器，是“权力的象征”。尤其是在英国，这种倾向尤为强烈。从实用性上来看，手枪也只能作为部队指挥官和坦克兵等人员的防御性武器。

但是，随着反恐作战等形式成为主流，近些年在市区和建筑物内部发生战斗的频率明显增高，手枪在战斗中的有效性也得到了人们的重视。

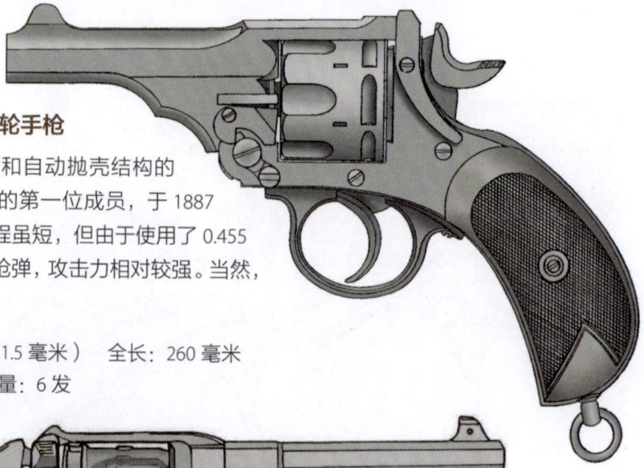

▶韦伯利 Mk. I 左轮手枪

它是具有折叠结构和自动抛壳结构的韦伯利左轮系列中的第一位成员，于 1887 年被英军采用。射程虽短，但由于使用了 0.455 英寸韦伯利转轮手枪弹，攻击力相对较强。当然，它很难定点连射。

口径：0.455 英寸（11.5 毫米）　全长：260 毫米
重量：992 克　装弹量：6 发

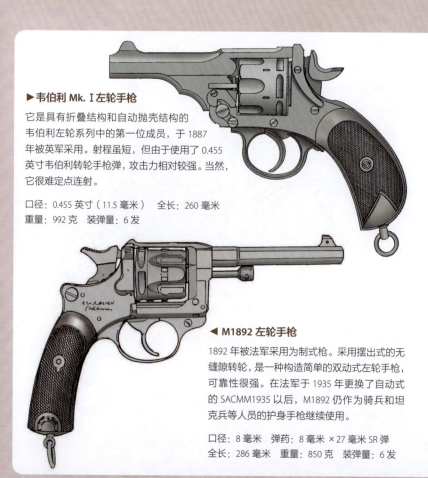

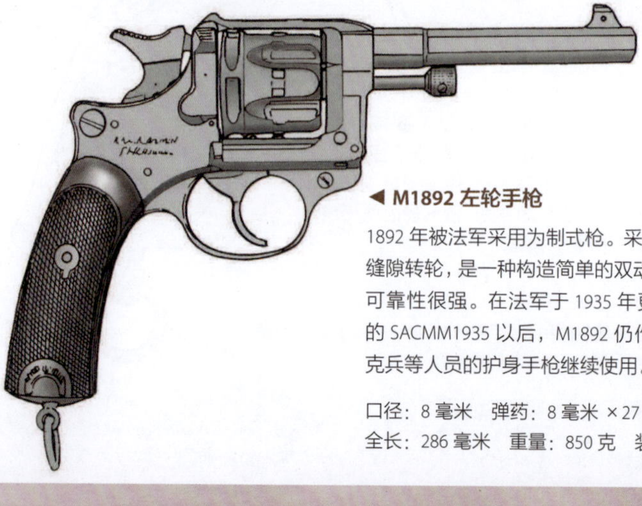

◀ M1892 左轮手枪

1892 年被法军采用为制式枪。采用摆出式的无缝隙转轮，是一种构造简单的双动式左轮手枪，可靠性很强。在法军于 1935 年更换了自动式的 SACMM1935 以后，M1892 仍作为骑兵和坦克兵等人员的护身手枪继续使用。

口径：8 毫米　弹药：8 毫米 ×27 毫米 SR 弹
全长：286 毫米　重量：850 克　装弹量：6 发

第一次世界大战中的战斗多为堑壕战。在进攻以重机枪构筑防线的敌军阵地时，进攻方的炮火支援一旦开始，指挥官吹哨示意进攻，士兵们就会登上梯子翻出战壕，开始前进。他们必须切断围绕在敌军据点外的铁丝网，突入其中。因此，为了穿越敌人以机枪和步枪构筑的火力网，必须细分部队，拉开每支部队之间的间隔，进行数轮波浪式进攻。

图为确认攻击时间的英国军官。他右手持有手枪。作为军官的“权力象征”，指挥官会把手枪当作指挥棒一样挥动，因此为了防止走火，韦伯利左轮手枪的扳机加大了扳机力。

03 毛瑟 C96

世界上首支具有实用性的半自动式手枪

1896 年开发的毛瑟 C96 是世界上首支具有实用性的自动手枪。它造型独特，在扳机前方设有弹匣槽。在它的各种枪型中，还有可以进行全自动射击的冲锋手枪——速射型毛瑟（M712/M1932）。它的生产时间从 1896 年一直持续到了 1937 年，据说总产量达到了 100 万支。

●C96 的构造

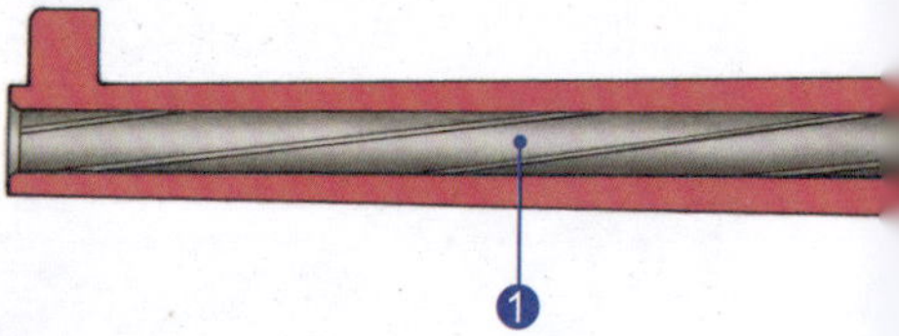

◀温斯顿·丘吉尔的惯用枪

第二次世界大战时的英国首相温斯顿·丘吉尔，在服役期间对 C96 情有独钟。1899 年，丘吉尔作为特派员参加了第二次布尔战争。他乘坐的装甲列车在布尔人的袭击下脱轨，也就是在这时他丢失了心爱的 C96，导致他在遇到 1 名持枪的布尔人时无力反抗，成了俘虏。后来，他从战俘营逃走，名声大噪，并以此为契机开始踏足政坛。

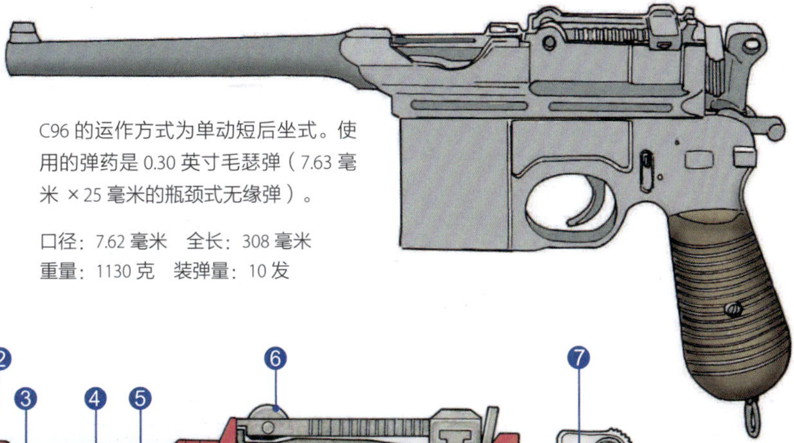

C96 的运作方式为单动短后坐式。使用的弹药是 0.30 英寸毛瑟弹（7.63 毫米 ×25 毫米的瓶颈式无缘弹）。

口径：7.62 毫米　全长：308 毫米
重量：1130 克　装弹量：10 发

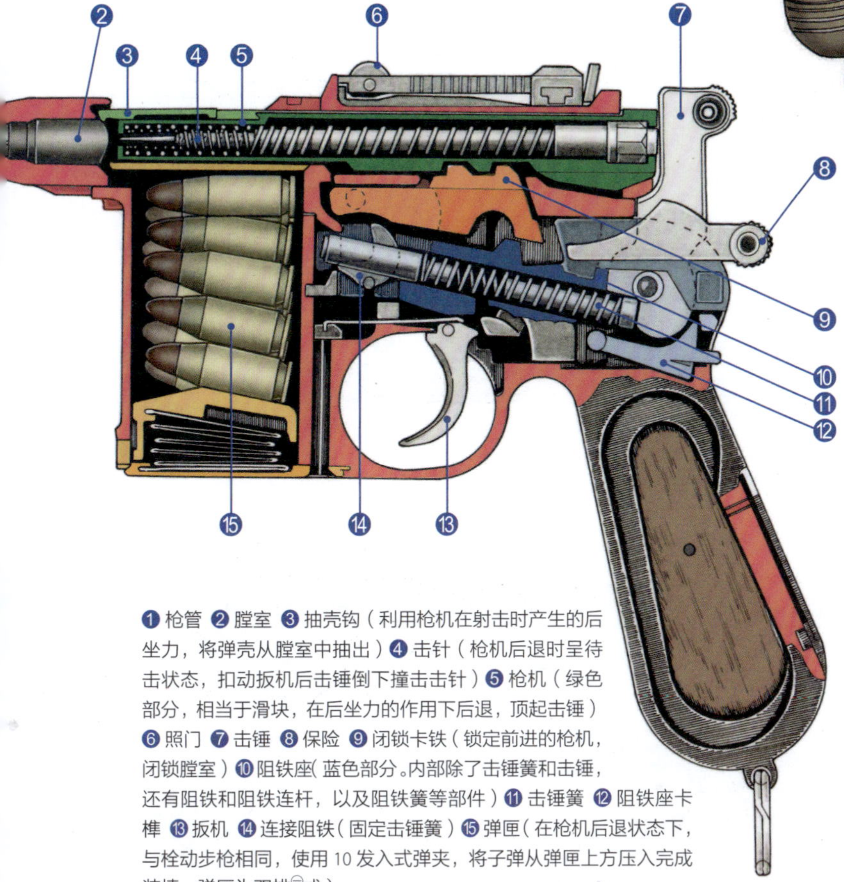

❶ 枪管 ❷ 膛室 ❸ 抽壳钩（利用枪机在射击时产生的后坐力，将弹壳从膛室中抽出）❹ 击针（枪机后退时呈待击状态，扣动扳机后击锤倒下撞击击针）❺ 枪机（绿色部分，相当于滑块，在后坐力的作用下后退，顶起击锤）❻ 照门 ❼ 击锤 ❽ 保险 ❾ 闭锁卡铁（锁定前进的枪机，闭锁膛室）❿ 阻铁座（蓝色部分。内部除了击锤簧和击锤，还有阻铁和阻铁连杆，以及阻铁簧等部件）⓫ 击锤簧 ⓬ 阻铁座卡榫 ⓭ 扳机 ⓮ 连接阻铁（固定击锤簧）⓯ 弹匣（在枪机后退状态下，与栓动步枪相同，使用 10 发入式弹夹，将子弹从弹匣上方压入完成装填。弹匣为双排㊀式）

㊀ 双排：弹匣内的子弹交错并列成 2 排的收纳方式。

04 德国军用手枪

杰出的德制手枪瓦尔特 P38 和鲁格 P08

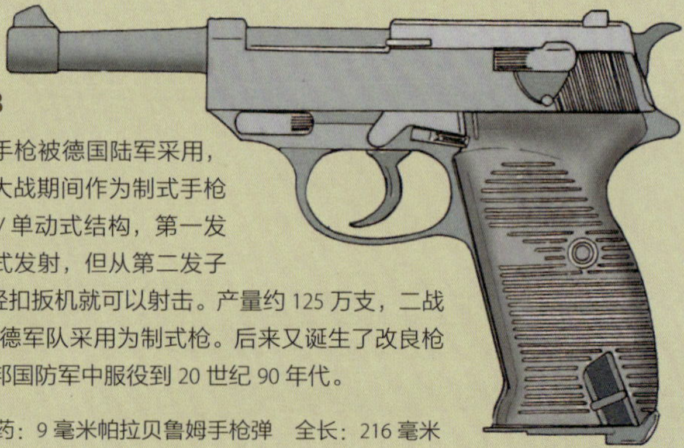

●瓦尔特 P38

1938 年取代 P08 手枪被德国陆军采用，并在第二次世界大战期间作为制式手枪使用。采用双动 / 单动式结构，第一发子弹可以用双动式发射，但从第二发子弹开始，只需要轻扣扳机就可以射击。产量约 125 万支，二战后以 P1 为名被西德军队采用为制式枪。后来又诞生了改良枪型 P4，在德国联邦国防军中服役到 20 世纪 90 年代。

口径：9 毫米　弹药：9 毫米帕拉贝鲁姆手枪弹　全长：216 毫米
重量：945 克　装弹量：8+1 发　有效射程：50 米

●鲁格 P08

1908 年被德国陆军采用的制式枪。在第一次世界大战到第二次世界大战之间使用，在此期间产量在 200 万支以上。运作方式采用独特的肘节式结构与短后坐式。它的构造复杂且故障频发，不适合在战场上使用。P08 使用的 9 毫米鲁格弹（9 毫米帕拉贝鲁姆手枪弹）后来成为自动手枪的标准子弹。

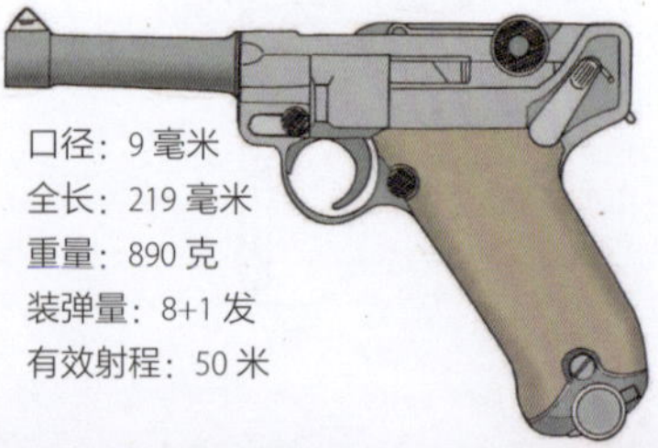

口径：9 毫米
全长：219 毫米
重量：890 克
装弹量：8+1 发
有效射程：50 米

▼肘节式结构

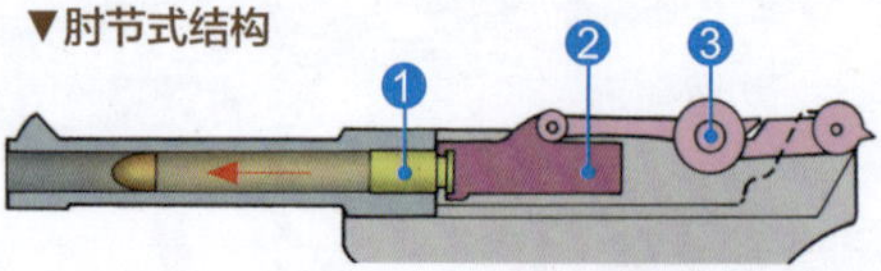

❷后膛闭锁块通过❸铰链关节闭锁❶膛室，击发子弹。

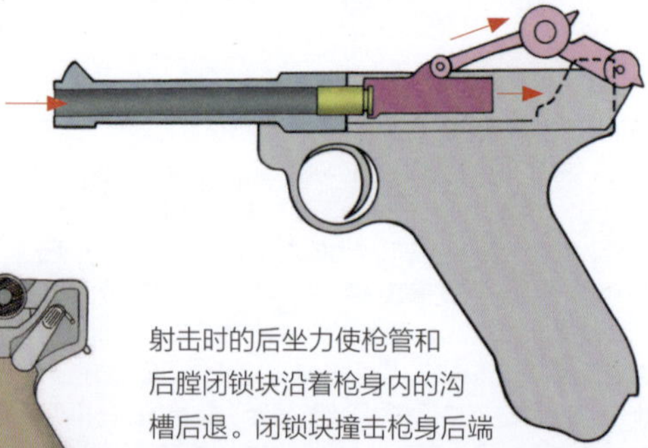

射击时的后坐力使枪管和后膛闭锁块沿着枪身内的沟槽后退。闭锁块撞击枪身后端的凸起，促使肘节上跳，解锁枪管和后膛闭锁块，只余下后膛闭锁块继续后退抛壳。

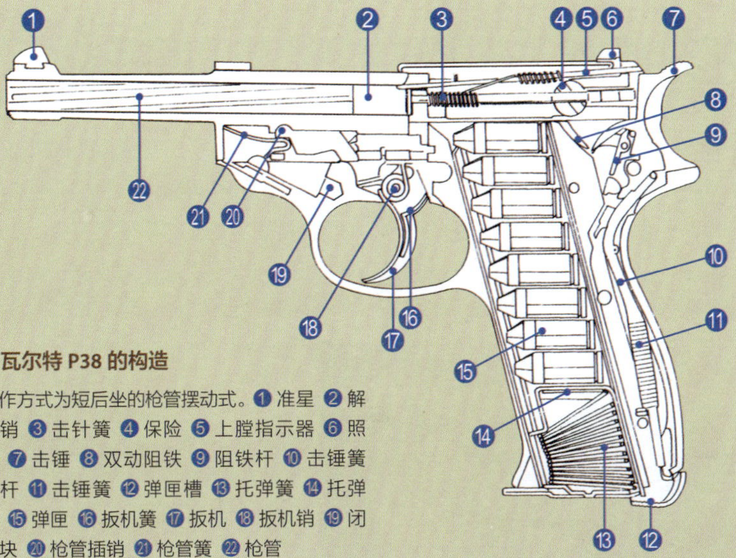

▶瓦尔特 P38 的构造

运作方式为短后坐的枪管摆动式。❶准星 ❷解锁销 ❸击针簧 ❹保险 ❺上膛指示器 ❻照门 ❼击锤 ❽双动阻铁 ❾阻铁杆 ❿击锤簧导杆 ⓫击锤簧 ⓬弹匣槽 ⓭托弹簧 ⓮托弹板 ⓯弹匣 ⓰扳机簧 ⓱扳机 ⓲扳机销 ⓳闭锁块 ⓴枪管插销 ㉑枪管簧 ㉒枪管

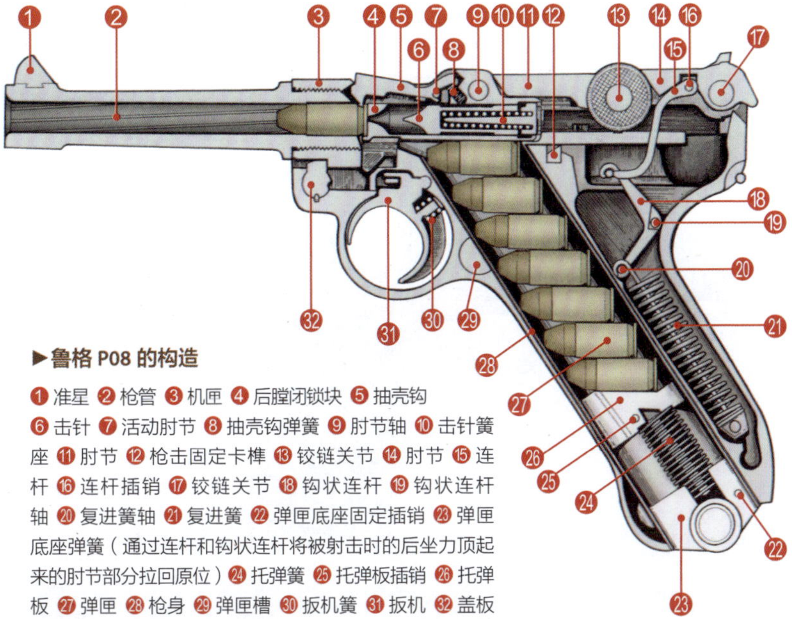

▶鲁格 P08 的构造

❶准星 ❷枪管 ❸机匣 ❹后膛闭锁块 ❺抽壳钩 ❻击针 ❼活动肘节 ❽抽壳钩弹簧 ❾肘节轴 ❿击针簧座 ⓫肘节 ⓬枪击固定卡榫 ⓭铰链关节 ⓮肘节 ⓯连杆 ⓰连杆插销 ⓱铰链关节 ⓲钩状连杆 ⓳钩状连杆轴 ⓴复进簧轴 ㉑复进簧 ㉒弹匣底座固定插销 ㉓弹匣底座弹簧（通过连杆和钩状连杆将被射击时的后坐力顶起来的肘节部分拉回原位）㉔托弹簧 ㉕托弹板插销 ㉖托弹板 ㉗弹匣 ㉘枪身 ㉙弹匣槽 ㉚扳机簧 ㉛扳机 ㉜盖板固定插销

05 柯尔特M1911/M1911A1

可以被称作“美国的象征”的军用手枪

M1911 和 M1911A1 是美军在 1911 年采用的制式手枪，一直服役到 1985 年替换为伯莱塔 M92 为止。美军所到之处，一定能看到这款手枪，因此它也被称为“GI 柯尔特”，可以说是“美国的象征”。

手持 MEU㊀手枪进行射击的海军陆战队队员。偏好威力强大的 0.45 英寸 ACP 弹的美国海军陆战队在 M1911A1 的枪身上组装了新款套筒和零件后，开始使用改头换面的 MEU 手枪。

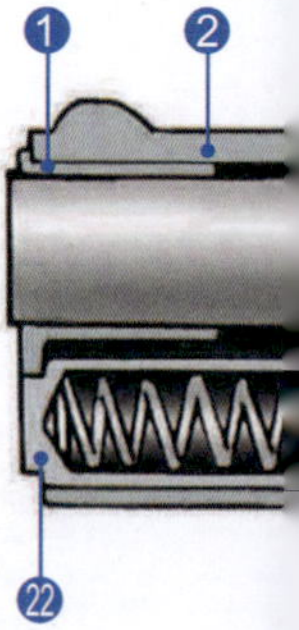

● M1911A1 的外观和构造

M1911 的运作方式为短后坐的枪管偏移式。M1911 和 M1911A1㊁最值得称道的就是对握把保险㊂的改良。它使用的子弹是适用于 0.45 英寸（11.43 毫米）口径的大型自动手枪的 0.45 英寸 ACP 弹，杀伤力很高。因此，M1911 直到现在都深受美军特种部队队员的喜爱。

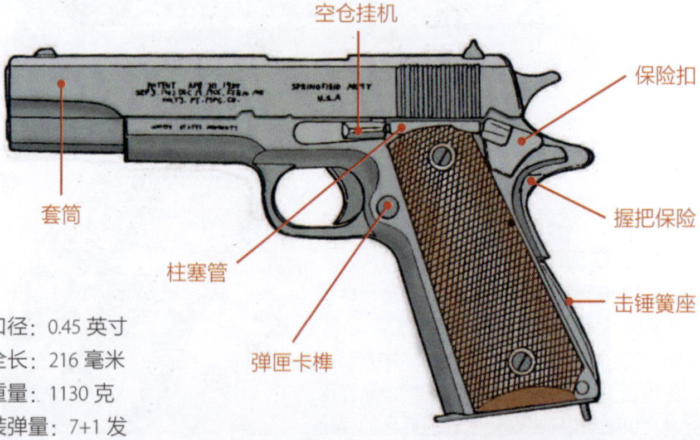

口径：0.45 英寸
全长：216 毫米
重量：1130 克
装弹量：7+1 发

㊀ MEU：Marine Expeditionary Unit 的首字母缩写，意为海军陆战队远征部队。
㊁ M1911A1：M1911 的改良版，可以通过握把保险的形状和击锤簧座的大小来区分。
㊂ 握把保险：一种保险装置，不用力握住握把就无法扣动扳机。

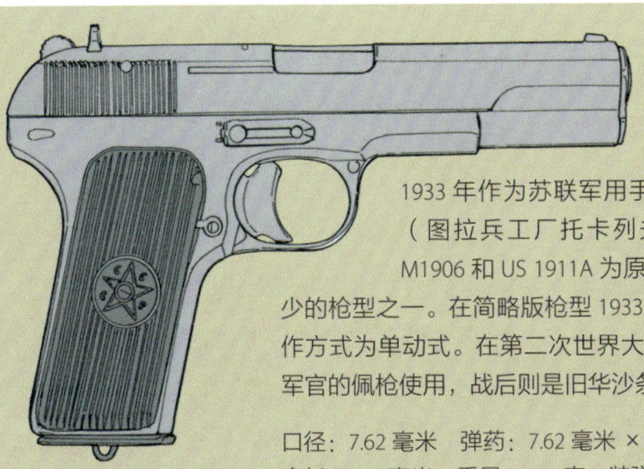

●托卡列夫 TT-1930/33

1933 年作为苏联军用手枪被采用为制式枪的 TT-1930（图拉兵工厂托卡列夫 1933 式）。基础设计以 FN M1906 和 US 1911A 为原型，是自动军用手枪中零件最少的枪型之一。在简略版枪型 1933 中，手动保险装置被去除。运作方式为单动式。在第二次世界大战中，它作为坦克搭乘人员和军官的佩枪使用，战后则是旧华沙条约国军队的标准手枪。

口径：7.62 毫米　弹药：7.62 毫米 ×25 毫米托卡列夫手枪弹
全长：193 毫米　重量：830 克　装弹量：8 发

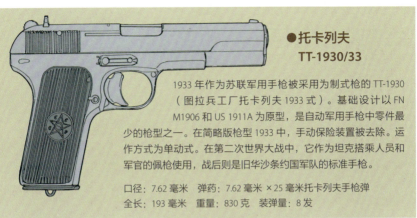

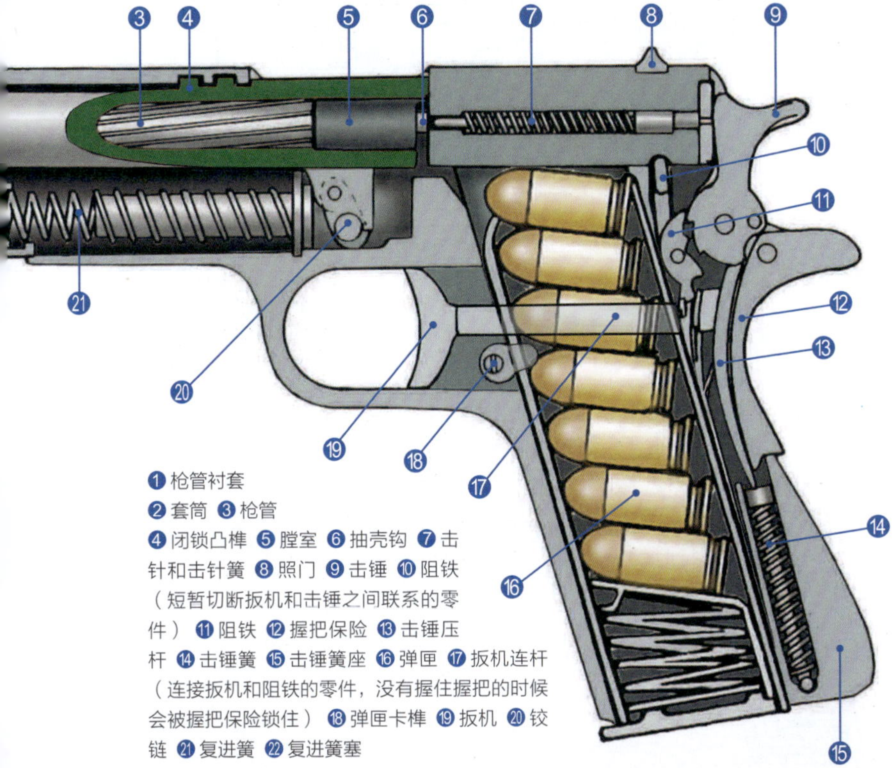

❶枪管衬套 ❷套筒 ❸枪管 ❹闭锁凸榫 ❺膛室 ❻抽壳钩 ❼击针和击针簧 ❽照门 ❾击锤 ❿阻铁（短暂切断扳机和击锤之间联系的零件） ⓫阻铁 ⓬握把保险 ⓭击锤压杆 ⓮击锤簧 ⓯击锤簧座 ⓰弹匣 ⓱扳机连杆（连接扳机和阻铁的零件，没有握住握把的时候会被握把保险锁住） ⓲弹匣卡榫 ⓳扳机 ⓴铰链 ㉑复进簧 ㉒复进簧塞

06 FN 勃朗宁大威力手枪

广受欢迎，兼具可靠性和实用性

FN 勃朗宁大威力手枪，是一支由约翰 · 勃朗宁㊀设计的名枪。射击时的平衡感很好，在第二次世界大战中，英军和接管了 FN 公司的德军都在使用，它在战后也因为极高的可靠性和实用性被 50 多个国家的军队和警察采用。最早的军用枪型是 FN GP M1935，后来又开发出以大型手动保险为特征的 Mk. II和加入了 AFPB㊁（击针锁定系统）的现有枪型 Mk. Ⅲ。

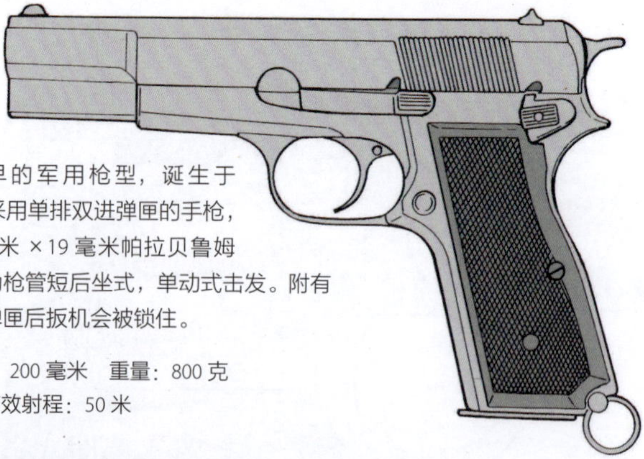

▶ FN GP M1935

FN GP M1935 是最早的军用枪型，诞生于 1935 年，是第一支采用单排双进弹匣的手枪，可以容纳 13 枚 9 毫米 ×19 毫米帕拉贝鲁姆手枪弹。运作方式为枪管短后坐式，单动式击发。附有弹匣保险，即拔出弹匣后扳机会被锁住。

口径：9 毫米　全长：200 毫米　重量：800 克
装弹量：13+1 发　有效射程：50 米

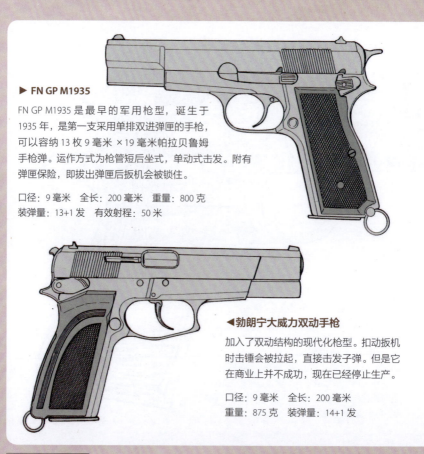

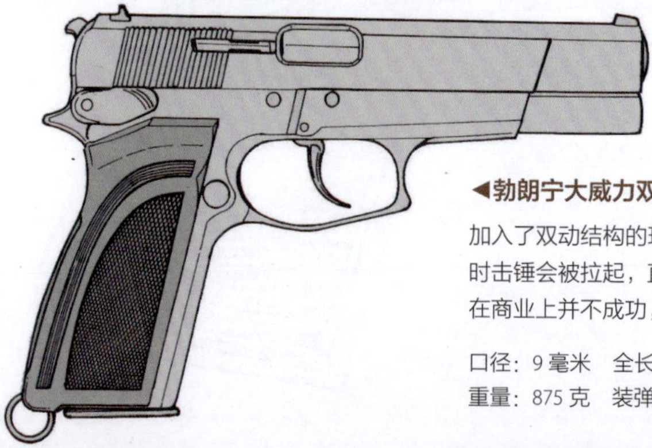

◀勃朗宁大威力双动手枪

加入了双动结构的现代化枪型。扣动扳机时击锤会被拉起，直接击发子弹。但是它在商业上并不成功，现在已经停止生产。

口径：9 毫米　全长：200 毫米
重量：875 克　装弹量：14+1 发

㊀ 约翰 · 勃朗宁：美国的枪械设计师。勃朗宁大威力手枪是他设计的最后一支枪。
㊁ AFPB：Automatic Firing Pin Block 的首字母缩写。在这种结构中，击针只有在扣下扳机时才会前进。

▼ FN GP M1935 的构造

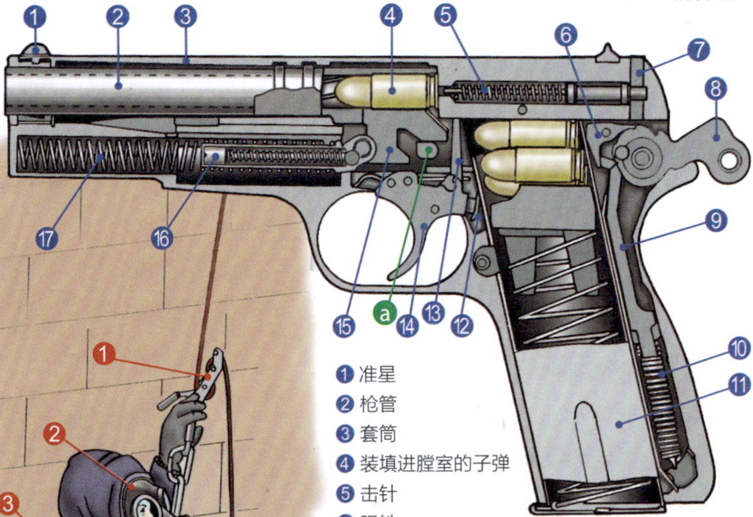

❶ 准星
❷ 枪管
❸ 套筒
❹ 装填进膛室的子弹
❺ 击针
❻ 阻铁
❼ 击针座
❽ 击锤
❾ 击锤压杆
❿ 击锤簧
⓫ 弹匣
⓬ 弹匣保险
⓭ 扳机连杆
⓮ 扳机
⓯ 阻铁（枪管接合部。射击时产生的后坐力使枪管后退，阻铁与机匣上的凸起ⓐ嵌合并上下移动，实现膛室的闭锁和开放）
⓰ 复进簧导杆
⓱ 复进簧

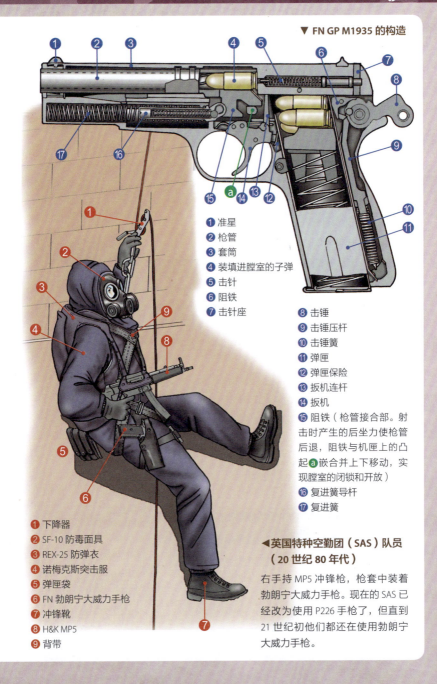

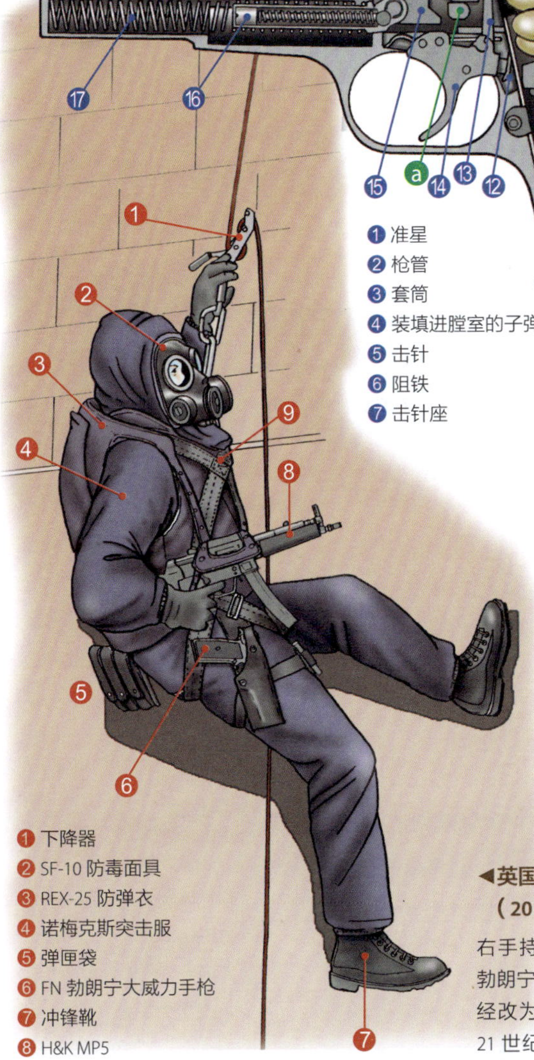

❶ 下降器
❷ SF-10 防毒面具
❸ REX-25 防弹衣
❹ 诺梅克斯突击服
❺ 弹匣袋
❻ FN 勃朗宁大威力手枪
❼ 冲锋靴
❽ H&K MP5
❾ 背带

◀英国特种空勤团（SAS）队员（20 世纪 80 年代）

右手持 MP5 冲锋枪，枪套中装着勃朗宁大威力手枪。现在的 SAS 已经改为使用 P226 手枪了，但直到 21 世纪初他们都还在使用勃朗宁大威力手枪。

07 短后坐式

半自动式手枪中最常见的运作方式

手枪分为自动手枪（准确地说是半自动。虽然是半自动式，但在手枪中也称为自动式）和左轮手枪（转轮式）两种。军队和警察使用的手枪绝大多数都是自动手枪，它们最常见的运作方式是与冲锋枪相同的短后坐式。

短后坐式可以利用射击时产生的后坐力自动抛壳和装填，弹丸离开枪口的同时，枪管和套筒（起到

●短后坐式的结构

①完成装填，准备射击

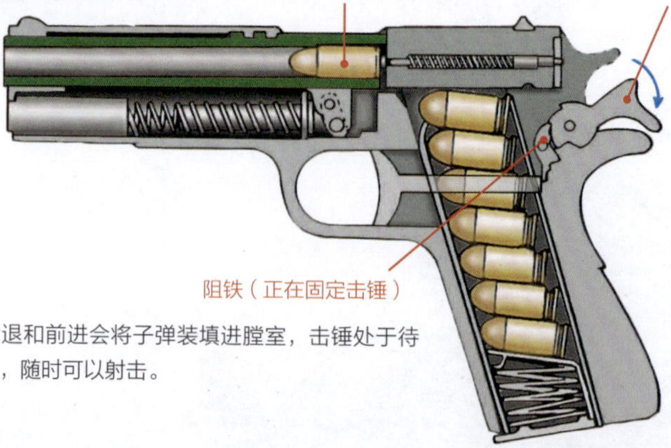

套筒的后退和前进会将子弹装填进膛室，击锤处于待击发状态，随时可以射击。

②扣动扳机，射击

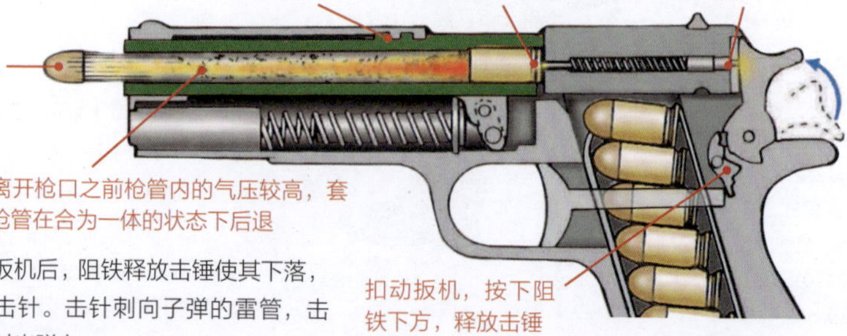

扣下扳机后，阻铁释放击锤使其下落，敲击击针。击针刺向子弹的雷管，击发并射出弹丸。

枪机的作用）在彼此固定的状态下因后坐力而向后退，这段距离很短（距离比弹壳的长度短），所以被称为短后坐式。与此相对的，长距离（距离比弹壳的长度长）移动的运作方式就叫作长后坐式。

采取短后坐式的枪也同样有各种各样的闭锁方式。如M1911的枪机偏移式是通过枪管的上下移动实现枪管和枪机（手枪上则为套筒）的闭锁和开放；伯莱塔M92的枪管摆动式通过枪身内的锁块和枪机（套筒）上的闭锁凸榫来完成闭锁和开放；鲁格手枪的肘节式闭锁㊀则通过肘节的折叠来进行闭锁和开放。

③套筒后退并抛壳

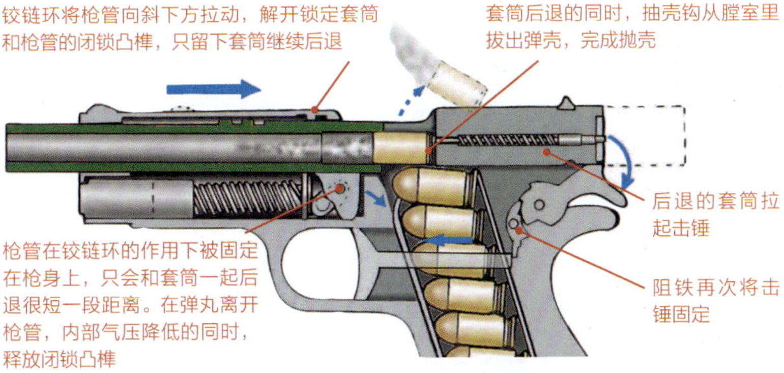
铰链环将枪管向斜下方拉动，解开锁定套筒和枪管的闭锁凸榫，只留下套筒继续后退
套筒后退的同时，抽壳钩从膛室里拔出弹壳，完成抛壳
后退的套筒拉起击锤
阻铁再次将击锤固定
枪管在铰链环的作用下被固定在枪身上，只会和套筒一起后退很短一段距离。在弹丸离开枪管，内部气压降低的同时，释放闭锁凸榫

射击时产生的气压使套筒和枪管后退。紧接着，锁定了套筒和枪管的闭锁凸榫被松开，仅有套筒继续后退。弹丸未出膛时套筒和枪管一同后退，是为了避免在气压达到最高点时打开套筒，从而产生危险。最后，套筒后退抛壳，并拉起击锤。

④装填下一发子弹

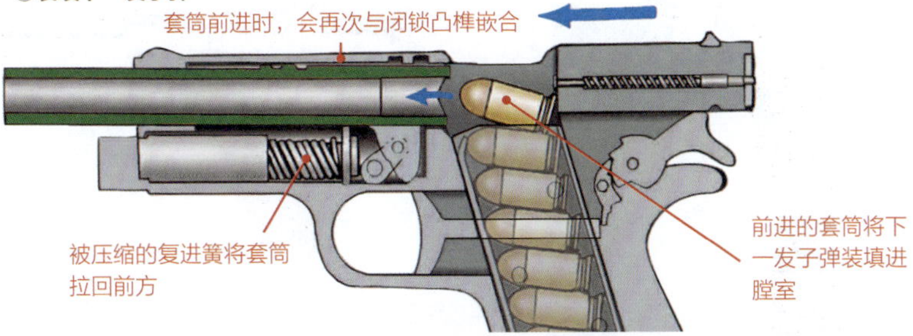
套筒前进时，会再次与闭锁凸榫嵌合
被压缩的复进簧将套筒拉回前方
前进的套筒将下一发子弹装填进膛室

套筒后退到极限时会在复进簧的作用下再次前进。同时把下一发子弹装填进膛室，并将其闭锁。这样一来射击准备就完成了，可以发射下一发子弹。

㊀ 肘节式闭锁：除此之外还有滚转式枪机、滚柱式闭锁、滚轮延迟反冲式等。上述几种闭锁方式在手枪的结构中极少使用。

08 南部十四式手枪

日本的半自动式手枪

●南部十四式手枪的构造

以南部麒次郎设计开发的南部陆式手枪㊀为原型开发的自动手枪。由日本名古屋兵工厂和南部枪制造所等工厂制造。运作方式为短后坐的枪管摆动式。枪的结构中没有击锤，采用由枪机内部的击针前后移动击发子弹的击针式。设计图在十四式后期枪型的基础上，扩大了扳机护圈并将它的形状改为达摩型，使士兵们在冬天可以戴着厚防寒手套射击。此外，为了防止走火，还添加了拔出弹匣就无法扣动扳机的弹匣保险。

◀日本陆军军官

南部十四式除了作为军官的护身手枪以外，宪兵士官和普通士兵也有装备。图为身着九八式军服的陆军上校。手枪带上是南部十四式手枪套。

▼南部十四式前期枪型

前期枪型的特征是扳机护圈的弧度较小。

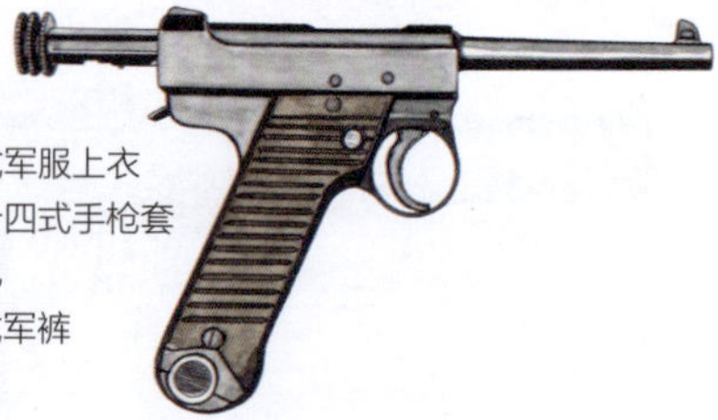

1 略帽
2 九八式军服上衣
3 南部十四式手枪套
4 地图包
5 九八式军裤
6 长靴
7 军刀
8 手枪弹囊
9 望远镜盒

㊀ 南部陆式手枪：构造复杂，制造费时且造价高，因此未被采用。南部十四式简化了构造，在减少了内部零件的同时，保持了一定的坚固性。

南部十四式手枪，是日本在1925年（大正14年）采用为制式枪的半自动手枪。这是日本首次采用本国产的自动手枪。它的运作结构和设计都参考了欧洲的手枪，但在扳机护圈等部位加入了日本独有的设计。

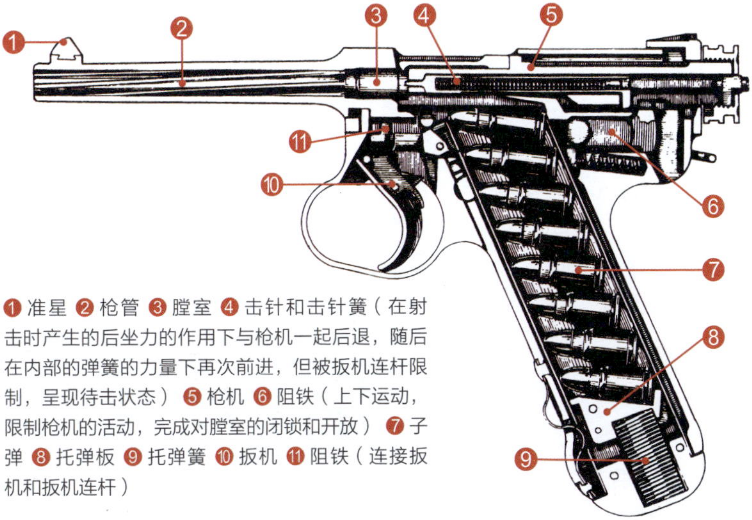

❶准星 ❷枪管 ❸膛室 ❹击针和击针簧（在射击时产生的后坐力的作用下与枪机一起后退，随后在内部的弹簧的力量下再次前进，但被扳机连杆限制，呈现待击状态） ❺枪机 ❻阻铁（上下运动，限制枪机的活动，完成对膛室的闭锁和开放） ❼子弹 ❽托弹板 ❾托弹簧 ❿扳机 ⓫阻铁（连接扳机和扳机连杆）

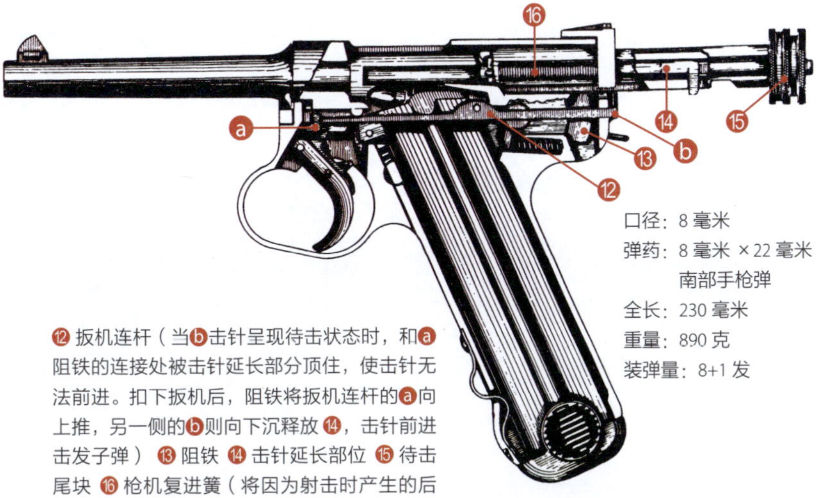

口径：8毫米
弹药：8毫米×22毫米南部手枪弹
全长：230毫米
重量：890克
装弹量：8+1发

⓬扳机连杆（当ⓑ击针呈现待击状态时，和ⓐ阻铁的连接处被击针延长部分顶住，使击针无法前进。扣下扳机后，阻铁将扳机连杆的ⓐ向上推，另一侧的ⓑ则向下沉释放⓮，击针前进击发子弹） ⓭阻铁 ⓮击针延长部位 ⓯待击尾块 ⓰枪机复进簧（将因为射击时产生的后坐力而后退的枪机筒推回原位）

自动手枪的特征

什么是自动手枪

自动手枪指的是利用射击时产生的后坐力或燃气压力，自动将子弹送入膛室，射击后进行抛壳和下一轮装填的手枪。使用者发射第一发子弹时必须手动使套筒后退，但从第二发子弹开始就能够以后坐力为动力自动装填了。

像自动手枪这样，利用射击时产生的后坐力使套筒后退的方式，被称为后坐式。但是，依靠后坐力就能发射 0.32 英寸 ACP 弹（7.65 毫米布朗宁手枪弹）的仅有瓦尔特 PPK 和 FN 勃朗宁 M1910 等手枪，这些手枪的威力还不足以交给军队和警察使用。

因此，军队和警察配备的手枪都会使用 9 毫米 ×19 毫米帕拉贝鲁姆手枪弹或 0.45 英寸 ACP 弹等子弹。这些子弹的火药威力大，如果套筒在子弹还未出膛的时候就后坐抛壳，那么枪管内部的高温燃气就会泄出，会危及使用者。所以，使用单纯的后坐式来维持手枪的运作过程是十分危险的。自动手枪中更多会使用被称为短后坐式的运作方式，在枪管内部的气压下降后，只有套筒会继续后退。

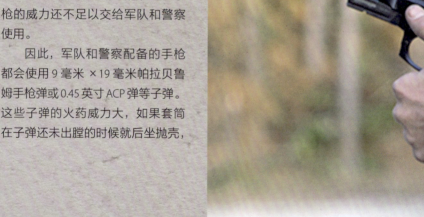

伯莱塔 M92 射击的瞬间。套筒后退抛壳是只有在后坐式自动手枪身上才有的现象。伯莱塔 M92 是由意大利的伯莱塔公司开发的自动手枪，可以容纳 15 发 9 毫米帕拉贝鲁姆手枪弹，装弹量之多令人印象深刻。

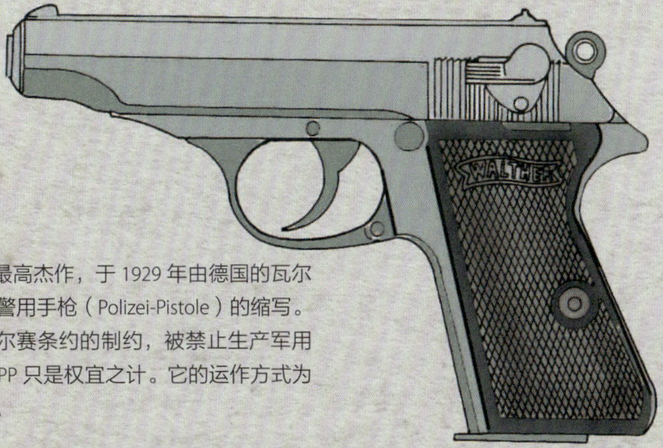

►瓦尔特 PP

被称为自动手枪的最高杰作，于 1929 年由德国的瓦尔特公司开发。PP 是警用手枪（Polizei-Pistole）的缩写。当时，德国受到凡尔赛条约的制约，被禁止生产军用武器，生产瓦尔特 PP 只是权宜之计。它的运作方式为双动的枪机后坐式。

口径：7.65 毫米 /9 毫米（0.32 英寸 /0.38 英寸）
全长：162 毫米　　重量：708 克　　装弹量：8+1 发

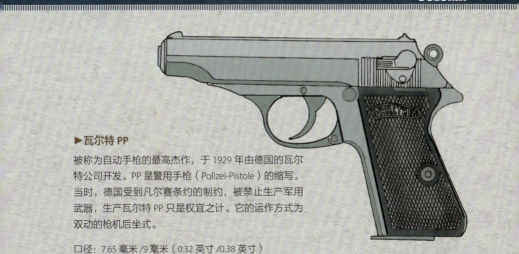

09 伯莱塔 M92

在世界范围内广泛使用的意制名枪

M92是意大利的伯莱塔公司在20世纪70年代后半段开始制造和售卖的枪。M92FS则是为了使用美军的9毫米×19毫米帕拉贝鲁姆手枪弹，进行了强化套筒等改良的枪型，后来被美军命名为M9并采用为制式枪。M92和它的变种枪型在各国的军队中都有使用。

●伯莱塔 M92FS 的构造

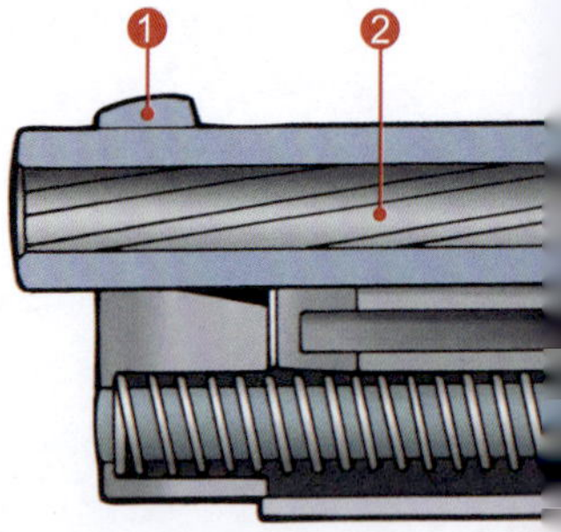

口径：9毫米
全长：217毫米
重量：975克
装弹量：15＋1发
初速：时速365千米
有效射程：50米

它的运作方式为短后坐式，通过闭锁块上下运动的枪管摆动式完成膛室的闭锁和开放。击发结构为可以切换双动式和单动式的常规双动式。内部设有会自动锁定击针的自动保险。

❶准星 ❷枪管 ❸闭锁块（射出子弹后枪管略微后退，ⓓ闭锁块被向下压，使其脱离原先与套筒内部凹槽的嵌合状态，开放膛室）❹装填进膛室的子弹 ❺击针簧 ❻击针 ❼套筒 ❽照门 ❾保险 ❿击锤 ⓫击锤待击解脱杆 ⓬击针挡块 ⓭阻铁 ⓮击锤压杆 ⓯击锤簧 ⓰击锤簧帽 ⓱托弹簧 ⓲托弹板 ⓳弹匣卡榫

M&P 盾牌

史密斯·维森（S&W）公司在 2012 年发布的 M&P 系列最新枪型。是一支为军队和警察以及执法机关开发的手枪，采用聚合物枪身（内部有钢制枪框，用于强化枪身），在设计上避免了惯用手的限制。有三种枪型，分别可以使用 9 毫米 ×19 毫米帕拉贝鲁姆手枪弹、0.40 英寸 S&W 弹、0.45 毫米 ACP 弹。

口径：9 毫米　全长：15.5 厘米
重量：523.7 克　装弹量：7/8+1 发（图为长弹匣枪型，可以容纳 8 发子弹）

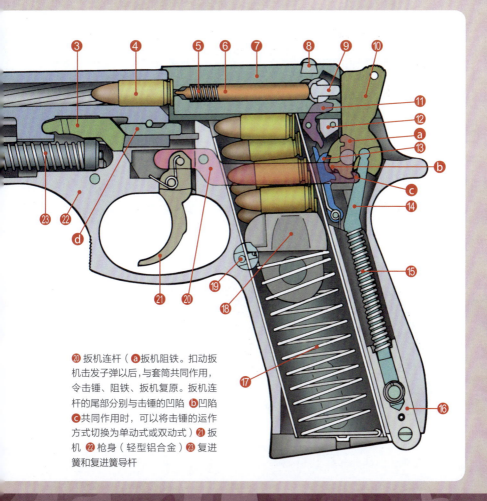

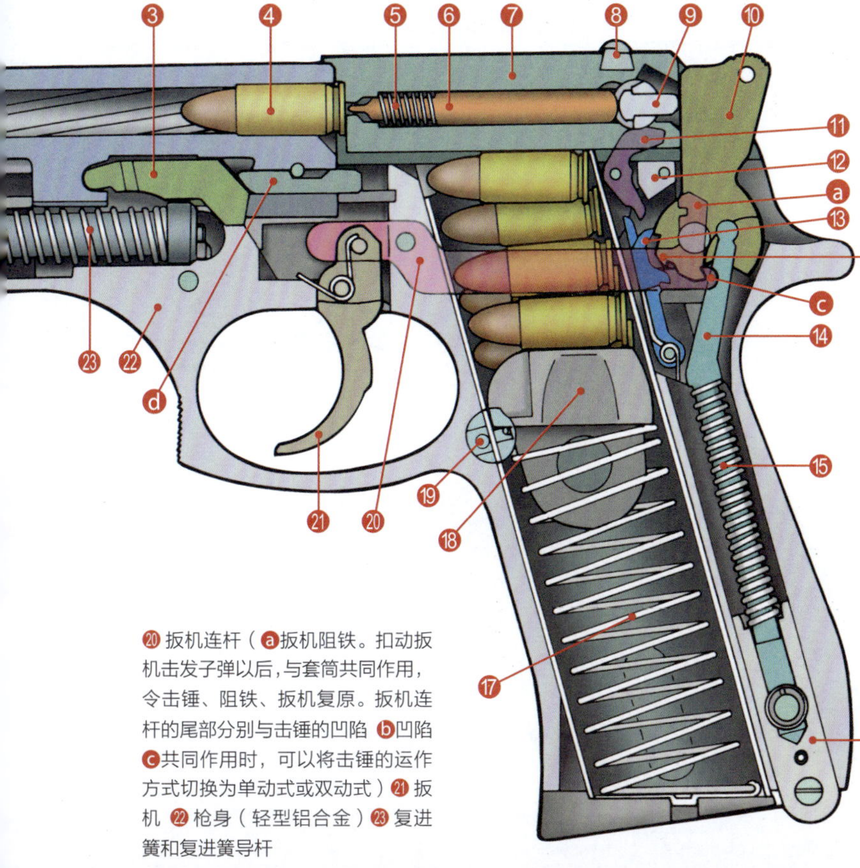

⑳ 扳机连杆（ⓐ扳机阻铁。扣动扳机击发子弹以后，与套筒共同作用，令击锤、阻铁、扳机复原。扳机连杆的尾部分别与击锤的凹陷 ⓑ凹陷 ⓒ共同作用时，可以将击锤的运作方式切换为单动式或双动式）㉑ 扳机 ㉒ 枪身（轻型铝合金）㉓ 复进簧和复进簧导杆

10 格洛克 17

世界上第一把大量使用塑料制造的手枪

格洛克 17 是由当时完全没有枪支开发经验的格洛克公司研制的第一支手枪，在枪身、弹匣、扳机机构等部位使用了大量塑料[㊀]。这是一款无击锤的击针式手枪，不但轻便，安全性也高，因而被多个国家的军队和警察采用。

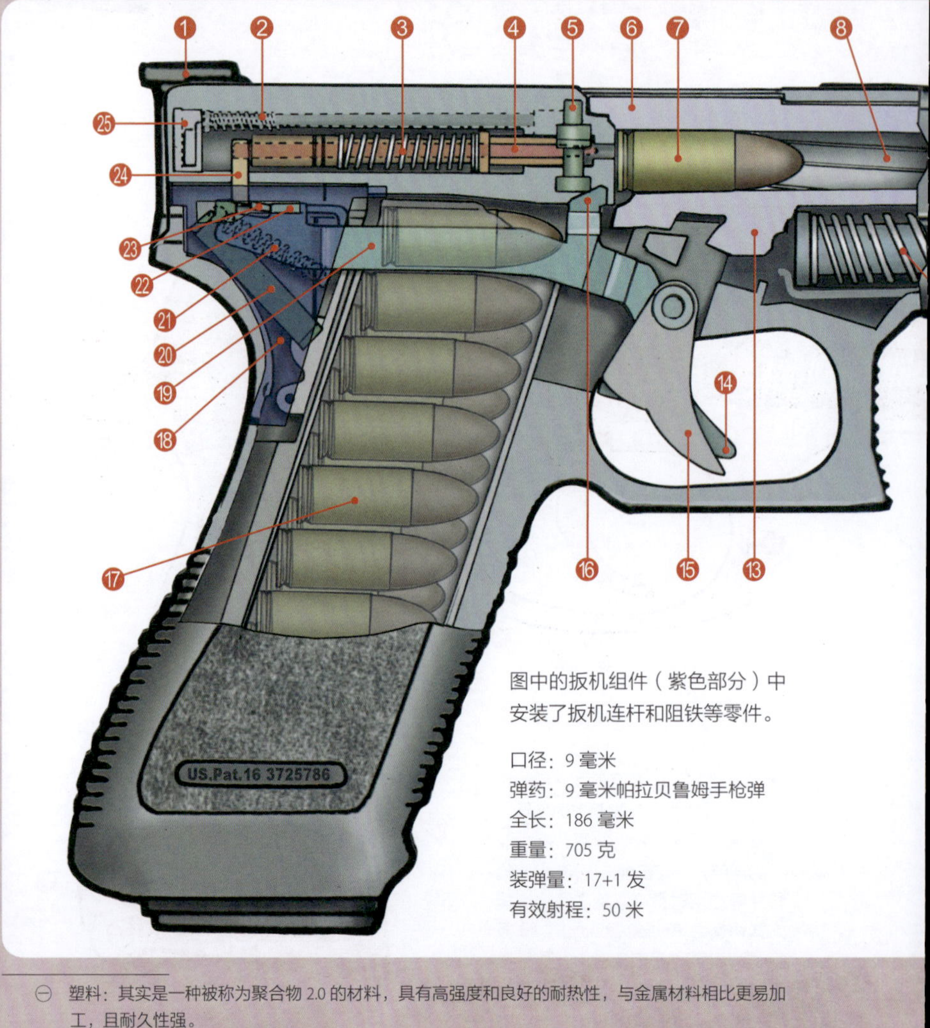

图中的扳机组件（紫色部分）中安装了扳机连杆和阻铁等零件。

口径：9 毫米
弹药：9 毫米帕拉贝鲁姆手枪弹
全长：186 毫米
重量：705 克
装弹量：17+1 发
有效射程：50 米

㊀ 塑料：其实是一种被称为聚合物 2.0 的材料，具有高强度和良好的耐热性，与金属材料相比更易加工，且耐久性强。

▶**格洛克 17（Gen4）**

英军采用的枪型，握把上刻有防滑的格纹。

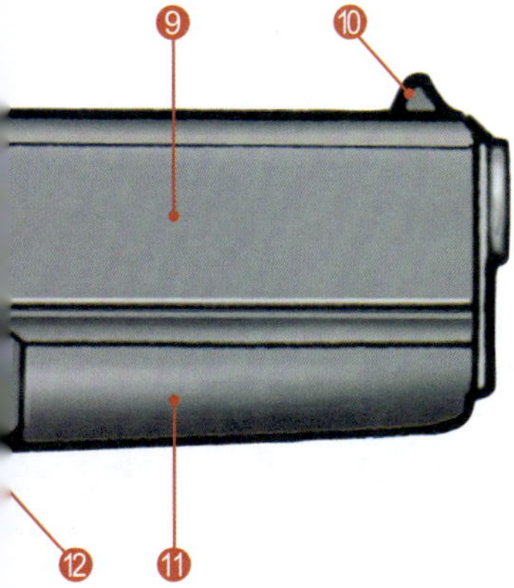

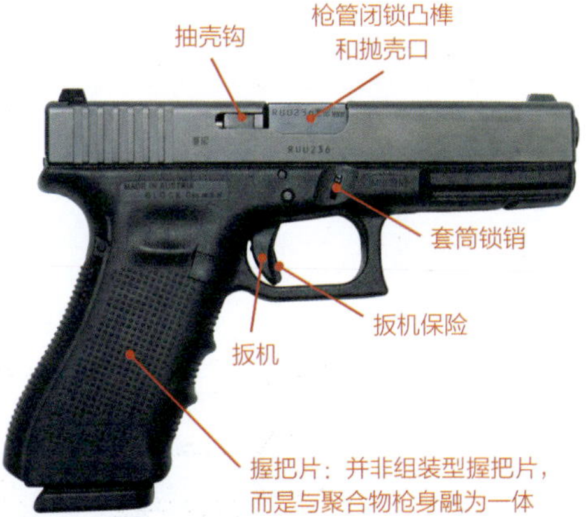

❶ 照门 ❷ 抛壳减压柱塞 ❸ 击针簧 ❹ 击针 ❺ 击针保险（扳机连杆上附有凸起 ⑯，扣动扳机时击针保险会被顶起来，从而使击针恢复可活动状态）❻ 枪管偏移式闭锁结构（枪管锁块与套筒上的抛壳口嵌合，闭锁膛室，射出子弹后枪管闭锁凸榫 ⑬ 使枪管倾斜，从而开放膛室）❼ 被装填进膛室的子弹 ❽ 枪管（与枪管锁块合为一体）❾ 套筒 ❿ 准星 ⓫ 枪身 ⓬ 复进簧导杆和弹簧 ⓭ 枪管闭锁凸榫 ⓮ 扳机保险 ⓯ 扳机 ⓰ 扳机连杆的凸起 ⓱ 弹匣 ⓲ 扳机组件（紫色部分）⓳ 扳机连杆 ⓴ 连杆 ㉑ 扳机簧 ㉒ 扳机连杆的凸起（图中的扳机连杆凸起正嵌在扳机组件的插槽里，当它沿着插槽移动时，可以调整击针后退的深度，以及 ㉓ 尖端与 ㉔ 钩子脱开的时机）㉓ 尖端 ㉔ 击针尾部的钩子 ㉕ 套筒盖板

11 西格绍尔 P226

受到海豹突击队等特种部队的青睐

美国海军的海豹突击队、日本海上自卫队的特别警备队、英国陆军的特种空勤团都在使用的西格绍尔 P226，是一种被当作 P220 的继任者而开发的自动手枪。它最大的特征是改为双排弹匣后，装弹量由 9+1 发增加到了 15+1 发。还衍生出多种在装弹量、使用的弹药、扳机结构、枪管长度等方面存在不同之处的枪型。

●西格绍尔 P226 的构造

图中的 P226 是被海豹突击队采用的最新枪型，外表有一层特殊的防腐蚀镀层。

❶枪管（采用枪管偏移式结构，枪管与枪管锁块一体成型。通过枪管锁块与套筒上的抛壳口的相互嵌合，可以实现对膛室的闭锁和开放）❷套筒 ❸装填进膛室的子弹 ❹击针和弹簧 ❺击针止动销 ❻击针保险卡锁以及弹簧 ❼保险杆（功能与❻相同，用于固定击针，阻止它前进。在这种状态下，不将扳机拉到极限就无法打开保险，枪也不能射击。这种结构被称为自动击针保险） ❽击锤 ❾阻铁和弹簧 ❿击锤止动销 ⓫待击解脱杆 ⓬击锤压杆和击锤簧 ⓭托弹板 ⓮托弹簧 ⓯弹匣槽 ⓰弹匣卡榫 ⓱扳机连杆 ⓲扳机（双动发射机构的扳机力为 5 千克，单动发射机构则为 2 千克）⓳支撑座（闭锁卡铁。可以锁定在射击时试图后退的枪管闭锁卡铁下方的凸起，从而偏移枪管，开放膛室）⓴分解柄座 ㉑复进簧导杆和复进簧 ㉒套筒座下半部的导轨（统一为皮卡汀尼规格）

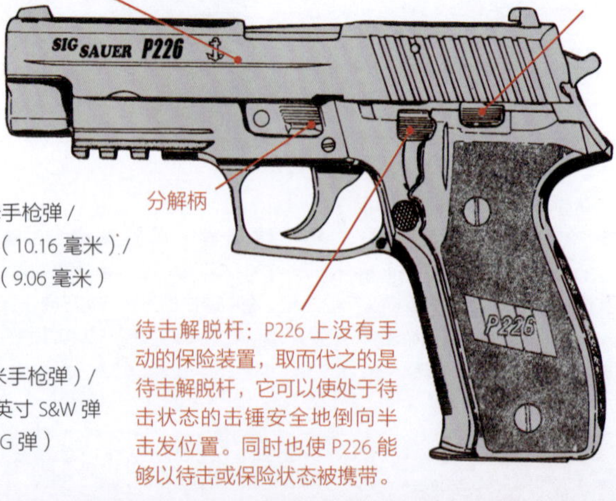
套筒：为了配合双排弹匣加宽了套筒座，采用 P220 的套筒
空仓挂机
SIG SAUER P226
分解柄
P226
待击解脱杆：P226 上没有手动的保险装置，取而代之的是待击解脱杆，它可以使处于待击状态的击锤安全地倒向半击发位置。同时也使 P226 能够以待击或保险状态被携带。

口径：9 毫米
弹药：9 毫米帕拉贝鲁姆手枪弹 / 0.40 英寸 S&W 弹（10.16 毫米）/ 0.357 英寸 SIG 弹（9.06 毫米）
全长：196 毫米
重量：845 克
装弹量：15+1 发（9 毫米手枪弹）/ 12+1 发（0.40 英寸 S&W 弹和 0.357 英寸 SIG 弹）
有效射程：50 米

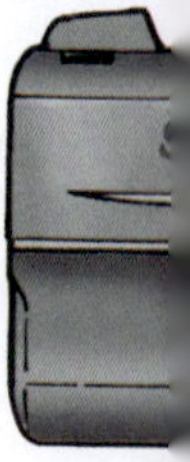

手持西格绍尔 P226，脸部露出海面的海豹突击队队员。士兵们虽然不会在海水中用枪（即使用了，射出的子弹也毫无威力，无法发挥其原有的杀伤力），但在海面上用枪的情况比较多。对于常年在水中作战的特种部队来说，枪的腐蚀是一个很大的问题，他们使用的枪大多采取了防腐蚀措施。

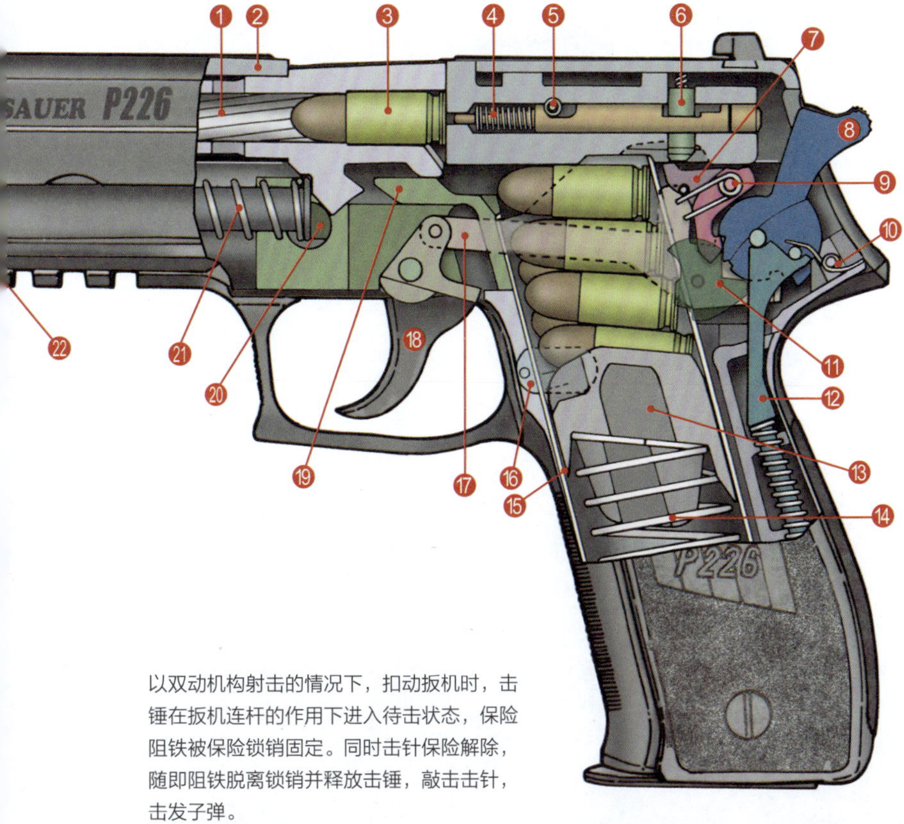

以双动机构射击的情况下，扣动扳机时，击锤在扳机连杆的作用下进入待击状态，保险阻铁被保险锁销固定。同时击针保险解除，随即阻铁脱离锁销并释放击锤，敲击击针，击发子弹。

12 西格绍尔 P220

拥有众多派生枪型的高品质手枪

P220 是由瑞士的西格（SIG）公司和德国的绍尔（Sauer&Sohn）公司于 1976 年共同开发的双动型自动手枪。派生枪型很多，有 P226、P227、P229 等。这些派生枪型都继承了 P220 的枪管偏移式结构以及待击解脱杆等机构。

（右）使用 P228 进行射击训练的美国海军士兵。可以看出这是一款小型手枪。（下）日本航空自卫队警务队的训练场景。日本自卫队在 1982 年将 P220 采用为制式枪，并称其为“9 毫米手枪”。

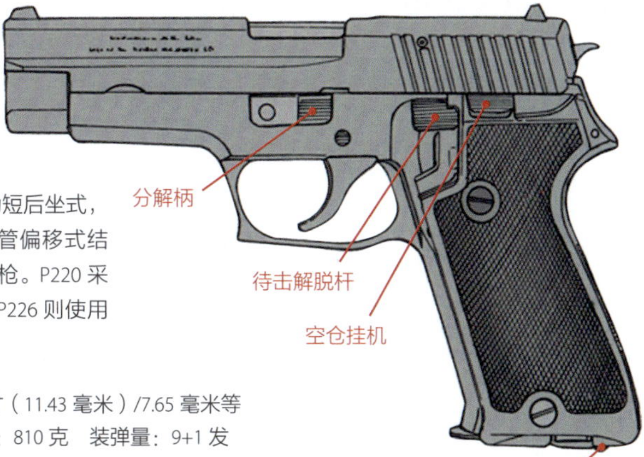

SIG P220 ▶

SIG P220 的运作方式为短后坐式，同时也是最早引入枪管偏移式结构和待击解脱杆的手枪。P220 采用单排弹匣，后来的 P226 则使用了双排弹匣。

口径：9 毫米 /0.45 英寸（11.43 毫米）/7.65 毫米等
全长：198 毫米　重量：810 克　装弹量：9+1 发

◀ P225

P220 的小型化枪型，是为了参加西德警察的手枪选拔赛而开发。伴随着枪整体的小型化，原本在握把底部的弹匣解脱扣改成了按钮，并移动到了扳机护圈附近。

口径：9 毫米　全长：180 毫米
重量：820 克　装弹量：8+1 发

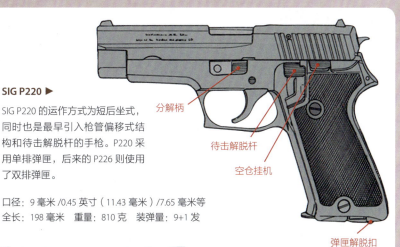

口径：9 毫米
全长：179 毫米
重量：742 克
装弹量：13+1 发（M11 为 15+1 发）
有效射程：50 米

◀ SIGP228

1989 年面市的 P228 是 P226 的小型轻量化枪型。除了被美军命名为 M11 并采用为制式枪以外，多国的军队和执法机构都是这款枪型的出售对象。它的套筒比 P226 更短，缩短了枪长的同时还减少了装弹量，握把的形状也有所改变。

13 西格绍尔 SP2022

P226 改装聚合物套筒座后的产物

西格绍尔 SP2022 是由西格（SIG）公司和绍尔（Sauer&Sohn）公司共同开发的西格绍尔品牌中首个聚合物套筒座系列枪型“西格普罗（Sig PRO）”中的一款手枪。它是为了解决 P226 造价高的缺点而开发的，继承了 P220 的基本构造。Sig PRO 系列中有 SP2009、SP2340、SP2022 等枪型，现在已经统一称为 SP2022，不再使用 Sig PRO 这个名称。

除了法国的执法机关以外，美国的执法机关和部分军队也采用了 SP2022。

●西格绍尔 SP2022 的构造

❶ 枪管 ❷ 装填进膛室的子弹 ❸ 击针和弹簧 ❹ 击针止动销 ❺ 击针保险和弹簧 ❻ 击锤座 ❼ 照门 ❽ 保险杆 ❾ 击锤 ❿ 驱动杆 ⓫ 阻铁 ⓬ 击锤压杆和击锤簧 ⓭ 弹匣槽 ⓮ 托弹簧 ⓯ 托弹板 ⓰ 弹匣卡榫 ⓱ 扳机连杆 ⓲ 扳机 ⓳ 发射座 ⓴ 枪管闭锁卡铁和发射座的结合处（枪管偏移式） ㉑ 复进簧导杆和复进簧 ㉒ 套筒座

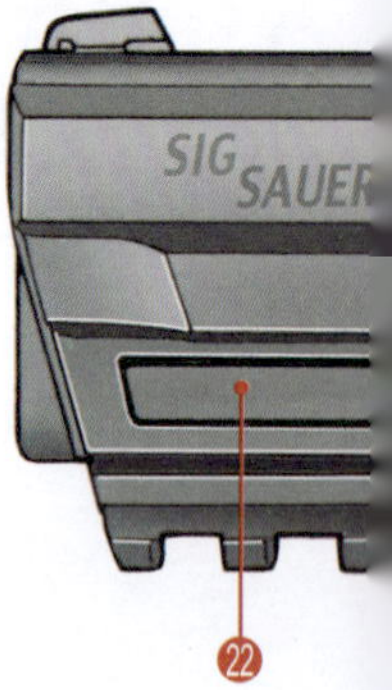

照片中的是手持西格绍尔 SP2022 的法国宪兵队队员。法国的国家警察等执法机构使用的是马努汉等左轮手枪，但自 2002 年内务部的执法机关采用了西格绍尔 SP2022 自动手枪以后，各个执法机关接连更换装备，现在已经几乎不使用左轮手枪了。只有国家宪兵队的 GIGN（宪兵特勤队）还在使用。
（图片来源：Français Gendarmerie Nationale）

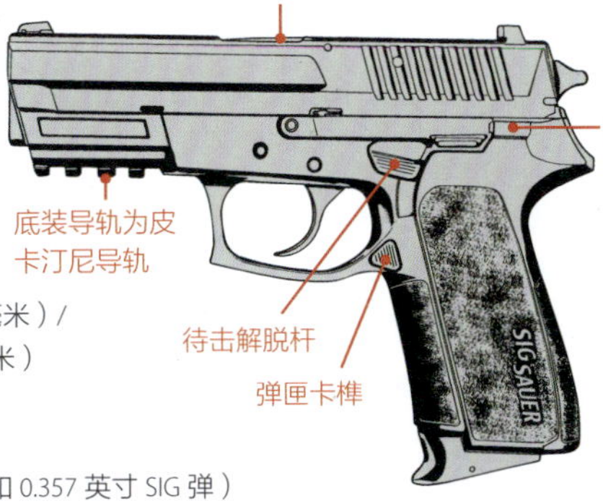

口径：9 毫米
弹药：9 毫米帕拉贝鲁姆手枪弹 / 0.40 英寸 S&W 弹（10.16 毫米）/ 0.357 英寸 SIG 弹（9.06 毫米）
全长：188 毫米
重量：760 克（9 毫米手枪弹）/ 790 克（0.40 英寸 S&W 弹和 0.357 英寸 SIG 弹）
装弹量：15+1 发或 10+1 发（9 毫米手枪弹）/12+1 发（0.40 英寸 S&W 弹和 0.357 英寸 SIG 弹）
有效射程：50 米

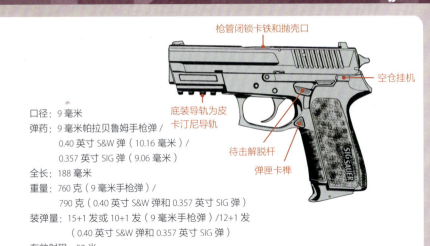

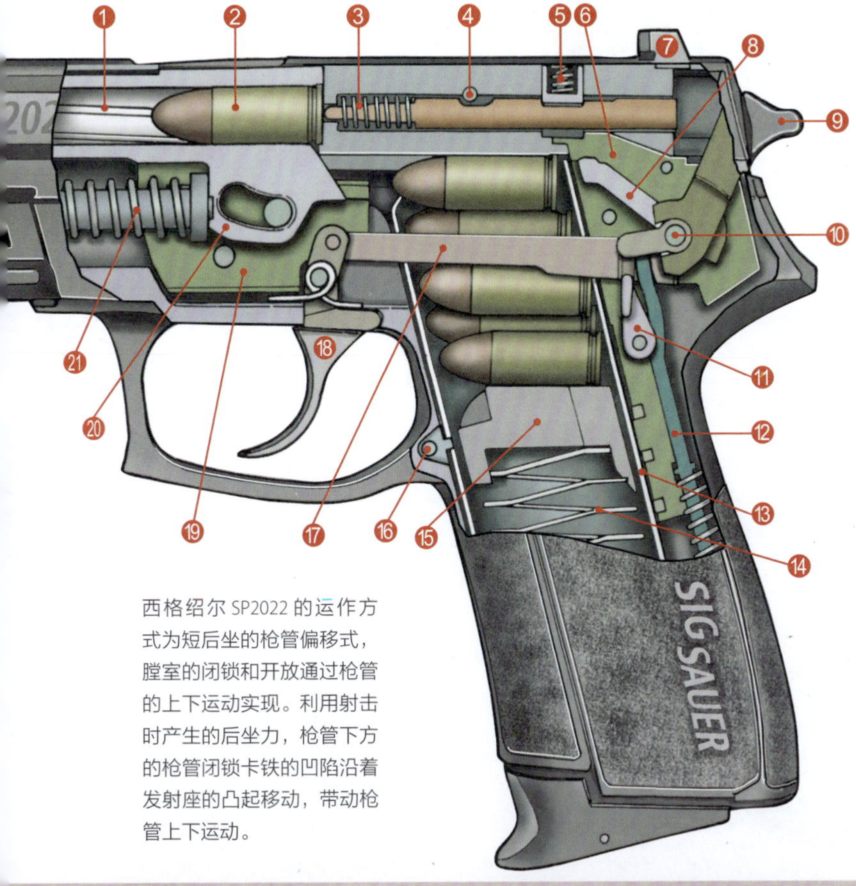

西格绍尔 SP2022 的运作方式为短后坐的枪管偏移式，膛室的闭锁和开放通过枪管的上下运动实现。利用射击时产生的后坐力，枪管下方的枪管闭锁卡铁的凹陷沿着发射座的凸起移动，带动枪管上下运动。

14 H&K USP

德国联邦国防军采用的制式手枪

USP 是 H&K 公司在 1993 年开发的自动手枪，有四种型号，分别使用 9 毫米 ×19 毫米帕拉贝鲁姆手枪弹、0.40 英寸 S&W 弹、0.45 英寸 ACP 弹、0.357 英寸 SIG 弹。USP 采用聚合物枪身，运作方式与 M1911 相同，使用传统的短后坐式。

膛室的闭锁和开放使用枪管偏

口径：9 毫米（9 毫米 ×19 毫米帕拉贝鲁姆手枪弹、0.357 英寸 SIG 弹）、10 毫米（0.40 英寸 S&W 弹）、11.4 毫米（0.45 英寸 ACP 弹）

全长：194 毫米（9 毫米 ×19 毫米帕拉贝鲁姆手枪弹、0.357 英寸 SIG 弹、0.40 英寸 S&W 弹）、200 毫米（0.45 英寸 ACP 弹）、173 毫米（9 毫米 ×19 毫米帕拉贝鲁姆手枪弹、0.40 英寸 S&W 弹、0.357 英寸 SIG 弹）

重量：770克（9毫米×19毫米帕拉贝鲁姆手枪弹）、830克（0.40英寸S&W弹、0.357英寸SIG弹）、890克（0.45英寸ACP弹）、725克（9毫米×19毫米帕拉贝鲁姆手枪弹）、755克（0.40英寸S&W弹）、798克（0.45英寸ACP弹）

枪口初速：350 米 / 秒

有效射程：50 米

● H&K USP 的构造

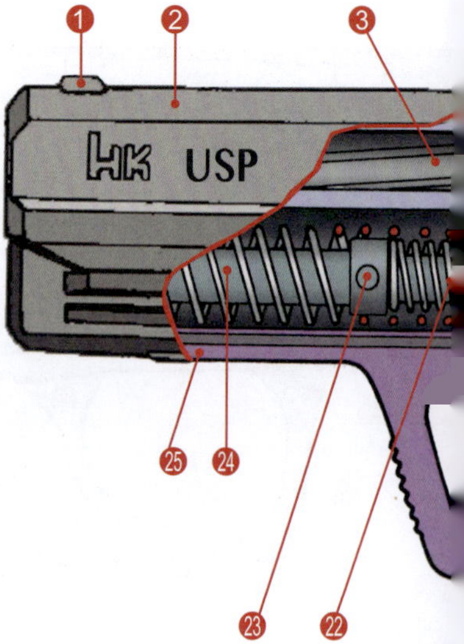

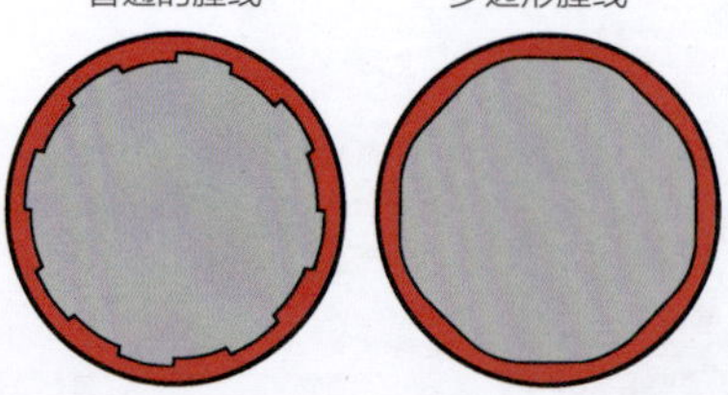

近年来，更多枪采用了多边形膛线。与普通的膛线相比，多边形膛线可以减少摩擦损耗，延长枪管的使用寿命，即使膛压异常也不易炸膛。但它也有缺点，那就是经过它发射的子弹的旋转力有限。

移式。击发机构为纯双动式。因此可以将击发机构锁定在普通的双动式手枪无法保持的待击状态下。USP 后来还成为 H&K Mark3 的原型，后者是 USSOCOM（美国特种作战司令部）的制式枪。

H&KP8 射击的瞬间。P8 是 USP 中使用 9 毫米 ×19 毫米帕拉贝鲁姆手枪弹的枪型，被德国联邦国防军采用。日本 SAT（特殊急袭部队）和陆上自卫队的特种部队也在使用它。在 P8 中，枪管的膛线改成了普通膛线。（图片来源：Bundeswehr）

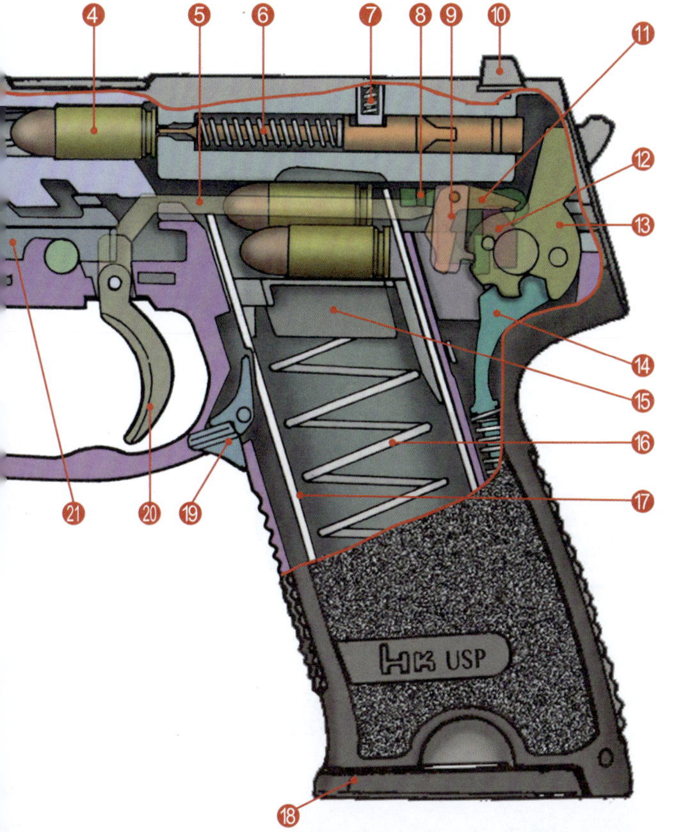

❶准星 ❷套筒 ❸枪管 ❹装填进膛室的子弹 ❺扳机连杆 ❻击针 ❼击针止动销 ❽击锤止动销（绿色部分） ❾阻铁（连接扳机和击锤，粉色部分） ❿照门 ⓫阻铁（橙色部分） ⓬解脱子（击锤止动销和阻铁，以及解脱子等击发机构中限制击锤运动的零件，可以实现双动式和单动式两种击发方式） ⓭击锤 ⓮击锤压杆和击锤簧 ⓯托弹板 ⓰托弹簧 ⓱弹匣槽 ⓲弹匣底板 ⓳弹匣卡榫 ⓴扳机 ㉑导杆 ㉒缓冲簧（对套筒的运动起到缓冲作用） ㉓缓冲簧固定环 ㉔复进簧（将在射击时产生的燃气压力的作用下后退的套筒推回原位） ㉕套筒座

15 H&K P7

西德军队和警察使用的手枪

H&K P7是在1976年西德的PSP㊀选拔赛上被采用的双动式自动手枪。最大的特征是采用了利用射击时产生的燃气将套筒短暂锁定的延迟反冲式（气栓式）和锁定击针固定扳机的握压待发系统㊁。

◀ P7M13

口径：9毫米

弹药：9毫米帕拉贝鲁姆手枪弹

全长：171毫米

重量：780克

装弹量：13+1发

有效射程：50米

▼ H&K P7的气体延迟反冲式

反冲式手枪在运作时都需要利用射击时产生的燃气压力，但为了使装弹量较多的枪能够更加安全地运作，必须采取某种方法减轻㊂后坐力。方法之一就是气栓式，也就是在机匣部分设置导气室，射击时有一部分燃气通过导气管流入导气室内推动活塞。这股向前的冲力与套筒向后的力量相抵，延迟套筒后坐。使套筒在子弹离开枪口之后才开始后退，将枪维持在一个相对稳定的状态，从而提高命中精度。

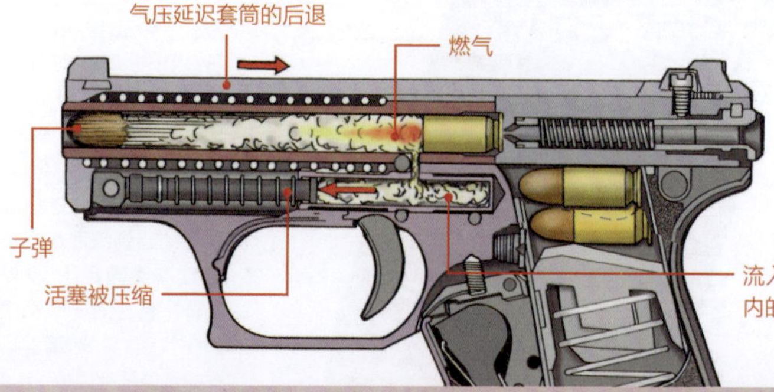

㊀ PSP：Polizei Selbstlade Pistole（德语）的首字母缩写，意为警用半自动手枪。

㊁ 握压待发系统：也称为握压待发。

㊂ 采用某种方法减轻：还可以使用加大套筒重量和加强复进簧等方法，但在重量和操作等方面会受限。

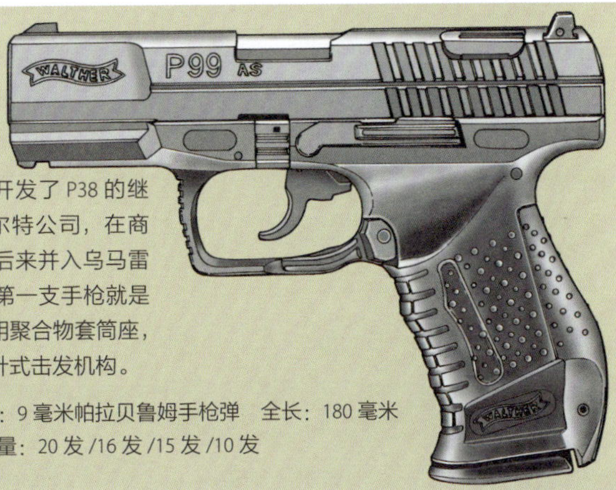

●瓦尔特 P99

在 20 世纪 80 年代开发了 P38 的继承者——P88 的瓦尔特公司，在商业上遭遇了失败，后来并入乌马雷克斯公司后开发的第一支手枪就是瓦尔特 P99。P99 采用聚合物套筒座，并去除了击锤的击针式击发机构。

口径：9 毫米　弹药：9 毫米帕拉贝鲁姆手枪弹　全长：180 毫米
重量：750 克　装弹量：20 发 /16 发 /15 发 /10 发
有效射程：60 米

● H&K P7M13 的构造

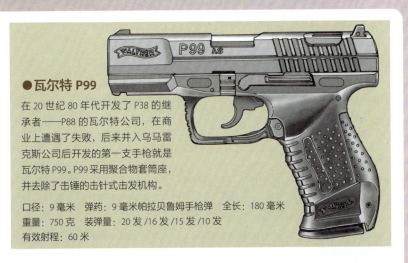

①准星 ②套筒 ③复进簧 ④枪管 ⑤装填进膛室的子弹 ⑥击针 ⑦照门 ⑧击针（当膛室中有弹药，且可以扣动扳机时，它会向外突出） ⑨保险 ⑩ 9 毫米帕拉贝鲁姆手枪弹 ⑪托弹板 ⑫握把保险（如果不握住这个位置，即使向后拉动套筒也无法扣动扳机） ⑬扳机 ⑭导气室 ⑮导气活塞

16 伊热梅克 MP-443

取代马卡洛夫的军用和警用手枪

MP-443“乌鸦”手枪取代了原先的马卡洛夫 PM 手枪，成为俄罗斯的军用以及警用装备。MP-443 在俄罗斯也被称为“雅利金”手枪。

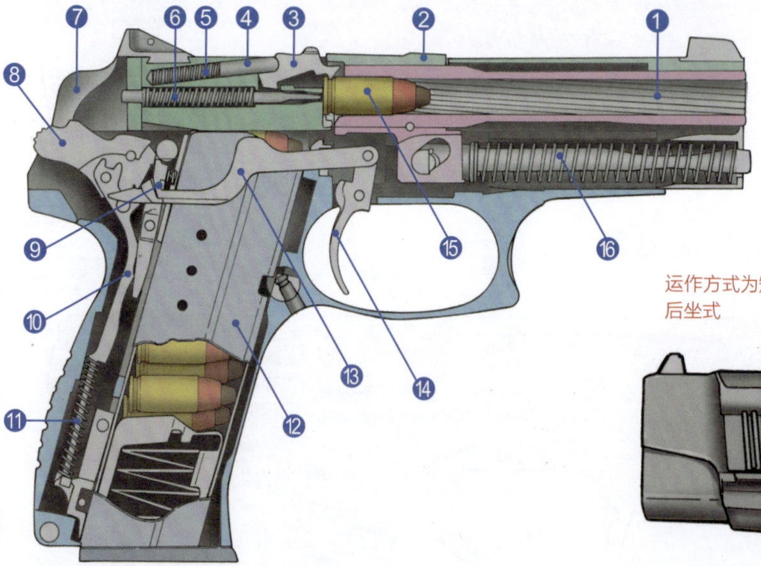

▲ **MP-443 的构造**

①枪管 ②套筒 ③抽壳钩 ④后膛闭锁块（闭锁方式为后膛闭锁）⑤抽壳钩弹簧 ⑥击针 ⑦套筒尾部的击锤盖 ⑧击锤 ⑨阻铁 ⑩击锤压杆 ⑪击锤簧 ⑫弹匣 ⑬扳机连杆 ⑭扳机 ⑮装填进膛室的子弹 ⑯复进簧和复进簧导杆

全长：140 毫米
重量：870 克
口径：9 毫米
装弹量：17+1 发

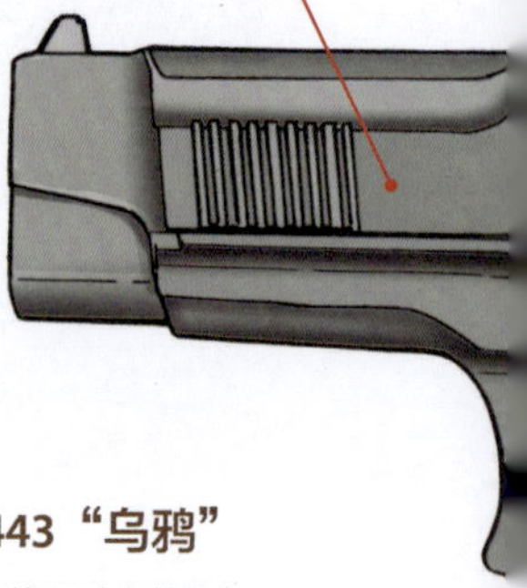

●伊热梅克 MP-443“乌鸦”

伊热梅克公司（现卡拉什尼科夫集团）开发的俄罗斯新型军用手枪。2003 年开始装备俄罗斯军队，至 2008 年已覆盖全军。使用 9 毫米 ×19 毫米 7N21 弹，并且可以兼容相同口径的 9 毫米帕拉贝鲁姆手枪弹（目的是销往欧洲各国）。7N21 弹是使用硬钢芯的穿甲弹（提高了贯穿力），威力比 9 毫米帕拉贝鲁姆手枪弹强。此外，MP-443 还有使用了聚合物套筒座的枪型 MP-446。

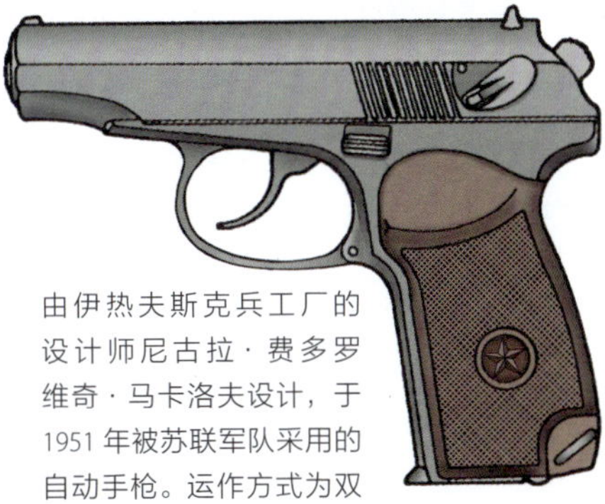

●马卡洛夫 PM

口径：9 毫米
弹药：9 毫米 ×18 毫米马卡洛夫弹
全长：161.5 毫米
重量：730 克
装弹量：8+1 发
有效射程：50 米

由伊热夫斯克兵工厂的设计师尼古拉·费多罗维奇·马卡洛夫设计，于 1951 年被苏联军队采用的自动手枪。运作方式为双动的直接反冲式。

莫斯科警察▶

右侧插图为身着夏季执勤服和防弹背心的莫斯科女警（上士），佩带着使用 9 毫米 ×18 毫米口径子弹的马卡洛夫手枪。装备更新较慢的警队中的大多数警官还在使用马卡洛夫手枪。

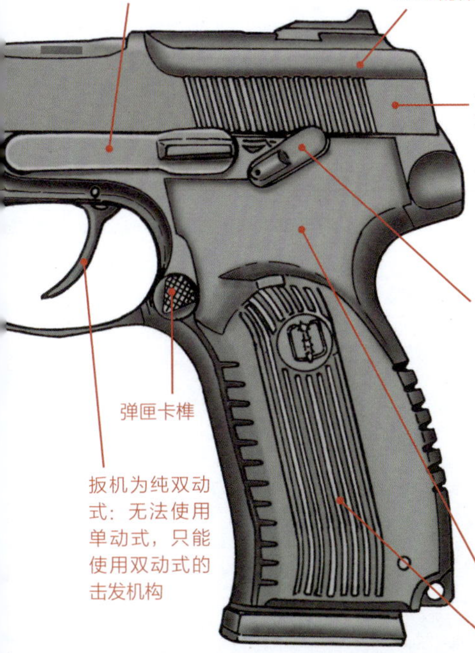
空仓挂机
内部是防止走火的 AFPB 的保险机构
击发机构为击锤式。为了防止拔枪时击锤被缠上，套筒尾部将击锤包裹了起来，所以从侧面无法看到击锤
手动保险：保险可以使击锤保持待击状态（待击或闭锁）。但是不具备在扣起击锤以后，直接解除待击状态的待击解脱功能
弹匣卡榫
扳机为纯双动式：无法使用单动式，只能使用双动式的击发机构
套筒和枪身为钢制
握把为聚合物材料

左轮手枪的特征

构造简单容易上手的左轮手枪

不同于利用射击时产生的后坐力和火药燃烧产生的气压为动力的自动手枪，左轮手枪（转轮手枪）是通过拉起击锤，也可以说是以扳机力为动力的。因此，它在构造上比自动手枪简单。

另外，左轮手枪采取的是将子弹装入弹巢，并从其中击发的结构，弹巢也起到弹匣和膛室的作用。这种设计来自于“如果能够组装多个早期的单发枪中用于填充火药和枪弹的膛室，就可以实现连射功能”的灵感。而自动手枪需要将子弹从弹匣移动到膛室后再进行射击和抛壳，在构造上比左轮手枪更复杂。这样的构造，使左轮手枪具有可以分别射击普通手枪弹和马格南子弹

●左轮手枪的构造

图为曼纽因 MR73 左轮手枪。是 1973 年由法国的曼纽因公司为警察等执法机关开发的 0.38 英寸口径的双动式左轮手枪（也可以进行单动式射击）。它由于 GIGN（法国宪兵特勤队）的配备而驰名。枪管、枪身以及转轮等部位均由钢块切削成型，因此命中精度很高，但价格也很昂贵。

▼ MR73 的外观

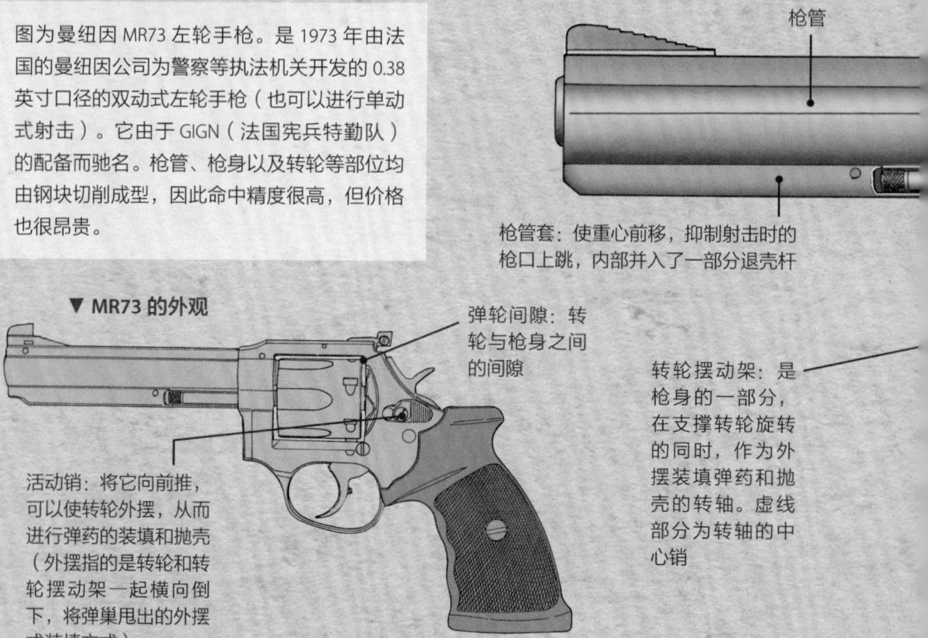
枪管
枪管套：使重心前移，抑制射击时的枪口上跳，内部并入了一部分退壳杆
弹轮间隙：转轮与枪身之间的间隙
转轮摆动架：是枪身的一部分，在支撑转轮旋转的同时，作为外摆装填弹药和抛壳的转轴。虚线部分为转轴的中心销
活动销：将它向前推，可以使转轮外摆，从而进行弹药的装填和抛壳（外摆指的是转轮和转轮摆动架一起横向倒下，将弹巢甩出的外摆式装填方式）

的优点。构造简单的左轮手枪即使更换了子弹，也不会有太大影响，如果是自动手枪，则会对枪的运作产生一定影响。

除此之外，有许多左轮手枪，即便枪型相同，也存在许多因枪管长度不同而催生的变种枪。枪管越长，命中精度越高，但同时也增加了重量，使用起来更加不便，用枪者需要根据自身喜好和用途来选择合适的枪管长度。左轮手枪的握把构造也十分简单，在变种枪的基础上，用枪者可以更换自己喜欢的握把形状，这样强的灵活性也是左轮手枪的特征之一。

单动式和双动式

左轮手枪的击发方式，可大致划分为单动式和双动式。单动式每射出一发子弹就需要手动拉起一次击锤，双动式则只需要扣动一次扳机，让击锤进入待击状态，就可以连续射击。

通常情况下，双动式左轮手枪是可以运行单动式和双动式两种击发方式的。双动式扣动扳机的距离更长，需要有将扳机扣到底的力量，因此射击时容易产生偏移。所以，为了准确地瞄准并命中目标，双动式左轮手枪也加入了单动式击发方式。

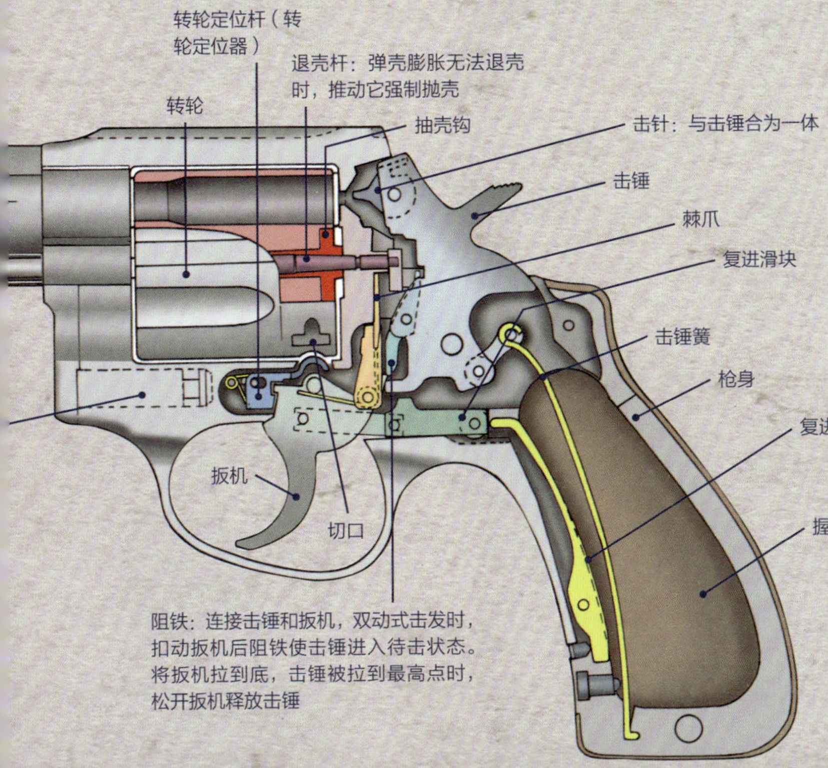

17 美国的警察

通过纽约警察局一窥美国的警察装备

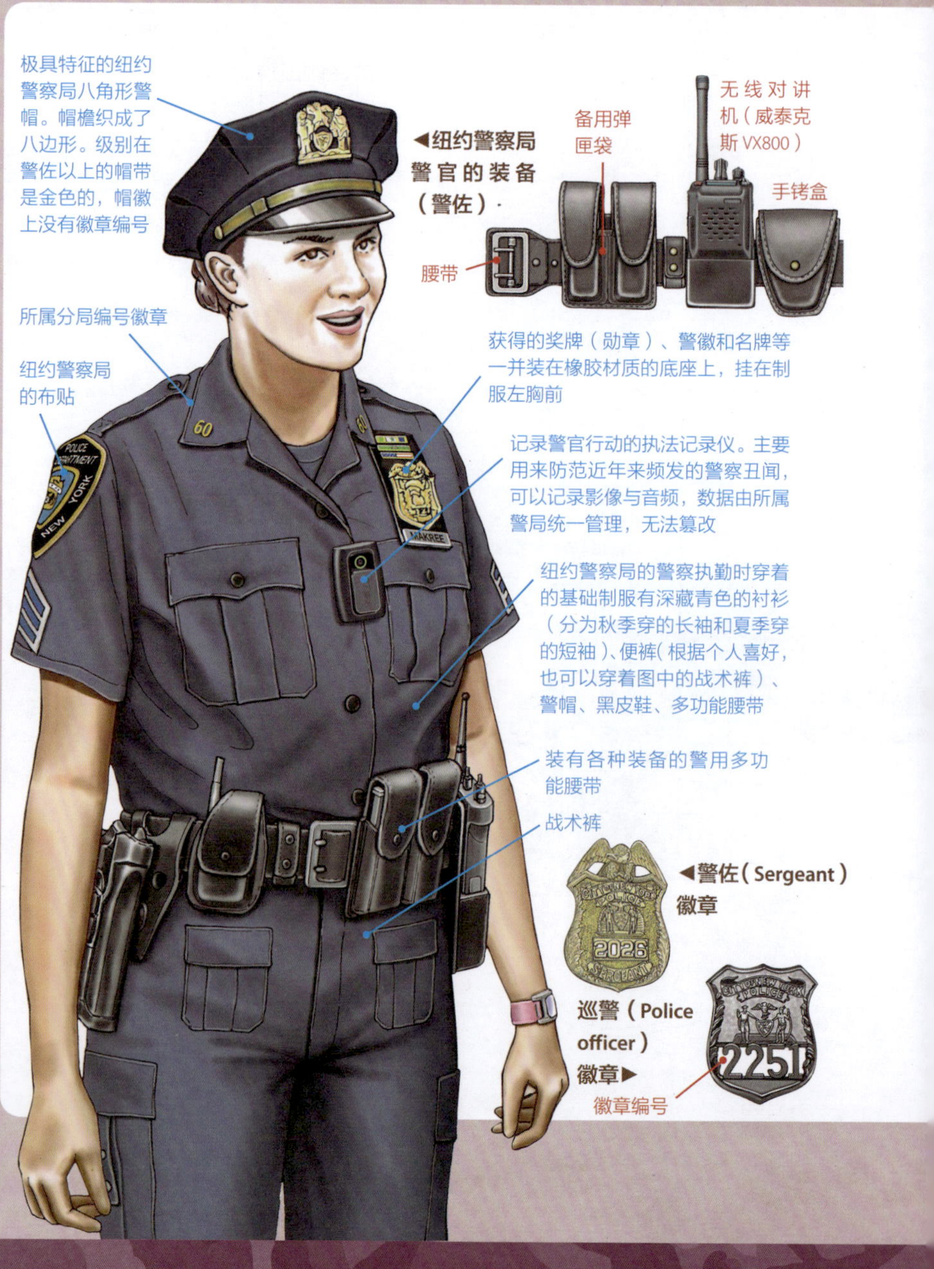
极具特征的纽约警察局八角形警帽。帽檐织成了八边形。级别在警佐以上的帽带是金色的，帽徽上没有徽章编号
◀纽约警察局警官的装备（警佐）
备用弹匣袋
无线对讲机（威泰克斯 VX800）
手铐盒
腰带
所属分局编号徽章
纽约警察局的布贴
获得的奖牌（勋章）、警徽和名牌等一并装在橡胶材质的底座上，挂在制服左胸前
记录警官行动的执法记录仪。主要用来防范近年来频发的警察丑闻，可以记录影像与音频，数据由所属警局统一管理，无法篡改
纽约警察局的警察执勤时穿着的基础制服有深藏青色的衬衫（分为秋季穿的长袖和夏季穿的短袖）、便裤（根据个人喜好，也可以穿着图中的战术裤）、警帽、黑皮鞋、多功能腰带
装有各种装备的警用多功能腰带
战术裤
◀警佐（Sergeant）徽章
巡警（Police officer）徽章▶
徽章编号
2026
SERGEANT
2251
NEW YORK

第1章 步枪/突击步枪
第2章 机枪
第3章 手枪
第4章 霰弹枪/其他

美国的警察组织中规模最大的是纽约警察局（NYPD）、洛杉矶警察局（LAPD）、芝加哥警察局（CPD）。其中纽约警察局的制服最为整洁亮眼。

▼警用多功能腰带

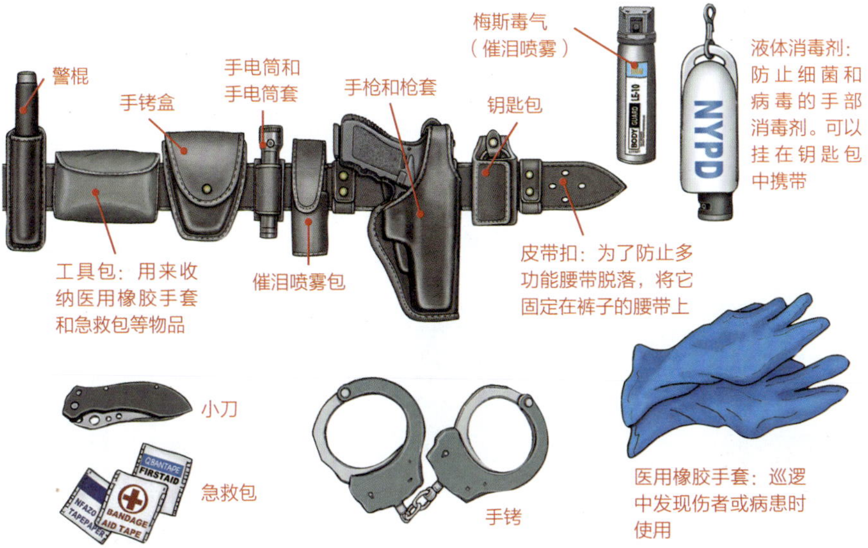

▼纽约警察局警官的制服（执勤服）

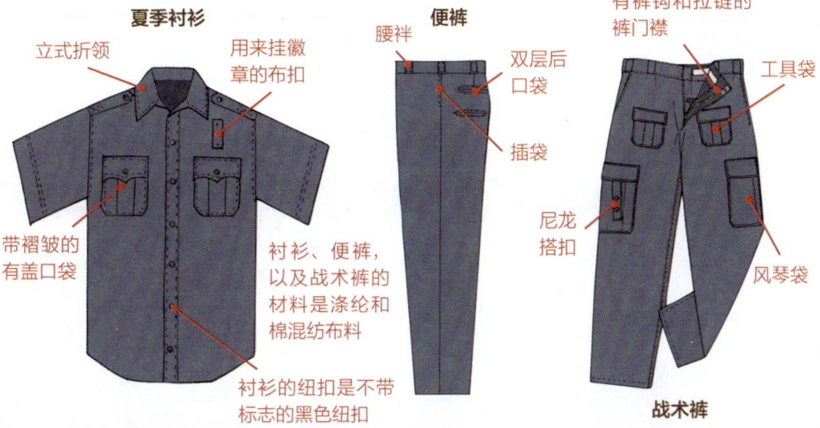

18 日本的警察（1）

日本普通警察的制服和装备

日本警察的制服中最常见的莫过于交警制服了。制服分为夏季制服、春秋制服和冬季制服（外勤制服），这里只对普通的警用春秋制服、夏季制服和装备做介绍。这些装备和制服，在日本基本上是全国统一的。

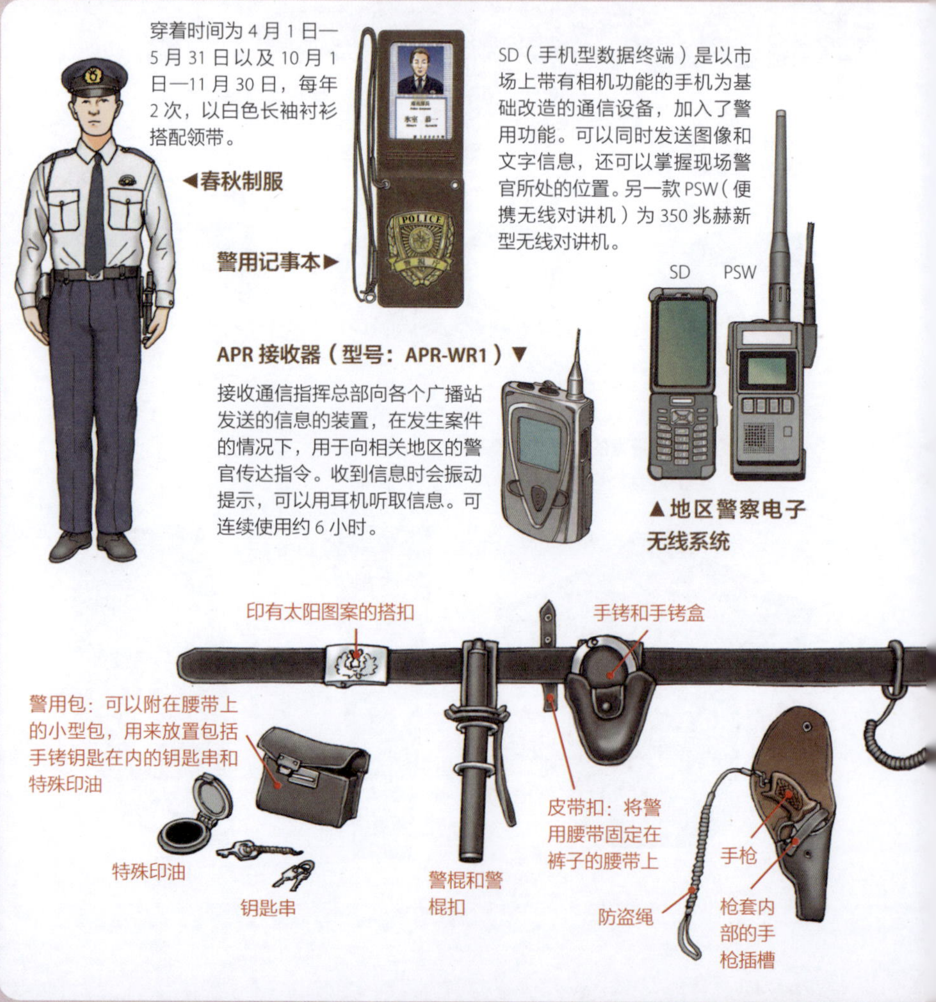
穿着时间为4月1日—5月31日以及10月1日—11月30日，每年2次，以白色长袖衬衫搭配领带。
◀春秋制服
POLICE
警用记事本▶
SD（手机型数据终端）是以市场上带有相机功能的手机为基础改造的通信设备，加入了警用功能。可以同时发送图像和文字信息，还可以掌握现场警官所处的位置。另一款PSW（便携无线对讲机）为350兆赫新型无线对讲机。
SD
PSW
APR接收器（型号：APR-WR1）▼
接收通信指挥总部向各个广播站发送的信息的装置，在发生案件的情况下，用于向相关地区的警官传达指令。收到信息时会振动提示，可以用耳机听取信息。可连续使用约6小时。
▲地区警察电子无线系统
印有太阳图案的搭扣
手铐和手铐盒
警用包：可以附在腰带上的小型包，用来放置包括手铐钥匙在内的钥匙串和特殊印油
特殊印油
钥匙串
警棍和警棍扣
皮带扣：将警用腰带固定在裤子的腰带上
防盗绳
手枪
枪套内部的手枪插槽

●夏季制服

夏季制服的上衣是蓝色的，有长袖款，可以不系领带。夏季制服的穿着时间是 6 月 1 日—9 月 30 日。

❶ 警帽（与制服相同，分夏季警帽和冬季警帽） ❷ 手电筒 ❸ 无线对讲机扩音器 / 麦克风 ❹ 夏季制服上衣 ❺ 警阶徽章和识别徽章 ❻ 便携无线对讲机 ❼ 警棍和警棍扣 ❽ 夏季制服裤 ❾ 皮鞋（设计与一般皮鞋几乎相同） ❿ 手枪 ⓫ 警徽 ⓬ 双层右胸口袋（用来装接收器） ⓭ 衬衫的带子上扣着警笛的夹子 ⓮ 防刺衣（内部插入防刺材料）

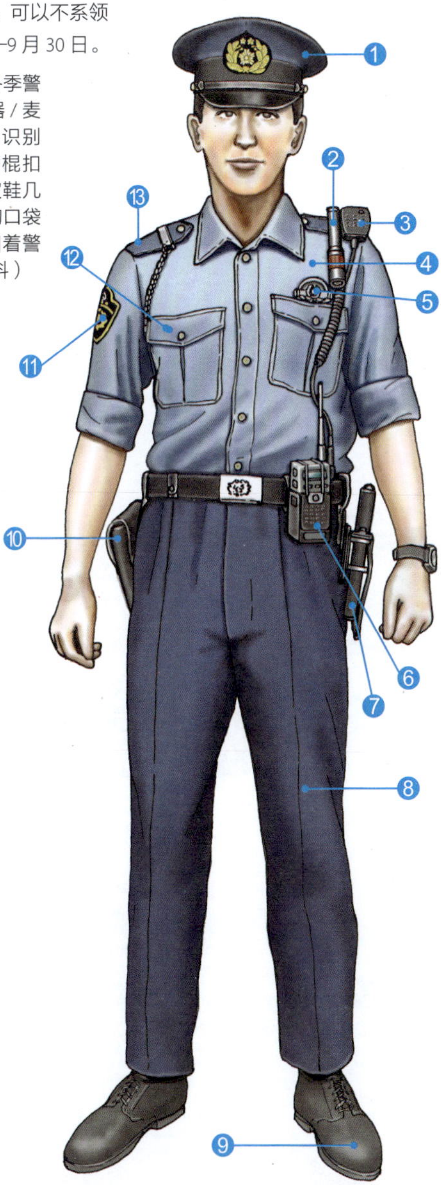

▲警官的勤务腰带

手枪和枪套：枪套上用来穿过警用腰带的部分和枪套本身是可分离的，通过金属零件连接。这样一来，就可以改变枪套的角度，避免乘车时造成干扰。警棍扣的构造与它相同。

19 日本的警察（2）

日本警用手枪——M360J

世界范围内的警用手枪都倾向于采用自动手枪。日本警察持有的左轮手枪㊀在构造上比较简单，优点是普通警察即使没有进行足够的射击训练也可以使用。

▼ **M360J SAKURA**

2006 年左右开始采购的左轮手枪，是为日本警察定制的 0.38 英寸口径枪型（无法射击 0.357 英寸马格南弹）。以 S&W 公司开发的 M360（单动式 / 双动式）为原型定制，将转轮改为不锈钢材质，加入了手枪皮带扣，由日本美蓓亚公司受到许可后进行生产。是一支 5 连发双动式左轮手枪，枪管内侧镀铬合金，击针藏在枪体内。

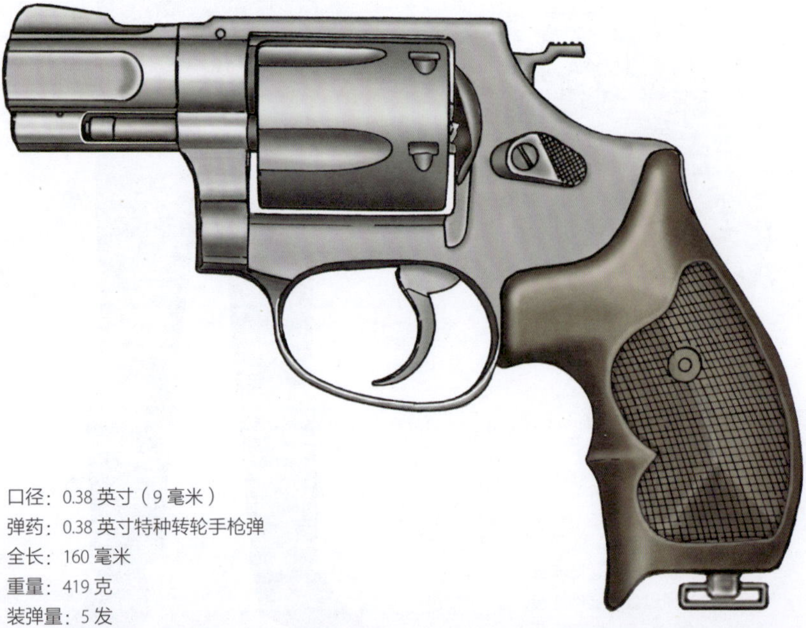

口径：0.38 英寸（9 毫米）
弹药：0.38 英寸特种转轮手枪弹
全长：160 毫米
重量：419 克
装弹量：5 发

㊀ 左轮手枪：应对凶残的持枪犯罪的 SIT（Special Investigation Team：特别搜查队）和负责保护重要人物的 SP（安全警察）等组织中的警察使用的是自动手枪。

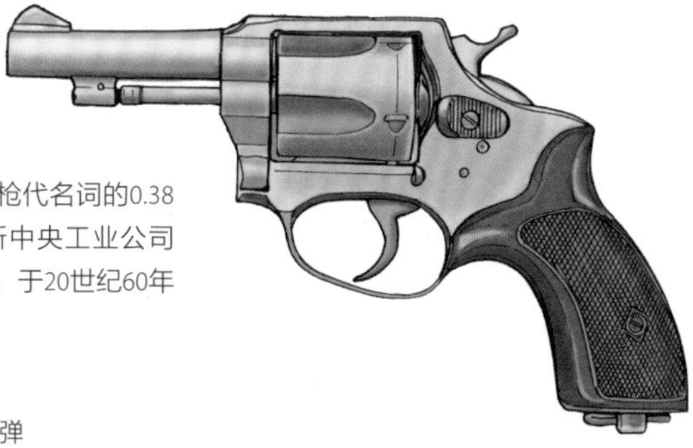

新南部M60▶

几乎可以称作是日本警用手枪代名词的0.38英寸双动式左轮手枪。由新中央工业公司（现在的美蓓亚）开发制造，于20世纪60年代被采用为制式枪。

口径：0.38 英寸（9 毫米）
弹药：0.38 英寸特种转轮手枪弹
全长：198 毫米　重量：670 克　装弹量：5 发

新南部 M60
（短枪身枪型）▶

新南部的短枪身枪型。握把上有用来搭小指的凸起。全长为 172 毫米，装弹量同样为 5 发。

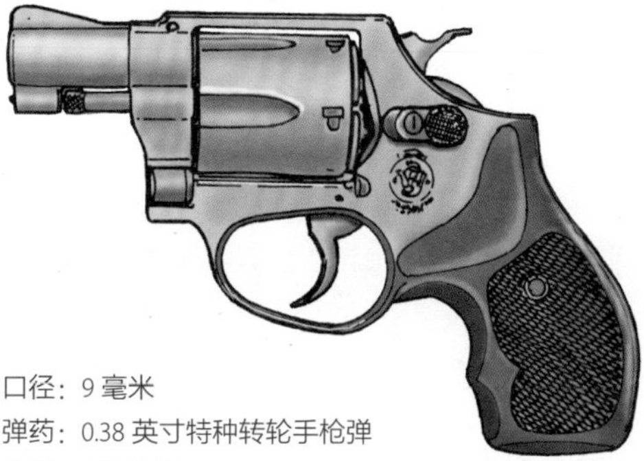

口径：9 毫米
弹药：0.38 英寸特种转轮手枪弹
全长：165 毫米
重量：425 克
装弹量：5 发

◀ S&WM37

接替新南部系列的 0.38 英寸双动式左轮手枪。由美蓓亚在 S&W 公司制造的铝制 M37 的基础上，以日本警察为使用对象做了小改。2002 年，随着新南部的停产，日本对这款枪进行了大量采购。

执法机关的手枪

获得了压倒性支持的手枪

警察和执法人员最常携带的武器是手枪。他们使用的枪是由所属机构或者组织采购的。

那么，实际上他们都在使用什么样的枪呢？

提到执法人员持有的枪，首先要说的就是格洛克公司的格洛克 17 和格洛克 19。它们使用一种叫作安全机动的运作机构，使用者遍布全世界。然后是以西格（SIG）公司和绍尔（Sauer&Sohn）公司共同开发的 P220 为原型的 P226、P228、P229 等枪型。它们的耐久性和可靠性都很高，还加入了待击解脱杆等零件，使用起来十分方便。此外，有些国家的执法机关还会使用 S&W M4006 和伯莱塔 M92（美国），H&K P2000（德国）等手枪。

近年来受到青睐的是击针式手枪。除了前文提到的格洛克，还有 FN FNP-9、H&K VP9、西格绍尔 P320、S&W M&P 盾牌型等手枪。其中 S&W M&P 盾牌型在美国的人气尤其高，采用它的执法机关很多。击针式与击锤式（击锤敲击击针，击发子弹）相比，枪本身更小，加上击发机构被覆盖，异物无法进入枪内部，运作起来更为可靠。并且还有击针运动时产生的振动更小，击发间隙（扣动扳机直至击针敲击雷管的这段时间）更短的优点。此外，由于没有击锤，需要在紧急情况下拔枪时也可以避免击锤纠缠衣物。

但是，击针式比击锤式需要更强的击发力量（使用同等强度的弹簧的情况下，击锤式敲击枪弹的击发力量更强）。击针式手枪在扣动扳机时，会压缩击针上用于击发的弹簧，扣动扳机的力量越大，击发子弹的力量越大。因此在双动式手枪中，需要用力将扳机拉到极限，击发子弹的力量才更大。

虽说如此，并不是所有的手枪都需要像格洛克那样，受运作方式限制，必须提供更强的扳机力，也有其他扳机力更小且更轻的手枪（有人认为扳机力过小会有危险）。前面列举的击针式手枪的扳机力都与格洛克相仿。另外，这些枪都采用聚合物枪身，重量更轻，对于近年来需要携带更多装备的警察来说也减轻了负担。还有，包括警察在内的执法人员使用的手枪基本都是自动手枪，最常见的口径为 9 毫米。

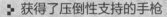

禁止随意开枪

无论在哪个国家，执法机关和警察都是存在的，为了维护社会乃至国家的安全，营造良好的治安环境，他们需要执行行政警察任务（预防犯罪和维持治安）、司法警察任务（调查犯罪行为和逮捕犯人）、公安警察任务（对反政府活动等进行调查和警戒，以及进行反间谍活动）。执行任务时警察被允许携带枪。但实际上他们只能在法律范围内使用手枪，用于自卫和保护普通人免遭犯罪侵害而随意开枪是不被允许的（在枪支管制松散的美国也是一样。如果执法没有合法性，过后就可能面临诉讼）。这个限制不仅针对警察，还针对任何可以在执勤中携带并使用枪的执法人员。

●什么是执法机构

执法机构指的是“有权依法进行强制执法的国家机关”。在美国，除了警察还包括司法部的联邦调查局（FBI）、药品管理局（DEA）、酒精、烟草、武器和爆炸物管理局（BATFE）；国土安全部的海岸警卫队、特工处、国民警卫队；国务院的外交保全局等众多执法机构，他们都有自己的执法权。据说美国国内的执法机构有近 2 万个。

▶插图是身着美国马萨诸塞州警察制服的巡警。作为一个联邦制国家，美国各州的自治权很大，地方自治政府可以设立独立的警察机构。虽然每个州都不一样，但是都有州治安官、联邦法警、州巡警、州警等多个执法机关。州警负责管辖市政当局的执法机关管辖范围外的区域和州范围内的数个地区，执行调查和管制犯罪行为，维持道路交通等任务。当然，各州的制服也各不相同，但一般来说都能让人联想到准军事组织。

CHAPTER 4

Shot guns & Others

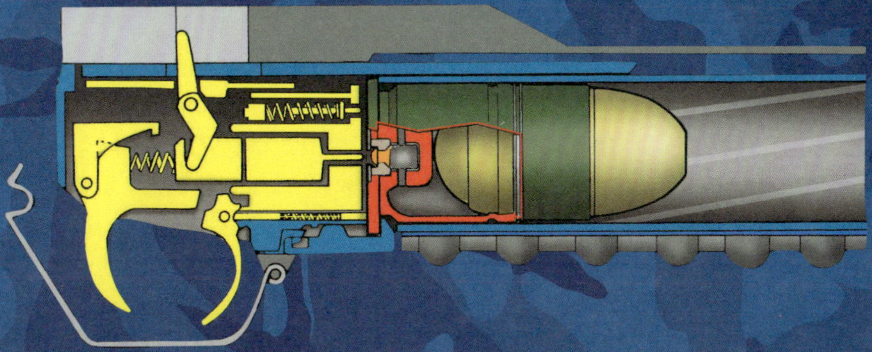

第 4 章

霰弹枪 / 其他

军用枪还包括许多前面章节未能提到的类型。在本章，我们将通过霰弹枪、榴弹发射器、降低了对人杀伤力的非致命性武器等武器，了解一些特殊枪的构造和现状。

01 霰弹枪（1）

与其他枪大有不同的霰弹枪

由于近距离射击时威力较大，从第一次世界大战开始，霰弹枪就一直被美军在堑壕战中用来扫荡敌人和进行近距离防御，现在警察也会将它作为弥补手枪火力不足的武器使用。霰弹枪的特征是枪管中没有膛线，可以将大量小型弹丸[1]呈分散状态射出。

霰弹枪也可以用于特种作战，如美军的海豹突击队曾在越南战争中使用它，英国特种空勤团在反恐作战中也将它用来突破敌人防线。20 世纪 70 年代末，美国的三军轻武器联合规划委员会（JSSAP[2]）计划开发由霰弹枪演变而来的 RHINO（改良型便携连发式非步枪武器）。在这个计划中诞生的武器被称为近战突击武器系统（CAWS），有多家军火制造商加入该计划，提供了数种试用枪。简单来说，这是一项开发便携式霰弹枪的计划，可惜直到今日它还没能交出令人满意的答卷。

照片中是在阿富汗进行军事训练的美国海军陆战队队员，手持莫斯伯格 M500 发射 12 号霰弹。这是一支采用压动式枪机的霰弹枪，与雷明顿 M870 一样都是美国的最具代表性的霰弹枪。

铅径：12 号　全长：1003 毫米　重量：3060 克　装弹量：6 发

---

[1] 大量小型弹丸：也可以使用被称为独头弹的单发子弹，虽然威力更大，但它与步枪弹不同，命中精度较低，远距离射击时威力会被大幅削弱。

[2] JSSAP：Joint Service Small Arms Program 的首字母缩写。

原因可能在于虽然军方认可了霰弹枪的威力，但由于它没有明确的使用场景和决定性的优势，所以一直无法将它明确地归入正式武器范畴。

在军队中，霰弹枪只能算是辅助性武器。它能够在近距离范围内张开弹幕，然而射程仅有100米左右，射击精度也不算高。在营救人质等特种作战中，必须要准确击中目标，特战队员在狭窄的建筑物内部的行动要基于一定的战术，同时应避免误伤人质。而霰弹枪是无法适用于这种情况的，更加适合这种作战环境的是冲锋枪。无论射手的枪法多么高超，都很难像控制其他类型的枪那样控制霰弹枪的着弹点。因此，它不能作为突击时的主要武器（可以在突击时击断门铰链或门锁，突击后用于清除建筑物内部残余的恐怖分子或罪犯也十分有效）。

为了进行飞靶射击练习，被摆在密苏里号战列舰甲板上的雷明顿 M870。左侧是压动式，中间和右侧的是自动式。

1999 年手持制式名称为 M1014 的伯奈利 M4 进行射击的美国海军陆战队队员。伯奈利的霰弹枪直到 M3 为止都使用的是一种被称为转动惯量的后坐式运作方式，但从 M4 开始改为利用燃气压力的运作方式了。

另外，警方在使用霰弹枪时会装填非致命弹药，以免过度伤害罪犯。由此，为了取代铅霰弹，装有橡胶的橡胶弹和装有催泪瓦斯的 CS 发烟型催泪弹等特殊弹药应运而生。

关于霰弹枪的运用，有积极促进它成为主力武器的部队，也有持不同观点的部队。所以军火制造商在开发军用或警用的霰弹枪时也不会全力以赴，但在美军和美国警方采用了伯奈利 M3 和雷明顿 M870 后，制造商还是会继续推出警用枪型。此外，也有像弗兰奇 SPAS-12 那样一开始就以便携霰弹枪为定位开发的枪型。

02 霰弹枪（2）

霰弹枪所使用的弹药与步枪完全不同

霰弹枪使用的弹药被称为霰弹，由外部的塑料或纸质壳和黄铜等金属外壳，以及内部填充的雷管、火药、填料、小弹丸（霰弹）构成。子弹内部的雷管和火药与其他枪弹几乎完全相同，因为霰弹枪的枪管内没有膛线，所以为了提高枪管内的气压，霰弹内部加入了塑料填料。这种塑料垫衬可以防止射击时小弹丸在枪管内过早散开。

霰弹除了以枪管口径尺寸㊀分类以外，还可以根据内部填充的小弹丸

●特殊的霰弹

M590 等军用霰弹枪使用的是一种被称为非致命弹药的特殊弹药。这种子弹是军队和警察在镇压暴动等情况下使用的，就算远距离命中目标也不会致人死伤。然而，即使与普通子弹相比它的杀伤力较小，但如果近距离命中，也可能致人受伤甚至死亡。

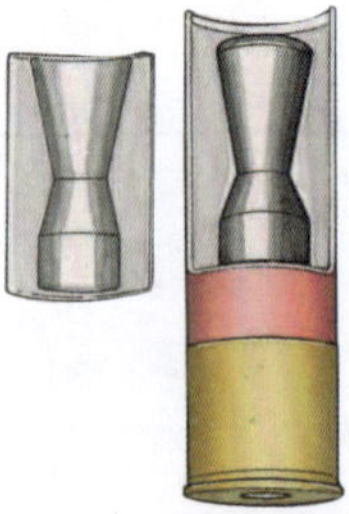

可以赋予无膛线的霰弹枪近乎步枪的命中精度和射程的 BIR 独头弹

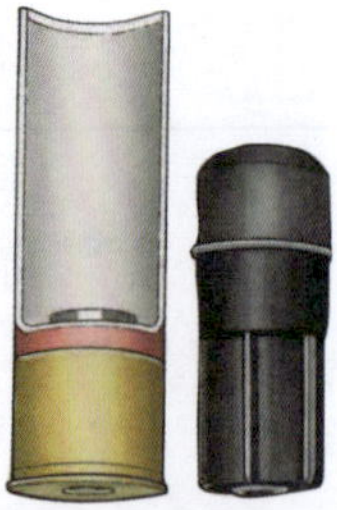

在营救人质的突入作战中，用于破坏门铰链的破门弹

装满了铅或塑料颗粒的布袋形豆袋弹

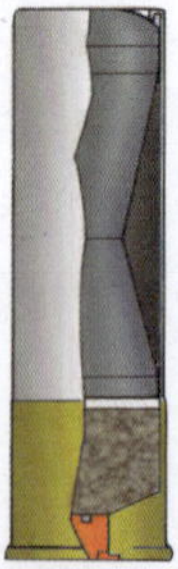

CS 毒气等化学药剂，也就是填充了能够产生催泪瓦斯的物质的 CS 发烟型催泪弹

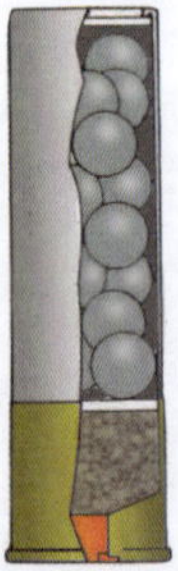

装填了大量小型橡胶球的橡胶弹

㊀ 口径尺寸：霰弹枪中将其称为铅径（Gauge），最常用的是 12 号铅径。

直径或填充数量的不同划分出许多种类。如此多样化的弹药种类也是警察和军方愿意使用霰弹枪的理由之一。根据使用目的的不同，在霰弹枪原有的狩猎功能上，又加入了击发穿甲弹和榴弹等特殊弹药的功能。

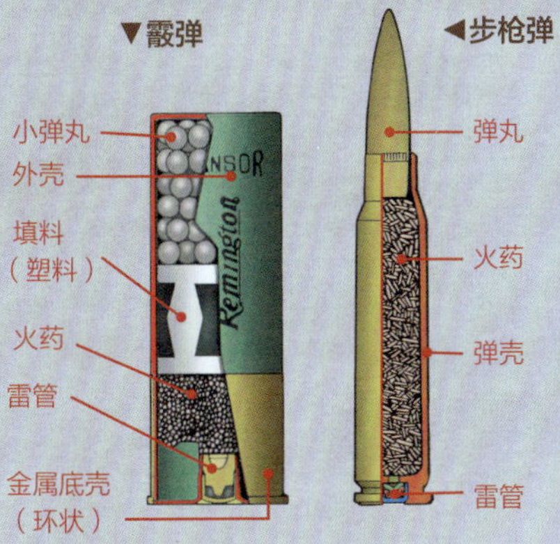

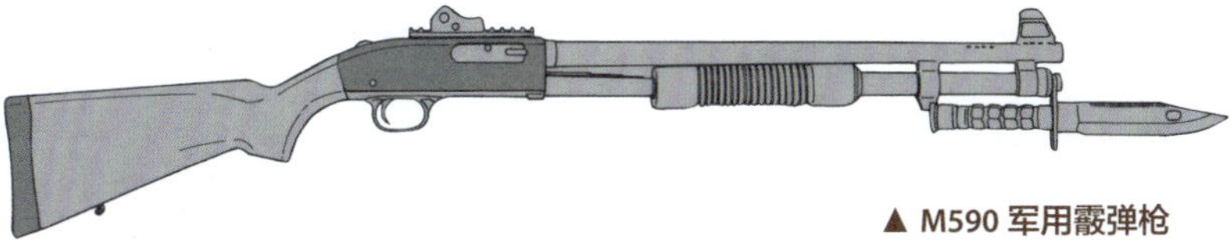

▲ M590 军用霰弹枪

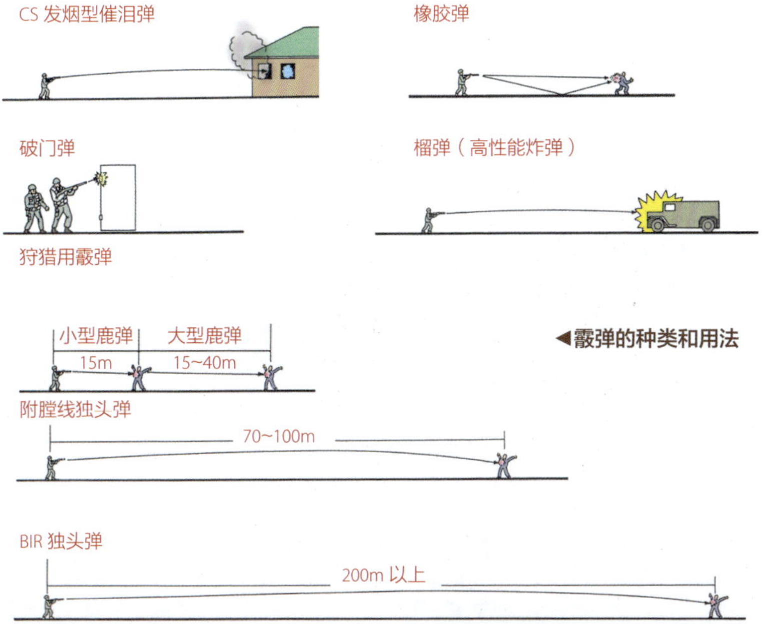

◀霰弹的种类和用法

03 榴弹发射器

除了炸弹以外还可以发射多种弹头

榴弹发射器（步枪掷弹筒）原本是一种步兵使用的枪口发射器㊀，可以安装枪榴弹并发射，最初是为了让手榴弹飞得更远而开发的武器。

以美军为代表的军队目前采用的 M203 榴弹发射器是由越南战争时期曾经使用的 M79 榴弹发射器发展而来的，可以安装在 M16 突击步枪上。它采用的 40 毫米口径榴弹包含从炸弹到催泪弹在内的多种榴弹。其中的 M381 高性能炸弹一旦爆炸，能够散射出 300 枚以上的细小弹片，具有直径 10 米的杀伤范围。

美国海军陆战队使用的 M32（MGL140）榴弹发射器。由南非的阿姆斯科公司开发，采用双动式击发机构，每 3 秒可以发射 1 枚 40 毫米 ×46 毫米榴弹。射击范围在 30~400 米之间。此外，它还可以安装瞄具进行精准射击。

口径：40 毫米　全长：565 毫米 /812 毫米（展开枪托时）　重量：5300 克

㊀ 枪口发射器：安装在步枪枪口上进行发射的榴弹被称为枪榴弹。FA-MAS 的吕歇尔枪榴弹和 89 式步枪的 06 式枪榴弹都可以直接安装在枪口，像射击步枪弹那样射出枪榴弹，而非空包弹。

安装在 M4A1 上的 M203A1。M230 为单发式，榴弹覆盖范围从 35 米左右的最小安全距离，到最大有效射程 350 米（最大射程 400 米）。照片中的射手正在操作枪管组件。M230 利用减压系统以低压燃气射击，使后坐力更低，枪管材质为铝合金，重量很轻。

口径：40 毫米
弹药：40 毫米 ×46 毫米榴弹
全长：380 毫米
重量：1360 克

●榴弹和榴弹发射器

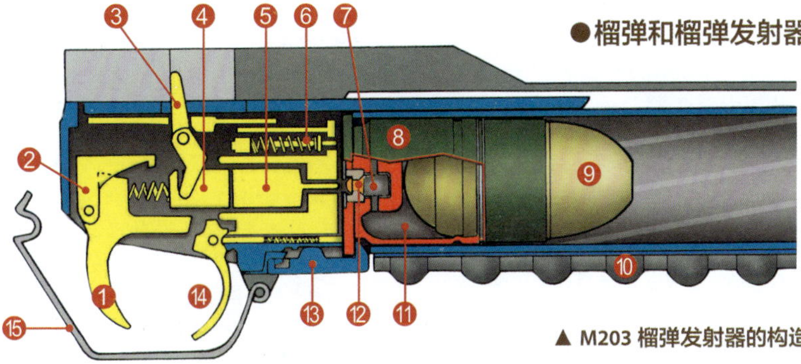

▲ M203 榴弹发射器的构造

❶ 扳机 ❷ 阻铁（用于固定击锤） ❸ 拉机柄 ❹ 击锤 ❺ 击针 ❻ 抛壳挺（向外抛出弹壳） ❼ 高压膛室 ❽ 弹壳 ❾ 弹体 ❿ 枪管组件 ⓫ 低压膛室 ⓬ 火药 ⓭ 抽壳钩（将弹壳从枪管中拔出） ⓮ 保险 ⓯ 扳机护圈（射手需要戴着手套操作时，可以将它向下移开）

▼射击原理

枪管组件前移，将榴弹装填到枪管里。此时，拉机柄拉起击锤，阻铁固定击锤，完成射击准备。扣动扳机释放阻铁，击锤敲击击针，点燃火药并发射榴弹弹体。它在射击过程中使用了减压系统。这个系统在点燃火药后可以将高压膛室产生的燃气排入低压膛室，达到减压的目的，抑制射击时产生的后坐力。此外，燃气以卷曲状态进入低压膛室，可以使弹体随之旋转，让弹道更加稳定。弹体飞出 35 米后会在离心力的作用下解除保险装置，雷管进入起爆状态。

①击针点燃火药

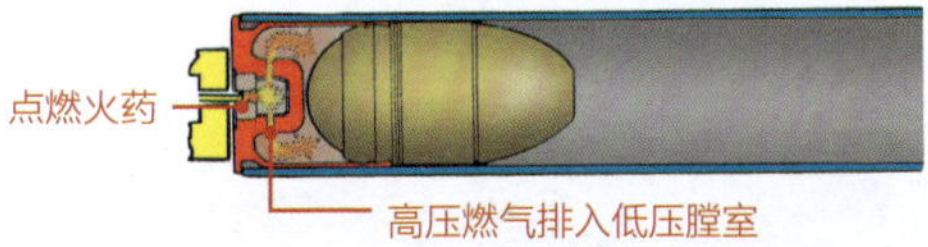

②高压燃气向前推出榴弹弹体

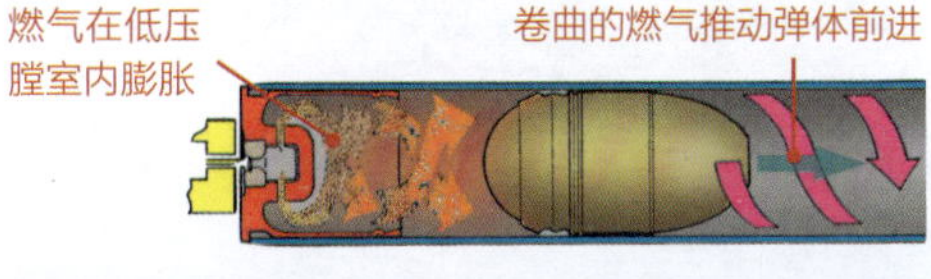

04 非致命性武器

避免致人死伤的非致命性武器

非致命性武器指的是不造成人员伤亡的武器，但这并不代表它是安全的武器。开发这类武器的目的是在镇压暴动时清除暴徒，让抵抗执法的罪犯一时无法行动，并将其逮捕。

以镇压暴动为例，在负责镇压的部队必须近距离处理由一部分激动的人群组成的暴力集团时，就需要使用近距离非致命性武器。在这种双方距离不足 10 米，最后是一对一的情况下搏斗。此时每个士兵能够使用的只有个人武器，如霰弹枪和催泪弹，以及电击枪（眩晕枪）等。这些非致命性武器都被用于逮捕正在进行危险行为和煽动群情的暴徒。

▼ X25 电击枪

美国军队和警察使用的 X25 电击枪在扣动扳机后，会从前端向目标发射两根带电极的针头。针头的后端连接着通电的电线，命中目标的瞬间会释放出数万伏特的高压电流。因此它的最大射程被限制在 7.5 米以内，只能在相当近的距离内使用。此外，为了能够确定射击者，射击时会散出记入了固定 ID 的纸芯片。

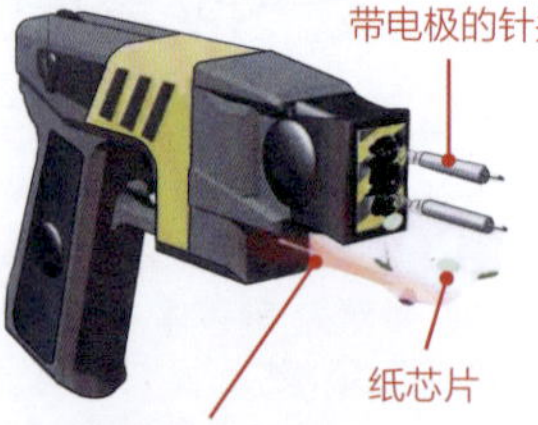

美国海军陆战队正在进行电击枪的体验训练。电击枪或者说是眩晕枪，可以使目标在高压电流下瞬间（最多 5 秒）无法行动。电击可以短暂屏蔽脑部传达给肌肉的神经信号，不管是多么强壮的彪形大汉都会被轻易击倒，高压电流还有着使对手疼痛倒地的威力。

▼ FN303 非致命性武器系统

由开发了米尼米和 P90 而闻名的 FN 赫斯塔尔公司开发的 FN303，可以发射非致命性弹药。它能够压缩空气以发射特殊的子弹。为了能够进行稳定射击，枪后部有手推车形状的肩托，弹药种类根据颜色划分（白色的是训练/冲击弹、红色的是染色弹、黄色的是无法洗掉的染色弹、橙色的是纸弹）。最大射程 100 米，但最佳射击距离在 50 米左右。射出的子弹命中目标后会裂开，喷洒出内部填充的液体。如纸弹中填充的就是辣椒的提取液，它命中目标后可以使对方无法睁眼，如果吸入体内则会剧烈咳嗽以致无法行动。这样的效果是暂时的，不会造成后遗症。

手持 FN303 的泰国陆军士兵。FN303 可以用一罐压缩空气射击 110 发子弹。拆除枪托后可以安装并使用 M16 突击步枪的护木。

▼美国陆军将 FN303 用于镇压暴动。照片中是手持 FN303 的宪兵。FN303 的旋转式弹巢可以装填 15 发子弹，并像自动步枪一样，只需扣下扳机就可以射击。它能够使用纸弹攻击凶狠的暴徒的薄弱处，随后连续对准暴徒脚下进行射击，形成辣椒液构成的弹幕，从而控制住人群。在美国，这种纸弹在枪店就有出售，普通人也可以买到。